金属焊接与热切割作业人员安全技术

上海市安全生产科学研究所　编著

上海科学技术出版社

图书在版编目(CIP)数据

金属焊接与热切割作业人员安全技术 / 上海市安全生产
科学研究所编著. —上海:上海科学技术出版社,
　2017.6(2019.8重印)
特种作业人员安全技术培训教材
ISBN 978 - 7 - 5478 - 3574 - 6

Ⅰ.①金…　Ⅱ.①上…　Ⅲ.①金属材料-焊接-安全技
术-技术培训-教材②切割-安全培训-技术培训-教材
Ⅳ.①TG457.1②TG48

中国版本图书馆 CIP 数据核字(2017)第 090473 号

金属焊接与热切割作业人员安全技术
上海市安全生产科学研究所　编著

上海世纪出版股份有限公司
上 海 科 学 技 术 出 版 社　出版
(上海钦州南路 71 号　邮政编码 200235)

上海世纪出版股份有限公司发行中心发行
200001　上海福建中路 193 号　www.ewen.co
苏州望电印刷有限公司印刷

开本 787×1092　1/16　印张 13.25
字数:320 千
2017 年 6 月第 1 版　2019 年 8 月第 3 次印刷
ISBN 978 - 7 - 5478 - 3574 - 6/TG・96
定价:37.00 元

本书如有缺页、错装或坏损等严重质量问题,
请向工厂联系调换

内容提要

本书是为了金属焊接与热切割作业人员安全技术培训而编写的,内容主要包括:安全生产法律法规、金属焊接与热切割概述、常用金属焊接方法及安全操作技术、气焊与热切割方法及安全操作技术、金属焊接与热切割安全用电、金属焊接与热切割防火技术、金属焊接与热切割现场安全作业劳动卫生与防护等。

本书围绕培训教学大纲的要求,紧密结合金属焊接与热切割作业人员的安全操作技术展开,以促进相关作业人员进一步增强安全意识,提高安全操作技能,确保作业安全。

前　言

　　生产经营单位的特种作业人员必须按照国家有关规定经专门的安全作业培训,取得特种作业操作资格证书,方可上岗作业,这是《中华人民共和国安全生产法》规定的法律行为,也是安全生产工作的一项重要内容。实际上,对生产经营单位的特种作业人员进行特别管理,在我国现行有关安全生产的法律、法规中,如《中华人民共和国劳动法》《中华人民共和国矿山安全法》《中华人民共和国消防法》《上海市安全生产条例》等都有规定。在实践中,加强对特种作业人员的安全技术培训和考核,严格执行特种作业人员持证上岗制度,对防止和减少伤亡事故,保护从业人员自身和他人的安全与健康,保障安全生产和国家财产免遭损失有着至关重要的作用。

　　认真做好特种作业人员安全技术培训和考核是各级安全生产监督管理部门的职责之一,也是生产经营单位和从事特种作业人员的义务。对特种作业人员安全技术培训考核试行统一管理、统一考核、统一发证,对提高培训质量、规范操作起到了重要作用。因此,通过对特种作业人员安全技术培训和考核,将切实提高特种作业人员安全技术水平和自我保护能力、事故隐患识别能力和应急排故能力,使安全生产工作跨上一个新台阶。

　　这次重新修订的特种作业人员安全技术培训教材——《金属焊接与热切割作业人员安全技术》是根据国家安全生产监督管理总局确定的有关焊接与热切割作业人员安全技术培训大纲和考核标准的要求,参照有关安全技术操作规程及相关的事故案例来编写的,同时还充实了焊接与热切割作业安全技术中的新标准,增加了安全生产法律法规等内容,从而使相关作业人员进一步增强安全意识,强化安全法制观念,自觉遵守职业道德规范,提高安全操作技能,为安全生产服务。本教材融基础知识和实际操作为一体,针对性强又通俗易懂,既可作为培训教材,也可作为自学读本。

编者

目　　录

第一章　安全生产法律法规

第一节　安全生产概述

一、安全生产的基本概念

安全生产是指在社会生产活动中，人们有意识地通过协调人、机、物料、环境的运作，使生产过程中的各种事故风险和伤害因素始终得到有效控制，保障生产活动顺利进行，切实保护劳动者的生命安全和身体健康。安全生产贯穿于经济发展的全过程，是保护和发展生产力、促进经济社会持续健康发展的基本，是社会文明进步的标志。

1. 安全

安全泛指没有危险、不出事故的状态。按照系统安全工程的认识，安全与危险都是相对的，没有绝对安全的事物，任何事物中都包含有不安全因素，具有一定的危险性。当危险性低于某种程度时，人们认为就是安全。

2. 本质安全

本质安全即技术安全，是安全生产管理"预防为主"的根本体现，也是安全生产管理的最高境界，即只有实现本质安全，才可以彻底消灭事故。

技术安全是从根源上预先考虑工艺、设备可能潜在的危险，从而在设计过程中予以避免，其主要思想是通过工艺、设备本身的设计消除或降低系统中的危险，即通过安全技术措施能够从根本上保证人的安全及防止事故的发生。

技术安全具体包括：①失误-安全功能，即误操作不会导致事故发生或自动阻止误操作；②故障-安全功能，即设备、工艺发生故障时，还能暂时正常工作或自动转变为安全状态。

3. 事故与事故隐患

事故是指造成人员死亡、伤害、职业病、财产损失或者其他损失的意外事件。

事故隐患泛指生产系统中可导致事故发生的人的不安全行为、物的不安全状态和管理上的缺陷。事故隐患分为一般事故隐患和重大事故隐患。一般事故隐患是指危害和整改难度较小，发现后能够立即整改排除的隐患。重大事故隐患是指危害和整改难度较大，应当全部或者局部停产停业，并经过一定时间整改治理方能排除的隐患，或者因外部因素影响，致使生产经营单位自身难以排除的隐患。而对事故隐患缺乏相应的管理，就可能引发安全事故。因此，《中华人民共和国安全生产法》（以下简称《安全生产法》）中做了相应规定：从业人员发现事故隐患或其他不安全因素，应当立即向现场安全生产管理人员或本单位负责人报告，接到报告的人员应当及时予以处理。

4. 危险源与重大危险源

危险源是指可能造成人员伤害、疾病、财产损失、作业环境破坏或其他损失的根源或状态。危险源包括物的故障、人的失误、环境不良及管理缺陷等因素。危险源只有经过风险评价具有险情才能称为事故隐患。

通常将可能引发重大事故的危险源称为重大危险源。在《安全生产法》中明确规定,重大危险源是指长期或者临时地生产、搬运、使用或者储存危险物品,且危险物品的数量等于或者超过临界量的单元。重大危险源辨识界定必须依据物质的名称、危险特性及其数量,可参照《危险化学品重大危险源辨识》(GB 18218—2009)。关于重大危险源管理的法律法规要求有:

(1)《危险化学品安全管理条例》第二十五条规定:对剧毒化学品以及储存数量构成重大危险源的其他危险化学品,储存单位应当将其储存数量、储存地点以及管理人员的情况,报所在地县级人民政府安全生产监督管理部门和公安机关备案。第六十七条规定:危险化学品生产企业、进口企业,应当向国务院安全生产监督管理部门负责危险化学品登记的机构办理危险化学品登记。

(2)《安全生产法》第三十三条规定:生产经营单位对重大危险源应当登记建档,进行定期检测、评估、监控,并制定应急预案,告知从业人员和相关人员在紧急情况下应当采取的应急措施。生产经营单位应当按照国家有关规定将本单位重大危险源及有关安全措施、应急措施报有关地方人民政府安全生产监督管理部门和有关部门备案。

(3)《国务院关于进一步加强安全生产工作的决定》(国发〔2004〕2 号)要求,搞好重大危险源的普查登记,加强国家、省、市、县四级重大危险源监控工作,建立应急救援预案和生产安全预警机制。

(4)在《危险化学品重大危险源辨识》中,给出了各种危险物质的名称、类别及其临界量。

(5)在《关于开展重大危险源监督管理工作的指导意见》(安监管协调字〔2004〕56 号)中,规定重大危险源申报登记的类型大致分为:具有易燃、易爆、有毒有害物质的储罐区(储罐)、易燃、易爆、有毒有害物质的库区(库),具有火灾、爆炸、中毒危险的生产场所、压力管道、锅炉、压力容器、煤矿(井工开采)、金属和非金属地下矿山、尾矿库。

5. 安全生产管理

针对生产过程中的安全问题,运用有效的资源,进行有关决策、计划、组织和控制等活动,实现生产过程中人与设备、设施、物料、环境的和谐,达到安全生产的目标。而安全生产管理的目标是减少和控制危害,减少和控制事故,尽量避免生产过程中由于事故所造成的人身伤害、财产损失、环境污染以及其他损失。安全生产管理的基本对象是企业员工,涉及企业中的所有人员、设备设施、物料、环境、财务、信息等各方面。

为了更好地提高安全生产管理水平,促进企业的持续发展,企业开始建立质量管理体系。质量管理体系是指确定质量方针、目标和职责,并通过质量体系中的质量策划、控制、保证和改进来使其实现的全部活动。现行的质量管理体系主要有:

1)质量管理体系 ISO 9000 标准是国际标准化组织(ISO)在 1994 年提出的,是指由 ISO/Tc176(国际标准化组织质量管理和质量保证技术委员会)制定的国际标准。质量管理体系标准(ISO 9000)制定的目的是将质量管理工作标准化和规范化,帮助各类组织(公司、企业)建立健全质量管理体系,提高员工的质量意识和各类组织(公司、企业)的质量保证能力,从而增强各类组织(公司、企业)素质,最大限度地满足顾客和市场的需求。

2)环境管理体系 环境管理体系标准(ISO 14000)于 1996 年发布实施,其制定的目的是促进全球环境质量的改善。它是通过一套环境管理的框架文件来加强各类组织(公司、企业)的环境意识、管理能力和保障措施,从而达到改善环境质量的目的,包括环境管理体系、环境审核、环境标志、生命周期分析等国际环境管理领域内的许多问题。

3）职业健康安全管理体系　1998年，中国劳动保护科学技术学会提出了《职业安全卫生管理体系规范及使用指南》。1999年10月，原国家经贸委颁布了《职业健康安全管理体系试行标准》。其制定的目的是有效推动我国职业安全卫生管理工作，提高各类组织（公司、企业）职业安全卫生管理水平，降低安全卫生风险因素及相关费用，降低生产成本，并使各类组织（公司、企业）管理模式符合国际通行的惯例，促进国际贸易及提高我国各类组织（公司、企业）的综合形象，以此加强其在市场上的竞争力。

二、安全生产的工作方针

《安全生产法》第三条规定："安全生产管理，坚持安全第一、预防为主的方针。"这就要求每一个生产经营单位都要坚持"安全第一"的观念，自始至终要在确保安全的前提下从事生产经营活动。

第二节　中华人民共和国安全生产法及相关法律

一、安全生产法律法规体系

我国已初步形成了一个以宪法为基本依据，以《安全生产法》为核心的，以有关法律、行政法规、地方性法规、规章和技术规程、标准为依托的安全生产法律体系（图1-1）。

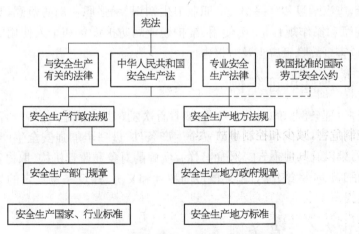

图1-1　安全生产法律体系层级示意图

国家有关安全生产方面的法律包括《安全生产法》和与之有关的法律，如《中华人民共和国劳动法》《中华人民共和国职业病防治法》《中华人民共和国建筑法》《中华人民共和国刑事诉讼法》《中华人民共和国公路法》《中华人民共和国行政处罚法》《中华人民共和国刑法》《中华人民共和国煤炭法》《中华人民共和国民用航空法》《中华人民共和国海上交通安全法》《中华人民共和国消防法》《中华人民共和国道路交通安全法》《中华人民共和国铁路法》《中华人民共和国电力法》《中华人民共和国突发事件应对法》《中华人民共和国矿山安全法》等。

二、中华人民共和国安全生产法

现行的《安全生产法》经 2014 年 8 月 31 日第十二届全国人大常委会第二次修订后,自 2014 年 12 月 1 日起施行,共计一百一十四条。修订后的《安全生产法》更加强调安全生产监管主体责任、生产经营单位安全生产管理义务以及违法惩处的力度,涵盖从业人员的安全生产权利义务、生产经营单位的安全生产保障、安全生产的监督管理、法律责任等内容。

三、中华人民共和国职业病防治法

《职业病防治法》经 2001 年 10 月 27 日第九届全国人大常委会会议通过,根据 2011 年 12 月 31 日第十一届全国人大常委会第二十四次会议《关于修改〈中华人民共和国职业病防治法〉的决定》修正,自 2011 年 12 月 31 日起施行,共计七章九十条。

参照《职业病防治法》的相关规定,用人单位应当对劳动者进行上岗前的职业卫生培训和在岗期间的定期职业卫生培训,普及职业卫生知识,督促劳动者遵守职业病防治法律、法规、规章和操作规程,指导劳动者正确使用职业病防护设备和个人使用的职业病防护用品,应当为劳动者建立职业健康监护档案,并按照规定的期限妥善保存。职业健康监护档案应当包括劳动者的职业史、职业病危害接触史、职业健康检查结果和职业病诊疗等有关个人健康资料。对于从事接触职业病危害作业的劳动者,用人单位更应当按照国务院安全生产监督管理部门、卫生行政部门的规定组织上岗前、在岗期间和离岗时的职业健康检查,并将检查结果书面告知劳动者。职业健康检查费用则由用人单位承担。而承担职业健康检查的卫生机构应当由省级以上人民政府卫生行政部门批准。

作为劳动者,应当学习和掌握相关的职业卫生知识,增强职业病防范意识,遵守职业病防治法律、法规、规章和操作规程,正确使用、维护职业病防护设备和个人使用的职业病防护用品,发现职业病危害事故隐患应当及时报告。

四、安全生产许可证条例

《安全生产许可证条例》于 2004 年 1 月 13 日首次发布并正式施行,2014 年 7 月 29 日进行修订,共计二十四条。其目的是严格规范安全生产条件,进一步加强安全生产监督管理,防止和减少生产安全事故。此条例对于制定的目的、实施的对象和监管机构、取得安全生产许可证所必备的条件和许可证的有效期、相关单位的权利和义务、违反条例规定的处罚做了明确的限定。

五、上海市安全生产条例

《上海市安全生产条例》于 2005 年 1 月 6 日上海市第十二届人民代表大会常务委员会第十七次会议通过,2011 年 9 月 22 日上海市第十三届人民代表大会常务委员会第二十九次会议修订。根据 2016 年 2 月 23 日上海市第十四届人民代表大会常务委员会第二十七次会议再次修正。条例的修订以《安全生产法》等相关法律法规规定的基本原则、内容为基础,总结了原条例实施以来的经验,以确保上海城市运行安全和生产安全为主线,进一步增加了条例的系统性、适用性和可操作性。

第三节　金属焊接与热切割作业人员的职责

一、从业人员的责任

金属焊接与热切割从业人员的主要责任包括以下几个方面：

1. 学习知识、钻研技术、提高技能

从业人员应该努力学习专业知识，刻苦钻研技术，提高安全操作技能，增强事故的预防能力和应急处置能力。

2. 热爱本职工作，忠于职守

从业人员应该恪尽职守，保证焊割质量。金属焊接与热切割从业人员应持有有效证件上岗操作，能够做到焊割作业前熟悉作业现场环境，了解设备性能、办理各种手续，采取相应的安全措施；作业中严格遵守安全操作规程，重视产品质量，提高生产效率；作业后彻底清理现场，进行安全检查，消除安全隐患，防止事故发生。

3. 遵章守纪，执行制度

从业人员应该遵守劳动生产安全规则，遵守技术规程。

二、从业人员的权利

参照《安全生产法》中的相关规定，金属焊接与热切割从业人员的权利主要包括以下几个方面：

1. 危险因素和应急措施的知情及建议

从业人员有权了解其作业场所和工作岗位存在的危险因素、防范措施和事故应急措施，有权对本单位的安全生产工作提出建议。

生产经营单位的从业人员对于劳动安全的知情权，与从业人员的生命安全和健康关系密切，是保护劳动者生命健康权的重要前提。只有了解情况，才有可能有针对性地采取相应措施保护自身的生命安全和健康，生产经营单位有义务事前告知有关危险因素和事故应急措施。

2. 批评、检举和控告

从业人员有权对本单位安全生产工作中存在的问题提出批评、检举和控告，有权对本单位及有关人员违反安全生产法律、法规的行为向主管部门和司法机关进行检举和控告。

3. 拒绝违章指挥和强令冒险作业

从业人员享有拒绝违章指挥、强令冒险作业的权利。

生产经营单位不得因从业人员拒绝违章指挥和强令冒险作业而对其打击报复，这是保护从业人员生命安全和健康的一项重要权利。违章指挥是指生产经营单位的负责人、生产管理人员和工程技术人员违反规章制度，不顾从业人员的生命安全和健康，指挥从业人员进行生产活动的行为。强令冒险作业是指生产经营单位的管理人员对于存在危及作业人员人身安全的危险因素，而又没有相应的安全保护措施的作业，不顾从业人员的生命安全和健康，强迫命令从业人员进行作业。这些均对从业人员的生命安全和健康构成了极大威胁。为了保护自己的生命安全和健康，对于生产经营单位的这种行为，劳动者有权予以拒绝。

4. 紧急情况下停止作业和紧急撤离

从业人员发现直接危及人身安全的紧急情况时,有权停止作业或者在采取可能的应急措施后撤离作业场所。

由于生产经营场所自然和人为危险因素的存在,经常会在生产经营作业过程中发生一些意外的或者人为的直接危及从业人员人身安全的危险情况,或者可能会对从业人员造成人身伤害。这时,最大限度地保护现场作业人员的生命安全是第一位的,法律赋予他们享有停止作业和紧急撤离的权利。

5. 工伤保险和伤亡求偿

因生产安全事故受到损害的从业人员,除依法享有工伤保险外,依照有关民事法律尚有获得赔偿的权利,有权向本单位提出赔偿要求。

三、从业人员的义务

参照《安全生产法》中的相关规定,金属焊接与热切割从业人员的义务主要包括以下几个方面:

1. 遵守规章制度和操作规程,服从管理

从业人员在作业过程中,应当严格遵守本单位的安全生产规章制度和操作规程,服从管理,正确佩戴和使用劳动防护用品。

2. 接受安全生产教育和培训

从业人员应当接受安全生产教育和培训,掌握本职工作所需的安全生产知识,提高安全生产意识,增强事故预防和应急处理能力。

3. 发现事故隐患或者其他不安全因素应及时报告

从业人员发现事故隐患或者其他不安全因素,应当立即向现场安全生产管理人员或者本单位负责人报告,接到报告的人员应当及时予以处理。

习题一

一、判断题(A 表示正确;B 表示错误)

1. 安全生产的基本方针是"安全第一、预防为主、综合治理"。
2. "安全第一"是指在生产经营活动中,要把最大限度地保护现场作业人员的生命安全放在首要位置。
3. 安全泛指没有危险、不出事故的状态。
4. 安全是一个相对的概念,世界上没有绝对安全的事物,任何事物中都包含有不安全的因素,具有一定的危险性。
5. 《安全生产法》规定,生产经营单位对重大危险源应当登记建档。
6. 《职业病防治法》规定,在职业病防治工作上坚持预防为主、防治结合的方针,实行分类管理、综合治理。
7. 《职业病防治法》制定的依据是《宪法》。
8. 《安全生产法》规定,生产经营单位对重大危险源必须进行定期检测、评估、监控。
9. 在《关于开展重大危险源监督管理工作的指导意见》中,将重大危险源申报登记的类型分为:易燃、易爆、有害物质的储罐区(储罐),易燃、易爆、有毒物质的库区(库),具有火灾、爆炸、中毒危险的场所、压力管道、锅炉、压力容器、企业危险建(构)筑物。

10. 职业健康检查机构应客观真实地报告职业健康检查结果,对其所出示的检查结果和总结报告负责任。

11. 环境管理体系标准(ISO 14000)不包括环境管理体系、环境审核、环境标志、生命周期分析等国际环境管理领域内的许多问题。

12. 安全生产管理就是针对人们生产过程中的安全问题,运用有效的资源,发挥人们的智慧,通过人们的努力,进行有关决策、计划、组织和控制等活动,达到安全生产的目标。

13. 从业人员发现事故隐患或其他不安全因素,应当立即向现场安全生产管理人员或本单位负责人报告,接到报告的人员应当及时予以处理。

14. 在生产劳动过程中,为防止出现企业负责人或管理人员违章指挥和强令从业人员冒险作业,由此导致生产事故,造成人员伤亡情况,法律赋予从业人员拒绝违章指挥和强令冒险作业的权利。

15. 职业健康监护是以预防为目的,根据劳动者的职业接触史,通过定期或不定期的医学健康检查和健康相关资料的收集,连续性地监测劳动者的健康状况,分析劳动者健康变化与所接触的职业病危害因素的关系,并及时地将健康检查和资料分析结果报告给用人单位和劳动者本人,以便及时采取干预措施,保护劳动者健康。

16. 职业健康检查有利于保障劳动者的健康权益,减少健康损害和经济损失,减少社会负担,也是落实用人单位义务、实现劳动者权利的重要保障,是落实职业病诊断鉴定制度的前提,也是社会保障制度的基础。

17. 熔化焊与热切割作业安全操作规程规定,必须穿戴规定的劳保用品进行操作。

18. 从业人员获得工伤社会保险赔付和民事赔偿的金额标准、领取和支付程序,可以自行商量决定。

19. 推行 ISO 14000 的意义在于使企业建立的环境管理体系有法可依,减少各项活动所造成的环境污染,节约资源,改善环境质量及促进企业和社会的跨越式发展。

20. 职业病管理依据有《职业安全卫生管理体系试行标准》《职业病防治法》《职业病诊断与鉴定管理办法》。

21. ISO 14000 涵盖的内容有焊接质量管理体系、环境管理体系、环境管理体系审核。

22. 任何单位和个人都有维护消防安全、保护消防设施、预防火灾、报告火警的义务。

23. 在职业病诊断时需要考虑的因素有职业病危害接触史、临床表现和医学检查结果、劳动者家庭背景。

24. 安全生产管理的目标是减少和控制危害,减少和控制事故,尽量避免生产过程中由于事故所造成的人身伤害、财产损失、环境污染及其他损失。

25. 事故隐患泛指生产系统中可导致事故发生的人的不安全行为、物的不安全状态和管理上的缺陷。

26. 事故隐患分为一般事故隐患和重大事故隐患两种。

27. 一般事故隐患是指危害和整改难度较小,发现后能够立即整改排除的隐患。

28. 在生产过程中,操作者即使操作失误,也不会发生事故或伤害,或者设备、设施和技术工艺本身具有自动防止人的不安全行为的能力称为失误-安全功能。

29. 技术安全是安全生产管理以预防为主的根本体现。

30. 技术安全是安全生产管理以事故发生再减小危害为主的根本体现。

31. 安全生产管理的基本对象是企业的员工,不涉及机器设备。

32. 《安全生产许可证条例》主要内容不包括目的、对象与管理机关,安全生产许可证的条件及有效期。

二、单选题

1. 下列说法正确的是(　　)。
   A. 职业病检查时应有 5 位以上取得职业病诊断资格的执业医师集体诊断
   B. 职业病诊断医师需从事职业病诊疗相关工作 10 年以上
   C. 职业健康检查只能由具有医疗执业资格的医师和技术人员进行

2. 下列说法正确的是(　　)。
   A. 提高责任能力,就应积极参加安全学习及安全培训
   B. 不正确分析、判断和处理各种事故隐患,能把事故消灭在萌芽状态
   C. 上岗不需要按规定正确佩戴和使用劳动防护用品

3. 下列说法正确的是(　　)。
   A. 不正确使用机械设备
   B. 交接班不需要交接安全情况
   C. 认真学习和严格遵守钎焊安全生产各项规章制度,不违反劳动纪律,不违章作业

4. 下列说法错误的是(　　)。
   A. 《安全生产法》第五十一条规定,从业人员发现事故隐患或其他不安全因素,应当立即向现场安全生产管理人员或本单位负责人报告,接到报告的人员应当及时予以处理
   B. 《安全生产法》规定,生产经营单位对重大危险源应当告知从业人员和相关人员在紧急情况下应当采取的应急措施
   C. 《安全生产法》规定从业人员无权享有拒绝违章指挥和强令冒险作业权

5. 下列说法错误的是(　　)。
   A. 安全生产的检举权、控告权,是指从业人员对本单位及有关人员违反安全生产法律、法规的行为,有向主管部门和司法机关进行检举和控告的权利
   B. 安全生产的批评权,是指从业人员对本单位安全生产工作中存在的问题有提出批评的权利
   C. 检举必须署名

6. 下列说法正确的是(　　)。
   A. 从业人员享有拒绝违章指挥和强令冒险作业权
   B. 从业人员不必按照企业要求作业
   C. 企业可以因从业人员拒绝违章指挥和强令冒险作业而对其进行打击报复

7. 金属焊接与热切割从业人员不应具有以下责任(　　)。
   A. 不用注意提高安全意识
   B. 丰富安全生产知识,增加自我防范能力
   C. 责任意识

8. 下列说法错误的是(　　)。
   A. 事故隐患泛指生产系统中可导致事故发生的人的不安全行为、物的不安全状态和管理上的缺陷

B．事故隐患分为一般事故隐患和重大事故隐患两种

C．重大事故隐患是指危害和整改难度较大，应当立即全部停产、停业

9. 下列说法错误的是(　　)。

A．遇到危险撤离作业现场，该项权利适用于某些从事特殊职业的从业人员

B．出现危及人身安全的紧急情况时，首先是停止作业，并尽早采取应急措施

C．采取应急措施无效时，迅速撤离作业场所

10. 下列说法错误的是(　　)。

A．从业人员依法享有工伤保险和伤亡求偿的权利。法律规定这项权利必须以劳动合同必要条款的书面形式加以确认

B．从业人员获得工伤社会保险赔付和民事赔偿的金额标准、领取和支付程序，可以自行商量决定

C．依法为从业人员缴纳工伤社会保险费和给予民事赔偿，是生产经营单位的法律义务

11. 关于《安全生产法》的核心内容正确的是(　　)。

A．五项基本法律制度

B．两结合监管体制与三大对策体系

C．三方运行机制

12. 《安全生产许可证条例》的主要内容包括(　　)。

A．违法行为及处罚方式

B．目的、对象与管理机关

C．七项基本法律制度

13. 下列关于安全生产、安全管理的说法，错误的是(　　)。

A．责任能力，就是具备安全生产的能力，发生安全生产事故如何履行自己责任的能力

B．提高责任能力，就应积极参加安全学习及安全培训

C．违章作业，提高生产效率

14. 从业人员发现事故隐患或其他不安全因素时，错误的做法是(　　)。

A．接到报告的人员应放置以后再处理

B．立即向现场安全生产管理人员或本单位负责人报告

C．接到报告的人员应当及时予以处理

15. 生产安全事故不包括(　　)。

A．职业病

B．生产过程中造成人员伤亡、伤害

C．设备更新的损失

16. 事故隐患不包括(　　)。

A．中毒　　　　　　　　　B．火灾　　　　　　　　　C．正确使用设备

17. 技术安全具体不包括(　　)。

A．失误-安全功能　　　　B．故障-安全功能　　　　C．以预防为主

18. 下列不是我国有关安全生产的专门法律的是(　　)。

A．《妨碍公共安全法》

B．《安全生产法》

C．《道路交通安全法》

19. 下列说法错误的是（　　）。

A．生产经营单位的从业人员可以不服从管理，但必须符合法律规定

B．生产经营单位必须制定本单位安全生产的规章制度和操作规程

C．从业人员必须严格依照这些规章制度和操作规程进行生产经营作业

20. 下列说法错误的是（　　）。

A．用人单位不需要为从业人员提供必要的、安全的劳动防护用品

B．正确佩戴和使用劳动防护用品是从业人员必须履行的法定义务

C．从业人员不履行个体防护义务而造成人身伤害的，单位不承担法律责任

参考答案

一、判断题

1～5：AAAAA　6～10：AAAAA　11～15：BAAAA

16～20：AABBB　21～25：BABAA　26～30：AAAAB

31～32：BB

二、单选题

1～5：CACCC　6～10：AACAB　11～15：BBCAC

16～20：CCAAA

第二章 金属焊接与热切割概述

第一节 金属焊接与热切割基本知识

一、焊接原理、分类和特点

1. 焊接原理

在金属结构及其他机械产品的制造中,需将两个或两个以上零件连接在一起,使用的方法有螺栓连接、铆钉连接和焊接等(图2-1)。前两种连接都是机械连接,是可拆卸的;而焊接则是利用两个物体原子间产生的结合作用来实现连接的,连接后不能再拆卸,是永久性连接。

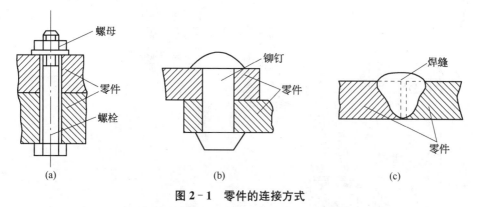

图 2-1 零件的连接方式

(a)螺栓连接;(b)铆钉连接;(c)焊接

焊接不仅可以使金属材料永久地连接起来,而且可以使某些非金属材料达到永久连接的目的,如塑料焊接等,但生产中主要用于金属的焊接。

焊接就是通过加热或加压,或两者并用,并且用或不用填充材料,使工件达到结合的一种方法。

为了获得牢固接头,在焊接过程中必须使被焊工件中原子彼此接近到原子间的引力能够相互作用的程度。因此,对需要结合的地方通过加热使之熔化,或者通过加压(或者先加热到塑性状态后再加压),使原子或分子间达到结合与扩散,形成牢固的焊接接头。

焊接不仅可以应用于在静载荷、动载荷、疲劳载荷及冲击载荷下工作的结构,而且可以应用于在低温、高温、高压及有腐蚀介质条件下使用的结构。

随着社会生产和科学技术的发展,焊接已成为机械制造工业部门和修理行业中重要的加工工艺,也是现代工业生产中不可缺少的加工方法。

2. 焊接方法的分类

按照焊接过程中金属所处的状态不同,可以把焊接方法分为熔焊(熔化焊)、压焊和钎焊三种类型。

1)熔焊 是将待焊处的母材金属熔化以形成焊缝的焊接方法。当被焊金属加热至熔化状态形成液态熔池时,原子间可以充分扩散和紧密接触,因此冷却凝固后,即可形成牢固的焊接接头。

2) 压焊　是在焊接过程中,对焊件施加压力(加热或不加热)以完成焊接的方法。这类焊接有两种形式:一是将被焊金属接触部分加热至塑性状态或局部熔化状态,然后施加一定的压力,以使金属原子间相互结合形成牢固的焊接接头;二是不进行加热,仅在被焊金属的接触面上施加足够大的压力,借助压力所引起的塑性变形,使原子间相互接近而获得牢固的挤压接头。

3) 钎焊　是硬钎焊和软钎焊的总称。采用比母材熔点低的金属材料作钎料,将焊件和钎料加热到高于钎料的熔点,低于母材熔化温度,利用液态钎料润湿母材,填充接头间隙并与母材相互扩散实现连接焊件的方法。

焊接方法的分类如图 2-2 所示。

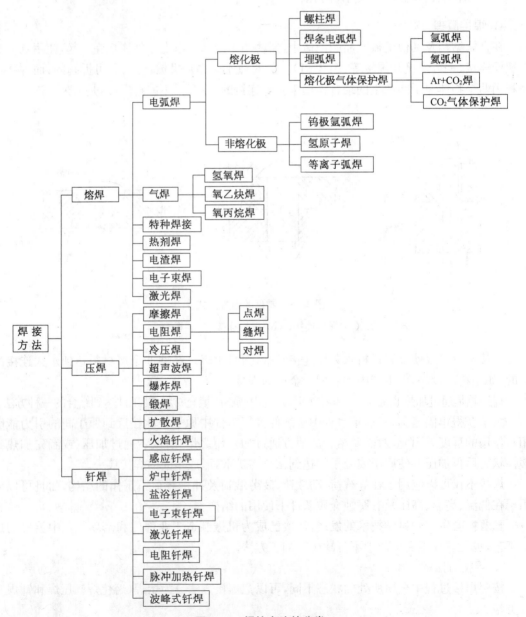

图 2-2　焊接方法的分类

各种焊接方法的基本原理及用途见表 2-1。

表 2-1　各种焊接方法的基本原理及用途

焊接方式		基 本 原 理	用 途
熔焊	螺柱焊	将金属螺柱或类似的其他紧固件焊于工件上的方法统称为螺柱焊	在造船或机车制造中焊接将木板固定于钢板上的螺柱,在大型建筑钢结构上焊接 T 形钉,以制造钢梁混凝土结构等
	焊条电弧焊	利用电弧作为热源熔化焊条和母材而形成焊缝的一种焊接方法	应用广泛,适用于焊短小焊缝及全位置焊接
	埋弧焊	以连续送进焊丝作为电极和填充金属,焊接时,在焊接区的上面覆盖一层颗粒状焊剂,电弧在焊剂层下燃烧,将焊丝端部和母材熔化,形成焊缝	适用于长焊缝焊接,焊接电流大,生产效率高,广泛应用于碳钢、不锈钢焊接,也可用于纯铜板焊接,易于实行自动化
	氩弧焊（熔化极）	采用焊丝与被焊工件之间的电弧作为热源来熔化焊丝与母材金属,并向焊接区输送氩气,使电弧、熔化的焊丝及附近的母材金属免受空气的侵入,连续送进的焊丝不断熔化过渡到熔池,与熔化的母材金属熔合形成焊缝	用于焊接不锈钢、铜、铝、钛等金属
	CO_2 气体保护焊	原理与熔化极氩弧焊基本相同,只是采用 CO_2 作为焊接区的保护气体	主要用于焊接黑色金属
	氩弧焊（钨极）	采用钨极和工件之间的电弧使金属熔化形成焊缝,焊接过程中钨极不熔化,只起电极作用,同时由焊炬的喷嘴送出氩气保护焊接区,添加填充金属	用于焊接不锈钢、铜、铝、钛等金属
	氢原子焊	利用氢气在高温中的化学反应热以及电弧的辐射热来熔化金属和焊丝的一种焊接方法	主要用于碳钢、低合金钢及不锈钢薄板的焊接
	等离子弧焊	利用气体在电弧内电离后,再经过热收缩效应和磁收缩效应产生的一束高温热源来进行熔化焊接,等离子弧能量密度大、温度高,通常可达 20 000 ℃左右	用于焊接不锈钢、高强度合金钢、低合金耐热钢、铜、钛及合金等,还可焊接高熔点及高导热性材料
	气焊	利用气体火焰作为热源来熔化金属的焊接方法,应用最多的是以乙炔为燃料的氧乙炔焰,以氢气为燃料的氢氧焰,以液化石油气、天然气为燃料的氧丙烷焰、氧甲烷焰等	适用于焊接较薄的工件、有色金属及铸铁等
	热剂焊	将留有适当间隙的焊件接头装配在特制的铸型内,当接头预热到一定温度后,采用经热剂反应形成的高温液态金属注入铸型内,使接头金属熔化实现焊接的方法	主要用于钢轨的连接或修理,铜电缆接头的焊接等
	电渣焊	利用电流通过熔渣产生电阻热来熔化母材和填充金属进行焊接,它的加热范围大,对厚的工件能一次焊成	焊接大型和很厚的零部件,也可进行电渣熔炼

（续表）

焊接方式		基 本 原 理	用 途
压焊	电子束焊	利用电子枪发射高能电子束轰击焊件,使电子的动能变为热能,以达到熔化金属形成焊缝的目的。电子束焊分为真空电子束焊和非真空电子束焊两种	真空电子束焊主要用于尖端技术方面的活泼金属、高熔点金属和高纯度金属,非真空电子束焊一般用于不锈钢焊接
	激光焊	利用聚焦的激光光束对工件进行加热熔化的焊接方法	适用于铝、铜、银、不锈钢、钨、铝等金属的焊接
	电阻点焊、缝焊	使工件处在一定的电极压力作用下,并利用电流通过工件产生的电阻热将两个工件之间接触表面熔化而实现连接的焊接方法	适用于焊接薄板、板料
	电阻对焊	将两工件端面始终压紧,利用电阻热加热至塑性状态,然后迅速施加顶端压力(或不加顶端压力,只保持焊接时压力)完成焊接的方法	主要用于型材的接长和环形工件的对接
	摩擦焊	利用焊件表面相互摩擦所产生的热,使端面达到塑性状态,然后迅速顶锻完成焊接的方法	几乎所有能进行热锻且摩擦系数大的材料均可焊接,且可焊接异种材料
	冷压焊	不加热,只靠强大的压力,使两工件间接触面产生很大程度的塑性变形,工件的接触面上金属产生流动,破坏了氧化膜,并在强大的压力作用下,借助扩散和再结晶过程使金属焊在一起	主要用于导线焊接
	超声波焊	利用超声波向工件传递超声波振动产生的机械能并施加压力而实现焊接的方法	点焊和缝焊有色金属及其合金薄板
	爆炸焊	以炸药爆炸为动力,借助高速倾斜碰撞,使两种金属材料在高压下焊接成一体的方法	制造复合板材料
	锻焊	焊件在炉内加热至一定温度后,再锤锻使工件在固相状态下结合的方法	焊接板材
	扩散焊	在一定的时间、温度或压力作用下,两种材料在相互接触的界面发生扩散和界面反应,实现连接的过程	能焊弥散强化高温合金、纤维强化复合材料、非金属材料、难熔和活泼性金属材料
钎焊		采用比母材熔点低的材料作填充金属,利用加热使填充金属熔化、母材不熔化,借助液态填充金属与母材之间的毛细现象和扩散作用实现工件连接的方法	一般用于焊接薄的、尺寸较小的工件

为了适应工业生产和新兴技术中新材料、新产品的焊接需要,将不断研究出新的焊接方法。

3. 焊接特点

1) 节约金属材料　与铆接制成的金属结构相比,焊接可省去很多零件,因此能够节约金属 15％～20％。另外,同样的构件也可比铸铁、铸钢件节约很多材料。

2) 减轻结构重量　采用焊接制成的构件,可以在节省材料的同时减轻自身的重量,从而加大构件的承载能力。

3）减轻劳动强度、提高生产率　与铆接相比，焊接劳动强度减轻。由于简化了生产准备工作，缩短了生产周期，从而提高了生产率。

4）构件质量高　焊接可以将两块材料连接起来，同时焊缝是连续的，具有和母材相同或更高的力学性能，并且获得致密性（容器能达到水密、气密、油密），因而提高了产品结构的质量。

5）焊接的材料厚度不受限制　金属焊接的方法很多，同一种焊接方法也可采用多种焊接工艺，因而焊接的材料厚度一般不受限制。

6）金属焊接的不足之处

（1）由于焊接是局部的、不均匀的加热、冷却或加压，所以焊后的金属易产生变形及应力。

（2）焊接接头的材质会发生一定的变化。

（3）焊接接头的裂纹在受力时会有延伸倾向，从而导致构件破坏。

二、热切割原理、分类

热切割是利用热能将材料分离的方法。热切割方法的分类如图 2-3 所示。

按照加热能源的不同，金属热切割大致可分为：气体火焰的热切割、气体放电的热切割和束流的热切割三种（详见第四章气焊与热切割方法及安全操作技术）。

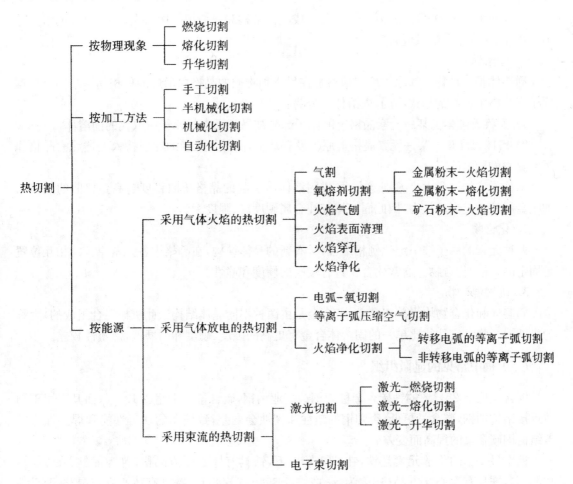

图 2-3　热切割方法的分类

第二节　金属学及热处理简介

一、钢的组织和结构

金属与合金的性能是由其内部组织结构决定的,化学成分的改变会引起性能的变化。但在不改变化学成分的条件下,由于制造工艺条件以及热处理的影响,也可影响和改变金属与合金的内部组织结构,从而改变其性能。这些影响和变化,有时是有利的,是特意安排的;有时是不利的,应力求避免的。

金属的结构是指金属内部原子排列的状况,在一般条件下无法直接观察。金属经取样、打磨、抛光、腐蚀显示后,在金相显微镜下才可观察到各种组成物分布的状态,称为金属的金相组织。

(一) 合金的组织

两种或两种以上的元素(其中至少一种是金属元素)组合成的金属,称为合金。合金比纯金属应用更为广泛,这是由于合金内部组织结构的种类多,而且可以人为地控制合金成分而得到各种各样的性能。

根据两种元素相互作用的关系,以及形成晶体结构和显微组织的特点,可将合金的组织分为固溶体、化合物和机械混合物。

1. 固溶体

固溶体是一种物质的原子均匀地溶解在另一种物质的晶格内形成的单相晶体结构。根据原子在晶格上分布的形式不同,固溶体可分为:

1) 置换固溶体　某一元素晶格上的原子部分被另一元素的原子所取代的固溶体。

2) 间隙固溶体　某一元素晶格上原子没有缺少,而另一元素的原子挤入上述元素晶格原子空隙中的固溶体。

两种元素的原子大小差别越大,形成固溶体所引起的晶格扭曲程度越高。扭曲的晶格增加了金属塑性变形的抗力,因此固溶体较纯金属硬度高、强度大。

2. 化合物

两种元素的原子按一定比例相结合,具有新的晶体结构,在晶格中各元素原子的相互位置是固定的,称为化合物。通常化合物具有较高的硬度和脆性。

3. 机械混合物

固溶体和化合物均为单相合金,若合金是由两种不同晶体结构彼此机械混合组成的,则称为机械混合物。它往往比单一的固溶体合金有更高的强度、硬度和耐磨性,但塑性较差。

(二) 钢中常见的显微组织

碳含量低于2.11%的铁碳合金称为钢。工业用钢,碳含量很少超过1.4%,而其中用于制造焊接结构的钢,碳含量更低,否则钢的塑性和韧性会变差,致使钢的加工性能和焊接性能随着结构钢碳含量的提高而变差。

钢中最基本的化学元素是铁,在912℃以下,铁具有体心立方晶格,称为α铁;在912~1394℃,铁具有面心立方晶格,称为γ铁;在1394~1538℃,铁具有体心立方晶格,称为δ

铁。这种在固态下因所处温度不同而具有不同晶格形式的现象,称为同素异晶转变。

钢的显微组织主要有铁素体、奥氏体、渗碳体、珠光体、马氏体、贝氏体、魏氏组织等。钢的主要组织及特征见表2-2,部分组织的主要力学性能见表2-3。

表2-2 钢的主要组织及特征

组织	特 征
铁素体	铁素体是碳在α-Fe中的间隙固溶体。由于体心立方晶格的原子间隙很小,故碳在723℃ α-Fe中的溶碳能力很低,室温下更小(仅0.006%)。铁素体的强度和硬度低,但塑性和韧性很好,所以含铁素体多的钢(如低碳钢)表现出软而韧的特点
奥氏体	奥氏体是碳溶解在γ-Fe中的固溶体。由于面心立方晶格原子间隙较大,故碳在γ-Fe中的溶解度要比α-Fe中大得多。在723℃时溶解度为0.77%,在1130℃时为2.11%。碳钢只有加热到723℃(称为临界点)以上时才出现奥氏体,在723℃以下,随着钢中碳含量和冷却条件的不同,奥氏体分别转变为铁素体、珠光体、贝氏体或马氏体等组织。但在钢中某些合金元素达到一定量时,奥氏体亦可在室温存在(如奥氏体不锈钢、高锰钢等)。奥氏体的强度和硬度并不高,但塑性和韧性很好。奥氏体的另一个特点是没有磁性
渗碳体	渗碳体是铁与碳的金属化合物,分子式是Fe_3C,其性能硬而脆。随着钢中碳含量的增加,钢中渗碳体的量也增多,钢的硬度、强度也增加,而塑性和韧性则下降。常温下碳在α-Fe中的溶解度很小,大部分碳都以渗碳体形式出现
珠光体	珠光体是铁素体和渗碳体的机械混合物,它只有在低于723℃时才存在。珠光体中片状铁素体与渗碳体一层一层交替分布,并依层片间距还可细分为粗珠光体、细珠光体(索氏体)和极细珠光体(屈氏体)。珠光体具有较好的综合力学性能,其硬度和强度比铁素体高。但是,珠光体的脆性并不大,因为珠光体中渗碳体的量仅为铁素体的1/8。随着片层密度增大,层间距减小,珠光体的硬度和强度增高
马氏体	马氏体是碳在α-Fe中的过饱和固溶体,其性能与过饱和程度有关。高碳马氏体具有很高的硬度和强度,但很脆,延展性极低,几乎不能承受冲击载荷。低碳马氏体则具有相当高的强度和良好的塑性与韧性相结合的特点。马氏体加热后容易分解为其他组织,马氏体一般由奥氏体经淬火得到。奥氏体转变为马氏体时体积会膨胀,由此而引起的内应力往往导致零件变形、开裂
贝氏体	贝氏体是介于珠光体和马氏体之间的一种组织,是铁素体和渗碳体的机械混合物。贝氏体是奥氏体的中温转变产物,根据形成的温度区间不同又可细分为粒状贝氏体、上贝氏体(呈羽毛状)和下贝氏体(呈针状)。粒状贝氏体强度较低,但具有较好的韧性;下贝氏体既具有较高的强度,又具有良好的韧性;上贝氏体的韧性最差
魏氏组织	魏氏组织是一种过热组织,是由彼此交叉约60°的铁素体针嵌入基体的显微组织。碳钢过热时奥氏体晶粒粗大,这种粗大的奥氏体以一定速度冷却时,很容易形成魏氏组织。粗大的魏氏组织使钢材的塑性和韧性下降,使钢变脆

表2-3 铁素体、奥氏体、渗碳体、珠光体的主要力学性能

组织名称	符号	力 学 性 能			
		HBS	σ_b(MPa)	δ(%)	α_k(J/cm²)
铁素体	F	50～80	180～280	30～50	250
奥氏体	A	120～220	400～850	40～60	—
渗碳体	Cm	≈800	30	≈0	≈0
珠光体	P	18	800	20～35	10～20

二、钢的热处理

(一) 热处理的目的

热处理是使固态金属通过加热、保温、冷却工序来改变其内部组织结构,以获得预期性能的一种工艺方法。

要使金属材料获得优良的力学、工艺、物理和化学等性能,除了在冶炼时保证所要求的化学成分外,往往还需要通过热处理才能实现。正确地进行热处理,可以成倍、甚至数十倍地提高零件的使用寿命。在机械产品中多数零件都要进行热处理,机床中需进行热处理的零件占 $60\% \sim 70\%$,在汽车、拖拉机中占 $70\% \sim 80\%$,而在轴承和各种工、模、量具中则几乎占 100%。

热处理工艺在机械制造业中应用极为广泛,它能提高工件的使用性能,充分发挥钢材的潜力,延长工件的使用寿命。此外,热处理还可以改善工件的加工工艺性,提高加工质量。焊接工艺中也常通过热处理方法来减少或消除焊接应力,防止变形和产生裂缝。

(二) 热处理的种类

根据工艺不同,钢的热处理方法可分为退火、正火、淬火、回火及表面热处理等,具体种类如图 2 - 4 所示。

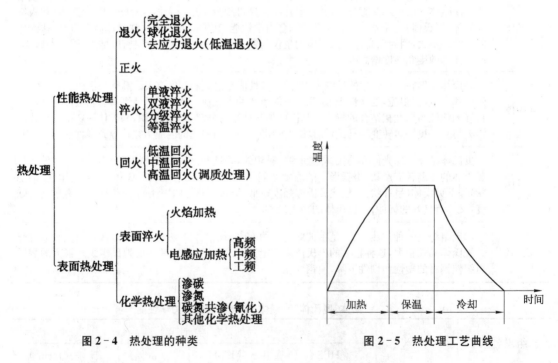

图 2 - 4 热处理的种类   图 2 - 5 热处理工艺曲线

热处理方法虽然很多,但任何一种热处理工艺都是由加热、保温和冷却三个阶段组成的。因此,热处理工艺过程可用"温度-时间"为坐标的曲线图表示(图 2 - 5),此曲线称为热处理工艺曲线。

热处理之所以能使钢的性能发生变化,其根本原因是铁有同素异构转变,从而在加热和冷却过程中使钢的内部发生组织与结构的变化。

1. 退火

将工件加热到临界点 A_{c1}(或 A_{c3})以上 30～50 ℃,停留一定时间(保温),然后随炉缓慢冷却至室温,这一热处理工艺称为退火。

退火的目的是降低钢的硬度,使工件易于切削加工;提高工件的塑性和韧性,以便于压力加工(如冷冲及冷拔);细化晶粒,均匀钢的组织及成分,改善钢的性能或为以后的热处理做准备;消除钢中的残余应力,以防止变形和开裂。

常用的退火方法有完全退火、球化退火及去应力退火等。

2. 正火

将工件加热到 A_{c3}(或 A_{cm})以上 30～50 ℃,经保温后,从炉中取出,放在空气中冷却的一种热处理方法。

正火后钢材的强度、硬度较退火要高一些,塑性稍低一些,主要因为正火的冷却速度增加,能得到索氏体组织。

正火是在空气中冷却的,故缩短了冷却时间,提高了生产效率和设备利用率,是一种比较经济的方法,因此其应用较广泛。

正火的目的是提高低碳钢硬度,以便于切削加工;细化晶粒,提高钢的力学性能;消除晶粒粗大、网状渗碳体组织等缺陷,从而改善钢的组织。

3. 淬火

钢加热到 A_{c1}(或 A_{c3})以上 30～50 ℃,保温一定时间,然后以大于钢的临界冷却速度冷却时,奥氏体将被过冷到 M_s 以下并发生马氏体转变,然后获得马氏体组织,从而提高钢的硬度和耐磨性的热处理方法,称为淬火。

淬火的目的是增加硬度和耐磨性,如各种刀具、量具、渗碳件及某些要求表面耐磨的零件都需要用淬火方法来提高硬度及耐磨性。

通过淬火和随后的高温回火能使工件获得良好的综合性能,同时提高强度和塑性,特别是提高钢的力学性能。

4. 回火

将淬火或正火后的钢加热到低于 A_{c1} 的某一选定温度,并保温一定时间,然后以适宜的速度冷却到室温的热处理工艺,称为回火。

回火的目的如下:

1) 获得所需要的力学性能 在通常情况下,零件淬火后强度和硬度有很大的提高,但塑性和韧性却明显降低,而零件的实际工作条件要求有良好的强度和韧性。选择适当的温度进行回火后,可以获得所需要的力学性能。

2) 稳定组织、稳定尺寸 淬火组织中的马氏体和残余奥氏体有自发转化的趋势,只有经回火后才能稳定组织,使零件的性能与尺寸得到稳定。

3) 消除内应力 一般淬火钢内部存在很大的内应力,如不及时消除,将引起零件的变形和开裂。因此,回火是淬火后不可缺少的后续工艺。焊接结构回火处理后,能减少和消除焊接应力,防止裂缝。

回火可分为低温(150～250 ℃)回火、中温(350～450 ℃)回火和高温(500～650 ℃)回火。

(三) 钢的表面热处理

在机械设备中,有许多零件(如齿轮、活塞销、曲轴等)是在冲击载荷及表面摩擦条件下工作的。这类零件表面要求高的硬度和耐磨性，而心部要求具有足够的塑性和韧性，为满足这类零件的性能要求，应进行表面热处理。

常用的表面热处理方法有表面淬火及化学热处理两种。

第三节　常用金属材料的一般知识

随着生产工艺和科学技术发展的需要，各种不同焊接结构材料的品种越来越多，因此，为了保证焊接结构的安全可靠，焊工必须掌握常用金属材料的种类、性能和焊接特点。

一、金属材料的性能

金属材料的性能通常包括物理化学性能、力学性能及工艺性能等，见表2-4。

表2-4　金属材料的基本性能

性　能		指标	描　述		
物理化学性能	指与焊接、热切割有关的物理化学性能，如密度、导电性、导热性、热膨胀性、抗氧化性、耐腐蚀性等	密度	指物质单位体积所具有的质量，用ρ表示。常用金属材料的密度：铸钢为7.8 g/cm^3，灰铸钢为7.2 g/cm^3，黄铜为8.63 g/cm^3，铝为2.7 g/cm^3		
		导电性	指金属传导电流的能力。金属的导电性各不相同，通常银的导电性最好，其次是铜和铝		
		导热性	指金属传导热量的能力。若某些零件在使用时需要大量吸热或散热，需要用导热性好的材料		
		热膨胀性	指金属受热时体积胀大的现象。被焊工件由于受热不均匀就会产生不均匀的热膨胀，从而导致焊件的变形和焊接应力		
		抗氧化性	指金属材料在高温时抵抗氧化性气氛腐蚀作用的能力。热力设备中的高温部件，如锅炉的过热器、水冷壁管、汽轮机的汽缸、叶片等，易产生氧化腐蚀		
		耐腐蚀性	指金属材料抵抗各种介质（如大气、酸、碱、盐等）侵蚀的能力。化工、热力等设备中许多部件是在腐蚀性条件下长期工作的，所以选材时必须考虑焊接材料的耐腐蚀性，使用时还要考虑设备及其附件的防腐措施		
力学性能	指金属材料在外部负荷作用下，从开始受力直至材料破坏的全部过程中所呈现的力学特征，是衡量金属材料使用性能的重要指标，如强度、硬度、塑性和韧性	强度	它代表金属材料对变形和断裂的抗力，用单位截面上所受的力（称为应力）表示。常用的强度指标有屈服强度及抗拉强度等	屈服强度σ_s(MPa)	指钢材在拉伸过程中，当接应力达到某一数值而不再增加时，其变形却继续增加的拉应力值，用σ_s表示。σ_s值越高，材料强度越高
				抗拉强度σ_b(MPa)	指金属材料在破坏前所承受的最大拉应力，用σ_b表示。σ_b越大，金属材料抵抗断裂的能力越强，强度越高
		硬度	它是金属材料抵抗表面变形的能力。常用的硬度有：布氏硬度HB、洛氏硬度HR、维氏硬度HV三种		
		塑性	指金属材料在外力作用下产生塑性变形的能力，表示金属材料塑性性能的指标有断后伸长率(A)、断面收缩率(Z)及冷弯角(α)等		
		冲击韧性	它是衡量金属材料抵抗动载荷或冲击力的能力，用冲击实验可以测定材料在突加载荷时对缺口的敏感性。冲击值是冲击韧性的一个指标，以α_k(J/cm^2)表示，α_k值越大，材料的韧性越好		

性 能		指标	描 述
工艺性能	指承受各种冷、热加工的能力	切削性能	指金属材料是否易于切削的性能。切削时，切削刀具不易磨损，切削力较小且被切削后工件表面质量好，则此材料的切削性能好，灰铸铁具有较好的切削性能
		铸造性能	主要是指金属在液态时的流动性以及液态金属在凝固过程中的收缩和偏析程度。金属的铸造性能是保证铸件质量的重要性能
		焊接性能	指材料在限定的施工条件下，焊接成符合规定设计要求的构件，能满足预定使用要求的能力。焊接性能受材料、焊接方法、构件类型及使用要求等因素的影响。焊接性能有多种评定方法，其中广泛使用的是碳当量法，这种方法是基于合金元素对钢的焊接性能有不同程度的影响，将钢中合金元素（包括碳）含量按其作用换算成碳的相当含量，可作为评定钢材焊接性能的一种参考指标

二、钢材的分类和性能

钢和铁都是以铁和碳为主要元素的合金。以铁为基础和碳及其他元素组成的合金，通常称为黑色金属，黑色金属又按铁中碳含量的多少分为生铁和钢两大类。碳含量在 2.11% 以下的铁碳合金称为钢；碳含量为 2.11%～6.67% 的铁碳合金称为铸铁。

（一）钢材的分类

1）按化学成分分类

（1）碳素钢。这种钢中除铁以外，主要还含有碳、硅、锰、硫、磷等元素，这些元素的总量一般不超过 2%。

（2）合金钢。合金钢中除碳素钢所含有的各元素外，尚有其他一些元素，如铬、镍、钛、钼、钨、钒、硼等。如果碳素钢中锰的含量超过 0.8%，或硅的含量超过 0.5%，则这种钢也称为合金钢。

根据合金元素的多少，合金钢又可分为：普通低合金钢（普低钢），合金元素总含量小于 5%；中合金钢，合金元素总含量为 5%～10%；高合金钢，合金元素总含量大于 10%。

2）按用途分类 有结构钢、工具钢、特殊用途钢（如不锈钢、耐酸钢、耐热钢、低温钢等）。

3）按使用性能和用途分类 钢材按照使用性能和用途综合分类如图 2-6 所示。

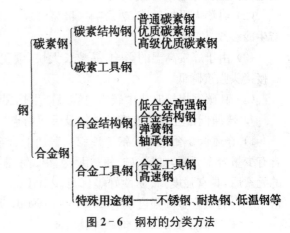

图 2-6 钢材的分类方法

（二）钢材的性能及焊接特点

1. 低碳钢的性能及焊接特点

1）低碳钢的性能 低碳钢由于碳含量低，强度、硬度不高，塑性好，所以焊接性好，应用非常广泛。焊接常用的低碳钢有 Q235、20 钢、20g 和 20R 等。

2）低碳钢的焊接特点

（1）淬火倾向小，焊缝和热影响区不易产生冷裂纹，可制造各类大型构架及受压容器。

（2）焊前一般不需预热，但对大厚度结构或在寒冷地区焊接时，需将焊件预热至 100～150 ℃。

（3）镇静钢杂质很少，偏析很小，不易形成低熔点共晶，所以对热裂纹不敏感；沸腾钢中硫、磷等杂质较多，产生热裂纹的可能性要大些。

（4）如工艺选择不当，可能出现热影响区晶粒长大现象，而且温度越高，热影响区在高温停留时间越长，则晶粒长大越严重。

（5）对焊接电源没有特殊要求，工艺简单，可采用交、直流弧焊机进行全位置焊接。

2. 中碳钢的性能及焊接特点

1）中碳钢的性能　中碳钢碳含量比低碳钢高，强度较高，焊接性较差。常用的有 35、45、55 钢。

2）中碳钢的焊接特点

（1）热影响区容易产生淬硬组织。碳含量越高，板越厚，这种倾向也越大。如果焊接材料和工艺参数选用不当，容易产生冷裂纹。

（2）基体金属碳含量较高，故焊缝的碳含量也较高，容易产生热裂纹。

（3）由于碳含量增高，对气孔的敏感性增加，因此对焊接材料的脱氧性，基体金属的除油、除锈，焊接材料的烘干等，要求更加严格。

3. 高碳钢的性能及焊接特点

1）高碳钢的性能　高碳钢因碳含量高，强度、硬度更大，塑性、韧性更差，因此焊接性能很差。

2）高碳钢的焊接特点

（1）导热性差，焊接区和未加热部分之间存在显著的温差，当熔池急剧冷却时，在焊缝中引起的内应力很容易形成裂纹。

（2）对淬火更加敏感，热影响区极易形成马氏体组织。由于组织应力的作用，热影响区易产生冷裂纹。

（3）由于焊接高温的影响，晶粒长大快，碳化物容易在晶界上积聚、长大，使得焊缝脆弱，焊接接头强度降低。

（4）高碳钢焊接时比中碳钢更容易产生热裂纹。

4. 普通低合金高强度钢的性能及焊接特点

1）普通低合金高强度钢的性能　普通低合金高强度钢简称普低钢，与碳素钢相比，钢中含有少量合金元素，如锰、硅、钒、钼、钛、铝、铌、铜、硼、磷、稀土等。钢中有了一种或几种这样的元素后，具有强度高、韧性好等优点。由于加入的合金元素不多，故称为低合金高强度钢。常用的普通低合金高强度钢有 16 Mn、16 MnR 等。

2）普通低合金高强度钢的焊接特点

（1）热影响区的淬硬倾向是普低钢焊接的重要特点之一。随着强度等级的提高，热影响区的淬硬倾向也随之变大。影响热影响区淬硬程度的因素有材料因素、结构形式和工艺条件等。焊接施工应通过选择合适的工艺参数，例如增大焊接电流、减小焊接速度等措施来避免或减缓热影响区的淬硬。

（2）焊接接头易产生裂纹。焊接裂纹是危害性最大的焊接缺陷,冷裂纹、再热裂纹、热裂纹、层状撕裂和应力腐蚀裂纹是焊接中常见的几种缺陷。

某些钢材淬硬倾向大,焊后冷却过程中,由于相变产生很脆的马氏体,在焊接应力和氢的共同作用下引起开裂,形成冷裂纹。延迟裂纹是钢的焊接接头冷却到室温后,经一定时间才出现的焊接冷裂纹,因此具有很大的危险性。防止延迟裂纹可以从焊接材料的选择及严格烘干、工件清理、预热及层间保温、焊后及时热处理等方面加以控制。

三、有色金属的分类和焊接特点

有色金属是指钢铁材料以外的各种金属材料,所以又称非铁材料。有色金属及其合金具有许多独特的性能,例如强度高、导电性好、耐蚀性及导热性好等。所以有色金属材料在航空、航天、航海等工业中具有重要的作用,并在机电、仪表工业中广泛应用。

（一）铝及铝合金的分类和焊接特点

1. 铝及铝合金的分类

1）纯铝　纯铝按其纯度分为高纯铝、工业高纯铝和工业纯铝三类。焊接用主要是工业纯铝,工业纯铝的纯度为 99.7%～98.8%,其牌号有 L1、L2、L3、L4、L5、L6 共 6 种。

2）铝合金　在纯铝中加入合金元素就得到了铝合金。根据铝合金的加工工艺特性,可将它们分为形变铝合金和铸造铝合金两类。

2. 铝及铝合金的焊接特点

（1）表面容易氧化,生成致密的氧化膜,影响焊接。

（2）容易产生气孔。

（3）容易产生热裂纹。

（4）焊接接头易发生软化。

铝及铝合金焊接主要采用氩弧焊、气焊、电阻焊等方式,其中氩弧焊［钨极氩弧焊（TIG 焊）和熔化极氩弧焊（MIG 焊）］应用最广泛。

铝及铝合金焊前应用机械法或化学清洗法去除工件表面氧化膜。焊接时钨极氩弧焊采用交流电源,熔化极氩弧焊采用直流反接,以获得"阴极雾化"作用,清除氧化膜。

（二）铜及铜合金的分类和焊接特点

1. 铜及铜合金的分类

1）纯铜　纯铜常被称为紫铜,它具有良好的导电性、导热性和耐蚀性。纯铜用"T"（铜）表示,如 T1、T2、T3 等。其氧含量极低,氧含量低于 0.01% 的纯铜称为无氧铜,用"TU"（铜无）表示,如 TU1、TU2 等。

2）黄铜　以锌为主要合金元素的铜合金称为黄铜。黄铜用"H"（黄）表示,如 H80、H70、H68 等。

3）青铜　以前将铜与锡的合金称为青铜,现在则将除了黄铜以外的铜合金称为青铜。常用的有锡青铜、铝青铜和铍青铜等。青铜用"Q"（青）表示。

2. 铜及铜合金的焊接特点

（1）难熔合,易变形。

（2）容易产生热裂纹。

（3）容易产生气孔。

（4）导电性、导热性和接头强度下降。

铜及铜合金焊接主要采用气焊、惰性气体保护焊、埋弧焊、钎焊等方法。

铜及铜合金导热性能好，所以焊接前一般应预热。钨极氩弧焊采用直流正接。气焊时，纯铜采用中性焰或弱碳化焰，黄铜则采用弱氧化焰，以防止锌的蒸发。

习题二

一、判断题(A 表示正确;B 表示错误)

1. 焊接是通过加热、加压，使同种或异种两工件结合的加工工艺和连接方式。但加热和加压不可同时使用。

2. 焊接工艺只能用于金属材料的连接。

3. 熔化焊是利用局部加热的方法将连接处的金属加热至熔化状态而完成的焊接方法。

4. 压焊是可以不进行加热只施加压力进行的。

5. 冷压焊是使工件分子相互接近而获得牢固压挤接头的连接方式。

6. 钎焊时必须施加一定的压力才能进行。

7. 压力焊与钎焊的金属结合机理完全相同。

8. 电阻焊和电阻钎焊是两种不同的焊接方法。

9. 钎焊时工件不进行加热，只加热钎料即可。

10. 接触焊是压力焊的一种。

11. 超声波焊不是压力焊。

12. 气焊和堆焊都是电弧焊。

13. 氧乙炔火焰被运用到金属焊接上，奠定了压力焊技术的基础。

14. 电渣焊是一种大厚度工件的高效焊接法。

15. 气体保护焊时，氢气只能与氧气混合，不能与其他气体混合，否则特别容易出现危险。

16. 一台火箭发动机的钎缝有 750 m 长，可以一次钎焊完成。

17. 真空扩散焊和真空钎焊属于同一类焊接。

18. 一辆小轿车上的焊点最多不能超过 10 000 个。

19. 高能量密度熔焊的新发展可以大大改善材料的焊接性。

20. 薄药皮电弧焊和药芯焊丝氩弧焊是同一种焊接。

21. 活性金属不能进行焊接。

22. 钛合金是高熔点金属，但也可以用相应的焊接方法进行熔化焊。

23. 激光焊是一种利用激光的热量和压力进行的焊接，是压力焊的一种。

24. 钨极和熔化极惰性气体保护焊特别适合铝、镁金属的焊接。

25. 焊接热影响区中各个区域与母材相比，性能不同，但组织基本相同。

26. 铁素体的强度和硬度低，但塑性和韧性好，所以含铁素体多的钢就表现出软而韧的特点。

27. 随着钢中碳含量的增加，钢中渗碳体的量将减少。

28. 少量的碳和其他合金元素固溶于铁中的固溶体称为渗碳体。

29. 奥氏体的最大特点是没有磁性。

30. 珠光体的性能介于奥氏体和渗碳体之间，结构钢很多是珠光体。

31. 在一般钢材中,只有高温时存在奥氏体。

32. 奥氏体为体心立方晶格,奥氏体的强度和硬度不高,塑性和韧性很好。

33. 魏氏组织是一种过热组织,是由彼此交叉约 90°的铁素体针嵌入基体的显微组织。

34. 高温下晶粒粗大的马氏体以一定温度冷却时,很容易形成魏氏组织。

35. 低碳回火马氏体具有相当高的强度和良好的塑性和韧性相结合的特点。

36. 奥氏体的强度和硬度不高,塑性和韧性很好。

37. 生活中常用的不锈钢大部分是马氏体不锈钢。

38. 黄铜中加入硅,可提高力学性能、耐腐蚀性和耐磨性,用于制造海船零件及化工机械零件。

39. 黄铜中加入铁,可有效提高其力学性能,但耐热性和耐腐蚀性有所下降。

40. 青铜是所有铜合金中熔点最高的铜合金。

41. 铝比铜的密度小,熔点也低。

42. 工业纯铝的塑性极高,强度也大。

43. 铝比铜的导电性能差,但导热性好。

44. 铝铜系列铝合金是不能热处理强化铝合金。

45. 将金属加热到一定温度,并保持一段时间,然后按适宜的冷却速度冷却到室温,这个过程称为热处理。

46. 低温回火后钢材的硬度稍有降低,韧性有所提高。

47. 调质能得到韧性和强度最好的配合,获得良好的综合力学性能。

48. 许多碳素钢和低合金结构钢经正火后,各项力学性能均较好,可以细化晶粒,常用来作为最终热处理。

49. 焊接结构中一般会产生焊接残余应力,容易导致产生延迟裂纹,因此重要的焊接结构在焊后应该进行消除应力正火。

50. 金属的铸造性能主要是指金属在液态时的流动性以及液态金属在凝固过程中的收缩和偏析程度。

51. 低碳钢焊接时,对焊接电源没有特殊要求,可采用交、直流弧焊机进行全位置焊接,工艺简单。

52. 中碳钢焊接时,热影响区容易产生淬硬组织。

53. 低碳钢焊接时,由于焊接高温的影响,晶粒长大快,碳化物容易在晶界上积聚、长大,使焊缝脆弱,焊接接头强度降低。

54. 某些钢材淬硬倾向大,焊后冷却过程中,由于相变产生很脆的马氏体,在焊接应力和氢的共同作用下引起开裂,形成热裂纹。

55. 铸铁补焊时,用栽丝法可有效防止焊缝剥离。

56. 氧含量不大于 0.01% 的纯铜称为无氧铜,用 TW(铜无)表示。

57. 金属的气割过程实质是铁在纯氧中的燃烧过程,而不是熔化过程。

58. 不锈钢可以用火焰切割的方式进行加工。

59. 气割时所用的设备与气焊完全相同。

60. 纯铁不能用热切割的方式进行加工。

61. 碳弧气刨是利用碳弧的高温将金属熔化后,用压缩空气将熔化的金属吹掉的一种刨削金属的方法。

62. 钢的密度比灰铸铁的密度大。

63. 镇静钢中杂质少,但偏析较多。

64. 20 g 钢是低合金钢。

65. 埋弧焊时,电弧是在一层颗粒状的可熔化焊剂覆盖下燃烧,电弧不外露。

66. 电阻焊时加热时间短,热量集中,热影响区小。

67. 螺柱焊是电容储能点焊的典型应用。

68. 电子束焊接属于高能束流焊接,它是利用加速和聚集的电子束轰击置于真空(必须是真空)的焊件所产生的热能进行焊接的方法。

69. 热喷涂是一种制造堆焊层的工作方法。

70. 熔化极混合气体保护焊的混合气体是将多种气体经供气系统按既定比例均匀混合后,以一定的流量通过喷嘴吹入焊接区。混合气体可以是两种气体,也可以是多种气体。

71. 埋弧焊电弧的电场强度较大,电流小于 100 A 时电弧不稳,因而不适于焊接厚度小于 1 mm 的薄板。

72. 活性金属不能进行焊接。

二、单选题

1. 焊接是使两工件产生( )结合的方式。
   A. 分子　　　　　　　　　B. 原子　　　　　　　　　C. 电子

2. 下列焊接方法中属于压力焊的是( )。
   A. 气体保护焊　　　　　　B. 超声波焊　　　　　　　C. 爆炸焊

3. 钎焊时,钎料和母材( )。
   A. 都熔化　　　　　　　　B. 都不熔化　　　　　　　C. 钎料熔化但母材不熔化

4. 氢氧混合气体的温度最高可达( )℃。
   A. 1 500　　　　　　　　　B. 2 000　　　　　　　　　C. 2 500

5. 电石与水接触后产生的气体和氧气混合燃烧,可以得到的最高温度是( )℃。
   A. 2 000　　　　　　　　　B. 2 600　　　　　　　　　C. 3 200

6. 利用氢氧混合气体进行焊接时,被焊工件的厚度( )。
   A. 较小　　　　　　　　　B. 较大　　　　　　　　　C. 中等

7. 下列焊接方法中属于焊条电弧焊的是( )。
   A. 气焊　　　　　　　　　B. 埋弧焊　　　　　　　　C. 手工电弧焊

8. 钢中的渗碳体可增加钢的( )。
   A. 强度　　　　　　　　　B. 塑性　　　　　　　　　C. 韧性

9. 魏氏组织使钢材性能产生的变化为( )。
   A. 塑性增大　　　　　　　B. 韧性下降　　　　　　　C. 脆性减低

10. 马氏体的体积比相同质量的奥氏体的体积( )。
   A. 相同　　　　　　　　　B. 小　　　　　　　　　　C. 大

11. 有色金属是相对黑色金属而言的,下列金属属于有色金属的是( )。
   A. 铝　　　　　　　　　　B. 铁　　　　　　　　　　C. 铬

12. 常温下铜的抗拉强度一般为( )。
   A. 100~150 MPa　　　　　B. 150~200 MPa　　　　　C. 200~250 MPa

13. 黄铜主要是铜元素与( )元素组成的合金。

A. 锡　　　　　　　　　　B. 锌　　　　　　　　　　C. 铝

14. 与其他铜合金相比,力学性能和物理性能都较好的是(　　)。

A. 白铜　　　　　　　　　B. 黄铜　　　　　　　　　C. 青铜

15. 普通黄铜中加入(　　)元素,可使合金的切削加工性能特别好,称为快切黄铜。

A. 硫　　　　　　　　　　B. 锰　　　　　　　　　　C. 铅

16. 铝镁系列铝合金的焊接性(　　)。

A. 好　　　　　　　　　　B. 一般　　　　　　　　　C. 差

17. 下列合金中,钎焊性最好的铝合金是(　　)。

A. 铝锰系　　　　　　　　B. 铝硅系　　　　　　　　C. 铝铜系

18. 铝合金存在的最大问题是(　　)。

A. 不耐腐蚀　　　　　　　B. 不耐热　　　　　　　　C. 强度不高

19. 钢铁材料淬火后形成的最后组织是(　　)。

A. 奥氏体　　　　　　　　B. 铁素体　　　　　　　　C. 马氏体

20. 钢的淬火处理可提高其(　　)。

A. 硬度　　　　　　　　　B. 韧度　　　　　　　　　C. 耐腐蚀性

21. 在焊接中碳钢和某些合金钢时,热影响区中可能发生淬火现象而变硬,易形成(　　)。

A. 热裂纹　　　　　　　　B. 气孔　　　　　　　　　C. 冷裂纹

22. 淬火后进行回火,可以在保持一定强度的基础上恢复钢的(　　)。

A. 硬度　　　　　　　　　B. 韧性　　　　　　　　　C. 强度

23. 高温回火的温度一般为(　　)℃。

A. 650～800　　　　　　　B. 500～650　　　　　　　C. 350～500

24. 调质处理是指淬火后再进行(　　)。

A. 中温回火　　　　　　　B. 低温回火　　　　　　　C. 高温回火

25. 为提高钢铁材料的弹性极限和屈服强度,同时保证较好的韧性,最好采用(　　)。

A. 低温回火　　　　　　　B. 中温回火　　　　　　　C. 高温回火

26. 为了改善焊接接头性能、消除粗晶组织及促使组织均匀等,常采用的热处理方式为(　　)。

A. 回火　　　　　　　　　B. 正火　　　　　　　　　C. 退火

27. 退火后钢铁材料的硬度一般会(　　)。

A. 降低　　　　　　　　　B. 不变　　　　　　　　　C. 增大

28. 焊后热处理是指(　　)。

A. 高温退火　　　　　　　B. 中温退火　　　　　　　C. 低温退火

29. 钢的硬度在(　　)范围时,其切削性能好。

A. HB180～200　　　　　　B. HRC50～60　　　　　　　C. HV900～950

30. 能够提高金属材料切削性能的元素是(　　)。

A. 锰　　　　　　　　　　B. 硫　　　　　　　　　　C. 硅

31. 焊接性评定方法有很多,其中广泛使用的方法是(　　)。

A. 磷当量法　　　　　　　B. 硫当量法　　　　　　　C. 碳当量法

32. 焊接性好的钢种是(　　)。

A. 低碳钢　　　　　　　　B. 中碳钢　　　　　　　　C. 高碳钢

33. 中碳钢焊接时,由于母材金属碳含量较高,所以焊缝的碳含量也较高,容易产生(　　)。
    A. 冷裂纹　　　　　　　　B. 热裂纹　　　　　　　　C. 延迟裂纹

34. 中碳钢焊接时,为了预防焊接裂纹,需将焊件预热到(　　)℃。
    A. 50～150　　　　　　　B. 150～250　　　　　　C. 250～350

35. 高碳钢的导热性(　　)。
    A. 好　　　　　　　　　　B. 一般　　　　　　　　　C. 差

36. 高碳钢焊接时,为了预防焊接裂纹,一般需将工件预热到(　　)℃。
    A. 150～350　　　　　　B. 250～400　　　　　　C. 350～450

37. 普通低合金钢焊接时,为避免热影响区的淬硬倾向,可采用的措施为(　　)。
    A. 增大焊接电流　　　　　B. 增大焊接速度　　　　　C. 使用保护气体

38. 铸铁焊补主要用于(　　)。
    A. 可锻铸铁　　　　　　　B. 白口铸铁　　　　　　　C. 灰铸铁

39. 铸铁常用的焊接方法有(　　)。
    A. 氩弧焊　　　　　　　　B. 气体保护焊　　　　　　C. 焊条电弧焊

40. 冷补焊铸铁时,焊缝为非铸铁型焊缝,所采用的焊接材料是(　　)。
    A. 异质焊接材料　　　　　B. 同质焊接材料　　　　　C. 灰铸铁

41. 采用钨极氩弧焊焊接铝合金时,采用的方法为(　　)。
    A. 直流正接　　　　　　　B. 交流电源　　　　　　　C. 直流反接

42. 采用熔化极氩弧焊焊接铝合金时,采用的方法为(　　)。
    A. 直流正接　　　　　　　B. 交流电源　　　　　　　C. 直流反接

43. 铜及铜合金导热性能好,所以焊接前一般(　　)。
    A. 不预热　　　　　　　　B. 应预热　　　　　　　　C. 预热不预热无所谓

44. 对黄铜进行气焊时,应采用(　　)。
    A. 弱碳化焰　　　　　　　B. 弱氧化焰　　　　　　　C. 中性焰

45. 对纯铜进行气焊时,应采用(　　)。
    A. 弱碳化焰　　　　　　　B. 弱氧化焰　　　　　　　C. 中性焰

46. 采用钨极氩弧焊焊接铜合金时,一般采用(　　)。
    A. 交流电源　　　　　　　B. 直流正接　　　　　　　C. 直流反接

47. 对于相同厚度的结构钢,采用激光火焰切割可得到的切割速度比熔化切割要(　　)。
    A. 小　　　　　　　　　　B. 大　　　　　　　　　　C. 相同

48. 在激光汽化切割过程中,材料在割缝处发生汽化,此情况下需要的激光功率(　　)。
    A. 小　　　　　　　　　　B. 一般　　　　　　　　　C. 大

49. 对金属材料进行钨极氩弧焊时,焊接接头的熔深(　　)。
    A. 大　　　　　　　　　　B. 小　　　　　　　　　　C. 一般

50. 采用钨极氩弧焊焊接工件时,(　　)。
    A. 需要填焊丝　　　　　　B. 不需要填焊丝　　　　　C. 两者均可

51. 压力焊中最早的半机械化焊接方法是(　　)。
    A. 点焊　　　　　　　　　B. 缝焊　　　　　　　　　C. 对焊

52. 沸腾钢中的杂质较多,一般有(　　)。
    A. 镍　　　　　　　　　　B. 硫　　　　　　　　　　C. 硅

53. 获得"阴极破碎"作用时,采用的是(　　)。

　　A. 直流反接　　　　　　　B. 直流正接　　　　　　C. 交流电源

54. 铜及铜合金焊接时,产生气孔的倾向(　　)。

　　A. 小　　　　　　　　　　B. 一般　　　　　　　　C. 大

55. 高碳钢比低碳钢的焊接性(　　)。

　　A. 好　　　　　　　　　　B. 相差不大　　　　　　C. 差

56. 焊接结构中应用最广泛的铝合金是(　　)。

　　A. 锻铝　　　　　　　　　B. 防锈铝　　　　　　　C. 硬铝

57. 热切割时不会产生的污染是(　　)。

　　A. 电弧污染　　　　　　　B. 光污染　　　　　　　C. 烟雾污染

58. 切割厚金属板唯一经济有效的手段是(　　)。

　　A. 火焰切割　　　　　　　B. 激光切割　　　　　　C. 等离子切割

59. 埋弧焊由于采用颗粒状焊剂,所以此种焊接方法一般只适用于的焊接位置是(　　)。

　　A. 横焊　　　　　　　　　B. 平焊　　　　　　　　C. 竖焊

60. 氩气能有效地隔绝周围空气,它本身不溶于金属,但(　　)。

　　A. 不与金属反应　　　　　B. 与金属反应　　　　　C. 两者都有可能

61. 氩弧焊时的热源和填充焊丝应(　　)。

　　A. 分别控制

　　B. 关联控制

　　C. 可根据情况进行分别控制和关联控制

62. CO_2 气体保护焊的主要缺点是焊接过程中产生(　　)。

　　A. 裂纹　　　　　　　　　B. 粘钨　　　　　　　　C. 飞溅

63. CO_2 气体保护焊时,为了控制熔深,一般调节(　　)。

　　A. 燃弧时间　　　　　　　B. 电流大小　　　　　　C. 焊丝粗细

64. 采用混合气体作为保护气体进行熔化极焊接时,阴极斑点(　　)。

　　A. 不稳定　　　　　　　　B. 稳定　　　　　　　　C. 两者都有可能

65. 等离子弧能量集中、温度高,另外会有(　　)。

　　A. 熔孔效应　　　　　　　B. 小孔效应　　　　　　C. 穿孔效应

66. 微束等离子弧焊接是指小电流下的熔入型等离子弧焊接,电流可选(　　)A。

　　A. 10　　　　　　　　　　B. 25　　　　　　　　　C. 40

参考答案

一、判断题

1～5：BBAAB　6～10：BBABA　11～15：BBBAB

16～20：ABBAB　21～25：BABAB　26～30：ABBAB

31～35：ABBBA　36～40：ABABB　41～45：ABBBA

46～50：AAABA　51～55：AABBA　56～60：BABBB

61～65：AABBA　66～70：AABBA　71～72：AB

二、单选题

1～5：BCCBC　6～10：ACABC　11～15：ACBAC

16～20：CABCA　21～25：CBBCB　26～30：BACAB

31～35：CABBC　36～40：AACCA　41～45：BCBBA

46～50：BBCBC　51～55：BBACC　56～60：BAABA

61～65：ACABB　66：B

第三章　常用金属焊接方法及安全操作技术

第一节　焊条电弧焊

一、焊条电弧焊概述

焊条电弧焊是手持焊钳操纵焊条进行焊接的电弧焊方法。

(一) 焊条电弧焊的焊接过程

焊条电弧焊由弧焊电源、焊接电缆、焊钳、焊条、焊件和电弧构成焊接回路,如图 3-1 所示。

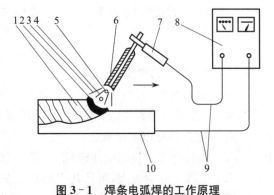

图 3-1　焊条电弧焊的工作原理

1—焊缝;2—熔池;3—保护气体;4—电弧;
5—熔滴;6—焊条;7—焊钳;8—焊机;
9—焊接电缆;10—焊件

焊接时采用接触短路引弧法,引燃电弧后提起焊条并保持一定的距离,在弧焊电源提供的一定焊接电流和电弧电压下稳定燃烧。在电弧的高温作用下,焊条和焊件局部被加热到熔化状态,焊条端部熔化后的熔滴和被熔化的母材金属熔合在一起形成熔池,随着电弧的不断移动,熔池中的液态金属逐步冷却结晶后便形成了焊缝。

在焊接过程中,焊条的焊芯熔化后以熔滴的形式向熔池过渡,同时焊条的药皮产生一定量的气体和液态熔渣,产生的气体充满电弧和熔池的周围,隔绝空气,同时形成的熔渣浮在熔池上面,可防止焊缝金属的氧化和被空气侵蚀,并可减缓焊缝的冷却速度。

在焊接过程中,液态金属与液态熔渣和气体之间进行脱氧、脱硫、脱磷、去氢和渗合金元素等复杂的焊接冶金反应,从而使焊缝金属获得所需的化学成分和力学性能。

(二) 焊条电弧焊的特点

1. 设备简单、成本低

焊条电弧焊设备结构简单,便于现场维护、保养和维修;设备轻,便于移动;设备使用、安装方便,操作简单;投资少,成本低。

2. 工艺灵活,适应性强

焊条电弧焊适用于碳素钢、合金钢、不锈钢、铸铁、铜及其合金、铝及其合金、镍及其合金的焊接。可以进行平焊、立焊、横焊和仰焊等多位置焊接,适用于不同接头形式、焊件厚度、单件产品或批量产品以及复杂结构焊接部位的焊接。对一些不规则的焊缝、不易实现机械化焊接的焊缝以及在狭窄位置等的焊接,焊条电弧焊显得工艺更灵活,适应性更强。

3. 劳动强度高、效率低

焊条电弧焊采用的焊条长度有限，不能连续焊接，所以效率低。由于采用手工操作，工人的劳动条件差，劳动强度大，焊缝的质量在一定程度上取决于焊工的操作技能水平。

二、焊接电弧

焊条电弧焊是目前工业生产中应用最广泛、最普遍的一种金属熔化焊接方法。

1. 焊接电弧的产生

焊接时，将焊条与焊件接触后迅速分离，在焊条与焊件间即刻产生了明亮的电弧。这种由焊接电源供给的，具有一定电压的两电极之间或电极与母材之间，在气体介质中产生强烈而持久的放电现象称为焊接电弧（图3-2）。焊接电弧是一种通过气体的放电现象，具有把电能转变为热能的作用。焊条电弧焊就是利用电弧放电所产生的热量将焊条金属和母材金属熔化形成焊缝的一种焊接方式。

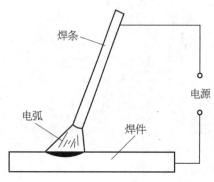

图3-2 焊接电弧示意图

2. 焊接电弧的性质

电弧具有两个特性：放出强烈的光和释放出大量的热。电弧放出的光和热被广泛用于各个领域，如探照灯是利用电弧的光，而电弧焊是利用电弧的热。

焊接电弧具有以下特点：

（1）维持电弧燃烧的电压较低，一般为10～50 V。

（2）电弧中的电流大，可从几安到几千安。

（3）温度高，可以用来熔化金属，作为热源应用在焊条电弧焊方法中。

3. 焊接电弧的构造

焊接电弧由阴极区、阳极区和弧柱三部分组成。一般焊条电弧焊焊接低碳钢或低合金钢时，电弧阴极区温度约2 400 ℃，阳极区温度约2 600 ℃，弧柱中心温度达6 000～8 000 ℃。

电弧电压由阴极区电压降、阳极区电压降以及弧柱电压降组成。

三、焊条电弧焊设备及工具

（一）焊条电弧焊设备

1. 弧焊电源

弧焊电源是电弧焊设备中的主要部分，是根据电弧放电的规律和弧焊工艺对电弧燃烧状态的要求而供以电能的一种装置，对弧焊电源的要求如下：

（1）保证电弧稳定燃烧。

（2）保证焊接电流、电压稳定。

（3）可调节焊接电流、电压。

（4）使用可靠，容易维护，并保证安全。

（5）经济性好。

电弧焊接时,把向电弧供给电能的设备——焊接电源,称为弧焊机。

焊条电弧焊所用弧焊机按电源的种类可分为交流弧焊机和直流弧焊机两大类。弧焊变压器是一种以交流电形式向焊接电弧输送电能的焊接电源;弧焊发电机由三相感应电动机或内燃机与直流焊接发电机组成;弧焊整流器是一种将交流电通过整流转换为直流电的弧焊电源,逆变式弧焊整流器是其中一种形式。每一类型的焊机根据原理和结构特点又可分为多种形式,具体如图3-3所示。

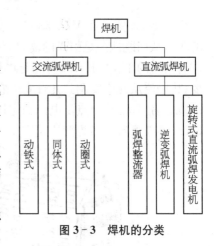

图3-3 焊机的分类

保证获得优质焊接接头的主要因素之一是电弧能否稳定地燃烧,而决定电弧稳定燃烧的首要因素就是弧焊电源。对弧焊电源有以下基本要求:

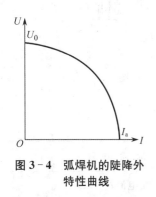

图3-4 弧焊机的陡降外特性曲线

1)陡降的外特性 焊接电源在其他参数不变的情况下,其电弧电压与输出电流间的关系,称为焊接电源的外特性。用来表示这一关系的曲线,称为焊接电源的外特性曲线。外特性反映了电源的工作情况,也可用于判断电源的使用性能。为保证电弧的稳定燃烧、引弧容易,焊条电弧焊接时对焊接电源外特性的要求必须是下降的(图3-4)。曲线中的 U_0 为弧焊机的空载电压,I_a 为短路电流。下降的外特性不但能保证电弧稳定燃烧,而且能保证在短路时不会产生过大的短路电流,从而保护弧焊机不被烧坏。

2)适当的空载电压(U_0) 当弧焊机没有负载时,此时焊接输出电流为零,弧焊机的端电压称为空载电压。为便于引弧,必须具有较高的空载电压,但过高的空载电压会危及焊工的安全。因此,弧焊电源空载电压应在满足工艺要求的前提下,尽可能低一些,目前我国生产的直流弧焊机的空载电压不高于90 V,交流弧焊机的空载电压不高于85 V。

3)良好的动特性 焊接过程中,电弧总是在不断地变化,弧焊机的输出电压和电流要经过一个过程,才能稳定在外特性曲线上的某一点。弧焊电源的动特性,就是指弧焊电源对焊接电弧这样的动负载所输出的电流和电压对时间的关系,它表示弧焊电源对动态负载瞬间变化的反应能力。动特性良好的弧焊机能在极短的时间内,使输出电压、电流稳定或恢复在外特性曲线上的某一点。通常规定,电压恢复时间不大于0.05 s。动特性良好的弧焊机,具有引弧容易,电弧燃烧稳定,电弧突然拉长一些不易熄灭,飞溅少等优点。

4)均匀、灵活的调节特性 焊接时,根据母材的特性、厚度、几何形状,焊条的直径及焊缝位置的不同,需要选择不同的焊接电流。正确地选择焊接电流是保证焊接质量的重要条件之一,因此要求弧焊电源能在较大范围内均匀、灵活地选择合适的电流值。一般最大输出电流为最小输出电流的5倍以上。

5)限制短路电流特性 过大的短路电流会引起电源设备的发热量剧增,破坏设备的绝缘,同时,过大的短路电流还会使熔化金属的飞溅和烧损都加剧。因而必须限制弧焊电源的短路电流,通常规定短路电流不大于工作电流的1.5倍。

2. 弧焊变压器

弧焊变压器即交流弧焊机,是以交流电形式向焊接电弧输送电能的电源,是一种特殊的降压变压器。它将 220 V 或 380 V 的电源电压降至 60～85 V(即交流弧焊机的空载电压不高于 85 V)，从而既能满足引弧的需要，又能保证人身安全。焊接时，电压会自动下降到电弧正常工作时所需的工作电压 30 V，满足电弧稳定燃烧的要求。输出电流是交流电，可根据焊接的需要，将电流从几十安调到几百安。它具有结构简单、制造方便、成本低、节省材料、使用可靠和维修容易等优点，缺点是电弧稳定性不如直流弧焊机，目前常用的有 BX1‑330 型(图3‑5)、BX2‑500 型等。弧焊变压器常见故障及其排除方法见表3‑1。

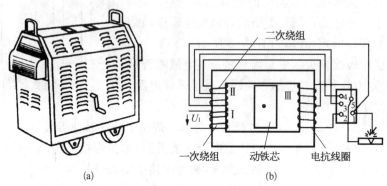

(a)　　　　　　　　　　　　(b)

图 3‑5　动铁芯式弧焊变压器(BX1‑330 型)外形及结构示意图

(a) 外形；(b) 结构原理

表 3‑1　弧焊变压器常见故障及其排除方法

故　　障	可能产生的原因	排　除　方　法
弧焊变压器过热	(1) 变压器过载； (2) 变压器绕组短路	(1) 减小使用电流； (2) 消除短路处
导线接线处过热	接线处接触电阻过大或接触处螺母太松	将接线松开，用砂纸等将导线接触处清理出金属光泽，旋紧螺母
焊接电流不稳定	动铁芯在焊接时不稳定	将动铁芯手柄或动铁芯固定
焊接电流过小	(1) 焊接导线过长，电阻大； (2) 焊接导线盘绕起来，使电感增大； (3) 电缆线接头或与工件接触不良	(1) 减小导线长度或增大导线直径； (2) 将导线盘形放开； (3) 使接头处接触良好
焊接输出电流反常(过大或过小)	(1) 电路中起感抗作用的线圈绝缘损坏时，引起电流过大； (2) 铁芯磁回路中由于绝缘损坏产生涡流，引起电流变小	检查电路或磁路中的绝缘情况，排除故障

3. 弧焊发电机

弧焊发电机也称直流弧焊机，由三相感应电动机和直流焊接发电机组成，将两者装在同一轴上和同一机身内构成电动机-发电机组。电动机通过带动发电机运转，从而发出满足焊接要求的直流电。其特点是能得到稳定的直流电，因此，引弧容易、电弧稳定、焊接质量好，但是存在构造复杂、制造和维修较困难、耗电量大、成本高、使用时噪声大等缺点，我国现已停止生产。

直流焊接发电机的发电原理与一般的直流发电机相同，建立在电磁感应基础上，但附加了特殊的结构，使其具有陡降的外特性和良好的动特性。按其结构特点可分为差复激式、裂极式、横磁场式等,常用的有 AX - 320 型、AX1 - 500 型等。

弧焊发电机常见故障及其排除方法见表 3 - 2。

表 3 - 2 弧焊发电机常见故障及其排除方法

故　障	可能产生的原因	排 除 方 法
电动机反转	三相电动机与电网接线错误	三相线中任意两相调换
电动机不启动并发出嗡嗡声	(1) 三相熔丝中某一相熔断; (2) 电动机定子绕组断路	(1) 更换新熔丝; (2) 消除断路处
焊接过程中电流忽大忽小	(1) 电缆与焊件接触不良; (2) 电网电压不稳; (3) 电流调节器可动部分松动; (4) 电刷和铜头接触不良	(1) 使电缆线与焊件接触良好; (2) 固定电流调节器松动部分; (3) 使电刷与铜头接触良好
焊机过热	(1) 焊机过载; (2) 电枢线圈短路; (3) 换向器短路; (4) 换向器脏污	(1) 减小焊接电流; (2) 消除短路处; (3) 清理换向器,去除污垢
导线接触处过热	接触处接触电阻过大或接线处螺钉过松	将接线松开,用砂纸等把接触导电处清理出金属光泽,然后旋紧螺母
电刷有火花,随后全部换向片发热	(1) 电刷没磨好; (2) 电刷盒的弹簧压力弱; (3) 电刷在刷盒中跳动或摆动; (4) 电刷架歪曲,超过允差范围或未旋紧; (5) 电刷边直线与换向片边没对准	(1) 研磨电刷,在更换新电刷时,数量不能多于电刷总数的 1/3; (2) 调整压力,必要时调整框架; (3) 使电刷与刷盒夹的间隙不超过 0.3 mm; (4) 修理电刷架; (5) 校正每组电刷,使它与换向片排成一直线
换向器片组大部分发黑	换向器振动	用千分表检查换向器,使摆动不超过 0.3 mm
电刷下有火花且个别换向片有炭迹	换向器分离,即个别换向片凸出或凹下	用细浮石研磨,若无效则用车床车削
一组电刷中个别电刷跳火	(1) 接触不良; (2) 在无火花电刷的刷绳线间接触不良,因此引起相邻电刷过载并跳火	(1) 观察接触表面,松开螺钉,清除污物; (2) 更换不正常的电刷,排除故障
直流焊接发电机极性充反,先是突然无电压,而后极性改变	由于在弧焊机并联使用时,并联不当,各台型号、使用年限及空载电压等的差异,致使其中某台被充上反向剩磁	将被改变极性的焊机拆出并联回路,用一台正常弧焊机与其相接(正接正,负接负),此时启动正常弧焊机,极性充反焊机成为电动机开始转动,几秒即被重新充磁

4. 弧焊整流器

弧焊整流器是通过交流电经整流而获得直流电的一种焊接电源。这类焊机由于多采用硅整流元件进行整流,故称为硅整流焊机。与旋转式直流焊机相比,弥补了交流电焊机电弧稳定性不好的缺点。与直流弧焊发电机相比,它没有转动部分,因此具有噪声小、空载耗电少、节省材料、成本低、制造与维修容易等优点。弧焊整流器主要由三相降压变压器、磁饱和电抗器、硅整流器、输出电抗器等部分组成。国产弧焊整流器主要是 ZXG 系列,常用的有 ZXG - 300 型(图 3 - 6)、ZXG - 500 型等。

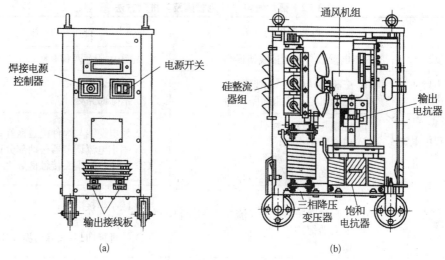

图 3 - 6   ZXG - 300 型弧焊整流器外形及结构示意图

(a) 外形;(b) 结构原理

弧焊整流器常见故障及其排除方法见表 3 - 3。

表 3 - 3   弧焊整流器常见故障及其排除方法

故 障	可能产生的原因	排 除 方 法
机壳漏电	(1) 电源线误碰机壳; (2) 变压器、电抗器、风扇及控制线路元件等碰机壳; (3) 未接地线或接地不良	(1) 消除触碰处; (2) 接牢接地线
空载电压过低	(1) 电源电压过低; (2) 变压器绕组短路	(1) 调高电源电压; (2) 消除短路
电流调节失灵	(1) 控制绕组短路; (2) 控制回路接触不良; (3) 控制回路元件击穿	(1) 消除短路; (2) 使接触良好; (3) 更换元件
电流不稳定	(1) 主回路接触器抖动; (2) 风压开关抖动; (3) 控制回路接触不良,工作失常	(1) 消除抖动; (2) 检修控制回路
工作中焊接电压突然降低	(1) 主回路部分或全部短路; (2) 整流元件击穿短路; (3) 控制回路断路或电位器未调整好	(1) 修复线路; (2) 更换元件,检查保护线路; (3) 检修调整控制回路
风扇电动机不转	(1) 熔断器熔断; (2) 电动机引线或绕组断线; (3) 开关接触不良	(1) 更换熔断器; (2) 接妥或修复; (3) 使接触良好
电表无指示	(1) 电表或相应接线短路; (2) 主回路故障; (3) 磁饱和电抗器和交流绕组断线	(1) 修复电表; (2) 排除故障

5. 逆变弧焊电源(弧焊逆变器)

逆变弧焊电源也称为弧焊逆变器,是一种新型的弧焊电源,采用先进的中频技术。它的工作过程为:工频三相380 V、50 Hz的交流电源经工频整流后,送给由快速可控器件组成的逆变器转变为中频交流,再经中频变压器降压、中频整流器整流,经滤波器滤波后输出。在电路中采用反馈控制技术确保输出稳定,并可连续平稳地调节直流电压和电流,以满足焊接的需要,其工作原理如图3-7所示,焊机的主回路为交流→直流→交流→直流转换模式。

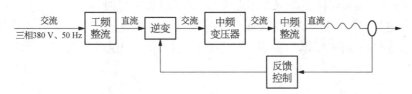

图3-7　逆变弧焊电源工作原理

逆变弧焊电源的最大特点是有一个直流电变交流电的过程。逆变一词是相对整流而言的,交流→直流的过程称为整流;反之,直流→交流的过程称为逆变。逆变弧焊电源根据逆变器所用变流元件不同可分为晶闸管逆变弧焊电源、晶体管逆变弧焊电源、场效应管逆变弧焊电源和绝缘栅双极晶体管式逆变弧焊电源四种类型。常用的有 ZX7-300 型和 ZX7-400 型。

逆变焊机具有以下显著优点:

(1) 高效节能。逆变弧焊电源的效率可达80%～90%,功率因数可达0.99,空载损耗极小,一般只有几十瓦,节能效果显著。

(2) 重量轻、体积小。中频变压器的重量只有传统式弧焊电源降压变压器的几十分之一,整机重量仅为传统式弧焊电源的10%～20%。

(3) 具有良好的动特性和弧焊工艺性能。

(4) 调节速度快,所有焊接参数均可无级调速。

(5) 过载保护性能好,当过电流、过电压、过热时能及时起到保护作用。

(6) 具有多种外特性,能适应各种弧焊方法的需要。

(7) 可用微机或单旋钮控制调节。

(8) 维修方便,逆变弧焊电源采用模块化设计,每个模块单元均可方便地拆装下来进行检修,方便维修。

逆变弧焊电源既可用于焊条电弧焊、各种气体保护焊(包括脉冲弧焊、半自动焊)、等离子弧焊、埋弧焊、管状焊丝电弧焊等多种弧焊方法,还可用作机器人弧焊电源。由于金属飞溅少,因而有利于提高机器人焊接的生产效率。

(二) 焊条电弧焊工具

为保证焊条电弧焊焊接过程能顺利进行,保障焊工的安全,保证获得较高质量的焊缝,应备有必需的工具和辅助工具,包括电焊钳、焊接电缆、电焊面罩、护目玻璃、防护服及其他辅助工具。

1. 电焊钳

电焊钳是一种夹持器,焊工用电焊钳能夹住和控制焊条,并起到从焊接电缆向焊条传导焊接电流的作用,所以焊钳绝缘必须完好。对电焊钳的一般要求是:导电性能好、重量轻、不易发热,焊条夹持稳固、方便等。

电焊钳有 300 A 和 500 A 两种,常用型号为 G‑352,能安全通过 300 A 电流,连接焊接电缆的孔径为 14 mm,适用焊条直径为 2～5 mm。

2. 焊接电缆

焊接电缆是焊接回路的一部分,它的作用是传导电流,一般用多股纯铜软线制成,绝缘性好,必须耐磨和耐擦伤。焊接电缆有多种规格,要根据焊机的容量,选取适当的电缆截面,选用时可参考表 3‑4。如果焊机距焊接工作点较远,需要较长电缆时,应当加大电缆截面积,使在焊接电缆上的电压降不超过 4 V,以保证引弧容易及电弧燃烧稳定。不允许用扁铁搭接或其他办法来代替连接焊接的电缆,以免因接触不良而使回路上的压降过大,造成引弧困难和焊接电弧的不稳定。

表 3‑4　焊接电缆选用表

最大焊接电流(A)	200	300	450	600
焊接电缆截面积(mm²)	25	50	70	95

3. 电焊面罩

电焊面罩的作用是保护焊工面部不受电弧的直接辐射与飞出的火星和飞溅物的伤害,还能减轻烟尘和有害气体等对人体呼吸器官的损伤。电焊面罩有手持式、头戴式及吹风式等形式,焊接时可根据实际情况选用。

4. 护目玻璃

护目玻璃又称黑玻璃,镶嵌在电焊面罩里,用以减弱弧光的强度,吸收大部分红外线和紫外线,以保护焊工眼睛免受弧光的灼伤。可根据焊接电流大小来选择护目玻璃的色号,护目玻璃的色号由浅到深分为 7、8、9、10、11、12 号,共 6 种规格。当焊接电流小于 100 A 时,焊工选用护目玻璃的色号为 7 号或 8 号;当焊接电流在 100～350 A 时,焊工选用护目玻璃的色号为 9 号或 10 号;当焊接电流大于 350 A 时,焊工选用护目玻璃的色号为 11 号或 12 号。

5. 防护服

在焊接过程中往往会从电弧中飞出火花或熔滴,特别是在非平焊位置或采用非常高的焊接电流焊接时,这种飞溅就更加严重。为了避免烧伤,焊工应加强个人保护,即应穿戴齐全防护用品,如白帆布工作服、绝缘手套、绝缘鞋等。

6. 辅助工具

为了保证焊件的质量,在焊接前,必须将焊件表面的油垢、锈以及一些其他杂质清除掉。在焊接后,还须对焊缝进行清理,因此,焊工应备有常用的辅助工具,如焊条保温筒、尖头锤、钢丝刷及凿子等,另外,在清除焊渣时还应戴平光眼镜。

四、常用焊条及焊条电弧焊焊接参数

(一) 焊条

涂有药皮的供焊条电弧焊用的熔化电极称为电焊条,在焊条电弧焊过程中,焊条不仅作为电极,用来传导焊接电流,维持电弧的稳定燃烧,同时对熔池起保护作用;又可作为填充金属直接过渡到熔池,与液态母材金属熔合并进行一系列冶金反应,冷却凝固后形成符合力学性能要求的焊缝金属。因此,焊条质量在很大程度上决定了焊缝质量。

1. 焊条的组成

焊条由焊芯及药皮(涂层)组成,如图
3-8所示。焊条引弧端有45°左右的倒
角,焊芯露出端头,通常引弧端涂有引弧
剂,以便于引弧。在夹持端有一段裸露的
焊芯,约占焊条总长的1/16,以便于焊钳
夹持及导电。焊条直径就是指焊芯的直

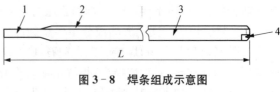

图3-8　焊条组成示意图
1—夹持端;2—药皮;3—焊芯;4—引弧端

径,常用的有2.5 mm、3.2 mm、4 mm、5 mm等规格,其长度一般在250~450 mm。

1) 焊芯　焊条中被药皮包覆的金属芯称为焊芯。焊芯一般是一根具有一定长度及直径
的金属芯。焊接时,焊芯有两个作用:①焊芯起传导焊接电流,构成焊接回路产生电弧,把电
能转化为热能的作用;②在电弧高温的作用下,焊芯又作为填充金属与局部熔化的母材熔合形
成熔池,冷却凝固后成为焊缝金属。

2) 药皮　焊芯表面的涂层称为药皮。药皮是由多种原料按一定配方均匀混合后涂在焊
芯上形成的。焊条的药皮在焊接过程中起着极为重要的作用。若采用无药皮的光焊条焊接,
则在焊接过程中,空气中的氧和氮会大量侵入熔化金属,将金属铁和有益元素碳、硅、锰等氧化
和氮化,形成各种氧化物和氮化物并残留在焊缝中,造成焊缝夹渣或裂纹,而熔入熔池中的气
体可能使焊缝产生大量气孔。这些因素都能使焊缝的力学性能(强度、冲击值等)大大降低,同
时使焊缝变脆。此外,采用光焊条焊接,电弧很不稳定,飞溅严重,焊缝成形很差。

2. 焊条的分类

1) 按焊条的用途分类

(1) 低碳钢和低合金高强度钢焊条(结构钢焊条)。这类焊条的熔敷金属,在自然气候环
境中具有一定的力学性能。

(2) 钼和铬钼耐热钢焊条。这类焊条的熔敷金属,具有不同程度的高温工作能力。

(3) 不锈钢焊条。这类焊条的熔敷金属,在常温、高温或低温中具有不同程度的抗大气或
腐蚀性介质腐蚀的能力和一定的力学性能。

(4) 堆焊焊条。这类焊条是用于金属表面层堆焊的焊条,其熔敷金属在常温或高温中具
有一定程度的耐不同类型磨耗或腐蚀等性能。

(5) 低温钢焊条。这类焊条的熔敷金属,在不同的低温介质条件下,具有一定的低温工作
能力。

(6) 铸铁焊条。这类焊条专用于焊补或焊接铸铁。

(7) 镍及镍合金焊条。这类焊条用于镍及镍合金的连接、焊补或堆焊。某些焊条可用于
铸铁焊补、异种金属的焊接。

(8) 铜及铜合金焊条。这类焊条用于铜及铜合金的焊接、焊补或堆焊。某些焊条可用于
铸铁焊补、异种金属的焊接。

(9) 铝及铝合金焊条。这类焊条用于铝及铝合金的焊接、焊补或堆焊。

(10) 特殊用途焊条。用于水下焊接、切割以及管状焊条等。

2) 按熔渣性质分类　按熔渣性质,可将焊条分为酸性焊条和碱性焊条两大类。

(1) 酸性焊条。其熔渣的成分主要是酸性氧化物(SiO_2、TiO_2、Fe_2O_3)及其他在焊接时易
放出氧的物质,药皮里的造气剂为有机物,焊接时产生保护气体。这类焊条药皮里有各种氧化

物,具有较强的氧化性,促使合金元素氧化;这类焊条对铁锈不敏感,焊缝很少产生由氢引起的气孔。酸性熔渣的脱氧不完全,同时不能有效地清除焊缝中的硫、磷等杂质,故焊缝金属的力学性能较低,一般用于焊接低碳钢和普通的钢结构。

(2) 碱性焊条。其熔渣的成分主要是碱性氧化物(如大理石、萤石等),并含有较多的铁合金作为脱氧剂和合金剂,焊接时以大理石($CaCO_3$)分解产生的 CO_2 作为保护气体。由于焊条的脱氧性能好,合金元素烧损少,焊缝金属合金化效果较好。由于电弧中氧含量低,如遇焊件或焊条存在铁锈和水分时,容易出现氢气孔。在药皮中加入一定量的萤石(CaF_2),在焊接过程中与氢化合生成氟化氢(HF),具有去氢作用。但是萤石不利于电弧的稳定,必须采用直流反接进行焊接。若在药皮中加入稳定电弧的组成物碳酸钾等,便可使用交流电源。碱性熔渣的脱氧较完全,又能有效地消除焊缝金属中的硫,合金元素烧损少,所以焊缝金属的力学性能和抗裂性均较好,可用于合金钢和重要碳钢结构的焊接。

3) 按焊条性能特征分类 按特殊使用性能而制造的专用焊条,有超低氢焊条、铁粉高效焊条、立向下焊条、重力焊条、水下焊条、打底层焊条、躺焊焊条、抗潮焊条和低尘低毒焊条等。

3. 焊条的选用

焊接技术的应用范围非常广泛,但是焊条电弧焊仍然是焊接工作中的主要方法。据资料统计,焊条电弧焊的焊条用钢占焊接材料用钢(包括焊条及各种自动焊丝)的 40%~70%,这充分说明焊条电弧焊在焊接工作中占有重要地位。

焊条电弧焊时,焊条既作为电极,在焊条熔化后又作为填充金属直接过渡到熔池,与液态的母材熔合后形成焊缝,因此,焊条不但影响电弧的稳定性,而且直接影响焊缝金属的化学成分和力学性能。但是焊条的种类很多,各有其应用范围,使用是否恰当对焊缝质量、产品成本及劳动生产率都有很大影响。通常应根据组成焊接结构钢材的化学成分、力学性能、焊接性、工作环境(有无腐蚀介质、高温或低温)等要求,以及从焊接结构的形状(刚性大小)、受力情况和焊接设备(是否有直流电焊机)等方面考虑,决定选用哪种焊条。

在选用焊条时应注意下列原则:

(1) 根据被焊材料的力学性能和化学成分。低碳钢、中碳钢和低合金钢可按其强度等级来选用相应强度的焊条,如在焊接结构刚性大、受力情况复杂时,则不要求焊缝与母材等强,选用比母材强度低一级的焊条。这样,焊后可保证焊缝既有一定的强度,又能得到满意的塑性,以避免因结构刚性过大而使焊缝撕裂。但遇到焊后要进行回火处理的焊件,则应防止焊缝强度过低和焊缝中应有的合金元素含量达不到要求。

在焊条的强度确定后再决定选用酸性还是碱性焊条时,主要取决于焊接结构具体形状的复杂性、钢材厚度的大小(即刚性的大小)、焊件载荷的情况(静载还是动载)和钢材的抗裂性以及得到直流电源的难易等。一般来说,对于塑性、冲击韧性和抗裂性能要求较高以及在低温条件下工作的焊缝都应选用碱性焊条;当受某种条件限制而无法清理低碳钢焊件坡口处的铁锈、油污和氧化皮等脏物时,应选用对铁锈、油污和氧化皮敏感性小,抗气孔性能较强的酸性焊条。

异种钢的焊接,如低碳钢与低合金钢、不同强度等级的低合金钢焊接,一般选用与较低强度等级母材相匹配的焊条。

(2) 根据被焊材料工作条件及使用性能。对于工作环境有特定要求的焊件,应选用相应的焊条,如低温钢焊条、水下焊条等。珠光体耐热钢一般选用与钢材化学成分相似的焊条,或根据焊件的工作温度来选取。

（3）考虑简化工艺、提高生产效率和降低成本。薄板焊接或点焊宜采用"E4313"，焊件不易烧穿且易引弧。在满足焊件使用性能和焊条操作性能的前提下，应选用直径大、效率高的焊条。在使用性能基本相同时，应尽量选择价格较低的焊条，降低焊接生产的成本。

焊条除根据上述原则选用外，有时为了保证焊件的质量，还需通过试验来最后确定。同时，为了保障焊工的身体健康，在允许的情况下应尽量多采用酸性焊条。

（二）焊条电弧焊焊接参数

焊接参数是指焊接时，为保证焊接质量而选定的物理量的总称。焊条电弧焊的焊接参数主要有焊条直径、焊接电流、电弧电压、焊接速度等。

由于焊接设备条件与焊工操作习惯等因素不同，所以，焊条电弧焊焊接参数在选用时需根据具体情况灵活应用。有些重要结构的焊接参数需通过工艺评定来确定，以保证焊接质量。

1. 焊条直径

焊条直径的选择主要取决于焊件厚度、接头形式、焊缝位置及焊接层次等因素。在不影响焊接质量的前提下，为了提高劳动生产率，一般倾向于选择较大直径的焊条。

厚度较大的焊件，应选用较大直径的焊条。平焊时，所用焊条的直径可大些；立焊时，所用焊条的直径最大不超过 5 mm；横焊和仰焊时，所用焊条的直径一般不超过 4 mm。在多层焊时，为了防止产生根部未焊透的缺陷，第一层焊道应采用直径较小的焊条进行焊接，后面各层可以根据焊件厚度相应选用较大直径的焊条。

2. 焊接电流

焊接电流的大小对焊接质量及效率有较大影响。电流过小，电弧不稳定，易造成夹渣和未焊透等缺陷，而且生产效率低；电流过大，则容易产生咬边和烧穿等缺陷，同时飞溅增大。因此，焊条电弧焊焊接时，焊接电流的选用要适当。

焊接电流的大小，主要根据焊条类型、焊条直径、焊件厚度、接头形式、焊缝空间位置及焊接层次等因素来决定，其中，最主要的因素是焊条直径和焊缝空间位置。在使用一般结构钢焊条时，焊接电流大小与焊条直径的关系可按以下经验公式进行试选

$$I = kd \tag{3-1}$$

式中　I——焊接电流（A）；

d——焊条直径（mm）；

k——与焊条直径有关的系数（选用见表 3-5）。

表 3-5　不同焊条直径时的 k 值

d(mm)	1.6	2～2.5	3.2	4～6
k	15～25	20～30	30～40	40～50

根据焊缝的空间位置不同，焊接电流选用的大小也不同。一般，立焊电流选用应比平焊电流小 15%～20%；横焊、仰焊电流比平焊电流小 10%～15%。焊接厚度大，往往取电流的上限值。

含合金元素较多的合金钢焊条，一般电阻较大，热膨胀系数大，焊接过程中电流大，焊条易发红，造成药皮过早脱落，影响焊接质量，而且合金元素烧损多，因此焊接电流相应减小。

3. 电弧电压

电弧电压是由电弧长度来决定的。电弧长,电弧电压高;电弧短,电弧电压低。在焊接过程中,电弧不宜过长,否则会出现电弧燃烧不稳定、增加飞溅、降低熔透程度及易产生咬边等缺陷,而且还易使焊缝产生气孔。因此,要求电弧长度小于或等于焊条直径,即短弧焊。在使用酸性焊条焊接时,为了预热待焊部位或降低熔池温度,有时将电弧稍微拉长进行焊接,即所谓的长弧焊。

4. 焊接速度

焊接速度就是指焊接时单位时间内完成的焊缝长度。它直接影响焊接生产率,应在保证焊缝质量的基础上采用较大的焊条直径和焊接电流,同时根据具体情况适当加大焊接速度,以保证在获得焊缝的高低和宽窄一致的情况下,提高焊接生产率。

五、焊条电弧焊安全操作技术

焊条电弧焊是用电弧产生的热量对金属进行热加工的一种工艺方法。在电弧焊接过程中,所使用的弧焊机、电焊钳、导线以及工件均是带电体。弧焊机的空载电压一般在 $50\sim90$ V,均高于人体所能承受的安全电压。焊条电弧焊焊接设备的空载电压高于人体所能承受的安全电压,所以操作人员在更换焊条时,有可能发生触电事故。尤其在容器和管道内操作,四周都是金属导体,触电危险性更高。因此焊条电弧焊操作者在操作时应戴手套,穿绝缘鞋。

焊接电弧弧柱中心的温度高达 $6\,000\sim8\,000$ ℃。焊条电弧焊时,焊条、焊件和药皮在电弧高温作用下发生蒸发,凝结成雾珠,产生大量烟尘。同时,电弧周围的空气在弧光强烈辐射作用下,还会产生臭氧、氮氧化物等有毒气体,在通风不良的情况下,长期接触会引起危害焊工健康的多种疾病,因此焊接环境应通风良好。

焊接时人体直接受到弧光辐射、强紫外线辐射和红外线烘烤,光辐射容易引发焊接作业者眼睛和皮肤的疾病,因此作业者在操作时应戴防护面具和穿工作服。

焊条电弧焊操作过程中,由于电焊机线路故障或者飞溅物引燃易燃易爆品,以及燃料容器管道补焊时防爆措施不当等,都会引起爆炸和火灾事故。

(一) 焊条电弧焊的操作

焊条电弧焊最基本的操作是引弧、运条和收尾。

1) 引弧　即产生电弧。引弧的方法有两种:直击法和擦划法。

(1) 直击法。先将焊条末端对准焊缝,然后将手腕前倾,轻轻碰一下焊件,随后将焊条提起 $2\sim4$ mm,产生电弧后迅速将手腕扳平,使弧长保持在所用焊条的直径相适应的范围内。

(2) 擦划法。也称摩擦法,动作似划火柴,先将焊条末端对准焊缝,然后将手腕扭转一下,使焊条在焊件表面轻微划擦,划擦长度约为 20 mm,并应落在焊缝范围内,然后手腕扭平,并将焊条提起 $2\sim4$ mm,电弧引燃后应立即使弧长保持在所用焊条的直径相适应的范围内。

2) 运条　焊条的运动称为运条。电弧引燃后,就开始正常的焊接过程。为获得良好的焊缝,焊条必须不断地运动。运条由三个基本运动合成,分别是焊条的送进运动、焊条的横向摆动运动和焊条的沿焊缝移动运动。

3) 收尾　在中断电弧和结束焊接前,做好焊条收尾。应把收尾处的弧坑填满,若收尾时立即拉断电弧,则会形成比焊件表面低的弧坑。收尾不当时,在弧坑处常出现裂纹、气孔、夹渣等现象,因此焊缝完成时的收尾动作既要熄灭电弧,又需填满弧坑。

(二) 焊条电弧焊的安全操作技术

1. 焊条电弧焊防止触电安全操作技术

(1) 电焊机必须装有独立的专用电源开关，其容量应符合要求。当焊机超负荷工作时，应能自动切断电源。禁止多台焊机共用一个电源开关。电源控制装置应装在电焊机附近便于操作的地方，周围留有安全通道。采用启动器启动的焊机，必须先合上电源开关，再启动焊机。焊机的一次电源线长度一般不宜超过 2～3 m。当有临时任务需要较长的电源线时，应沿墙或立柱用绝缘子(电瓷)隔离布设，其架空高度必须距地面 2～3 m 以上，不允许将电源线拖放在地面上。

(2) 用连接片改变焊接电流的焊机，调节焊接电流前应先切断电源。

(3) 焊接电缆和焊钳绝缘要良好，弧焊机外壳应设有良好的保护接地(接零)装置，其螺钉不得小于 M8，并应有明显的接地(接零)标志。

(4) 弧焊机的电源输入线及二次侧输出线的接线柱必须要有完好的隔离防护罩等，且接线柱应牢固不松动。

(5) 弧焊机应放置在干燥通风处，不准靠近高热及易燃易爆危险的环境。

(6) 使用插头插座连接的焊机，插销孔的接线端应用绝缘板隔离，并装在绝缘板平面内。

(7) 每半年应进行一次电焊机维修保养。当发生故障时，应立即切断焊机电源，及时进行检修。

(8) 焊接电缆采取整根的，中间不应有接头。如需接长，则接头不宜超过 2 个。接头应用纯铜导体制成，并且连接要牢固，绝缘要良好，可采用 KDJ 系列电缆快速接头。

(9) 焊接电缆的绝缘应定期进行检查，一般为每半年检查一次。

(10) 雨天禁止露天作业，禁止用建筑物金属构架和设备等作为焊接电源回路。

2. 焊条电弧焊防止弧光辐射安全操作技术

(1) 焊接电弧强烈的弧光和紫外线对眼睛和皮肤有损害，作业时必须加强防护。

(2) 焊接作业人员应按《劳动防护用品分类与代码》(LD/T 75—1995)选用个人防护用品和符合作业条件的遮光镜片和面罩。

(3) 作业时必须使用带弧焊护目玻璃的面罩，而且面罩不许漏光。

(4) 作业时应穿白色帆布工作服，扣好各种纽扣，戴电焊手套。

(5) 多人焊接作业时，要注意避免相互影响，宜设置弧光防护屏或采取一定措施，避免弧光辐射的交叉影响。

3. 焊条电弧焊防止火灾安全操作技术

(1) 在焊接作业点火源 10 m 以内、高空作业下方和焊接火星所及范围内，应彻底清除有机灰尘、木材、木屑、棉纱、草垫、石油、汽油、油漆等易燃物品。如有不能撤离的易燃物品，如木材、未拆除的隔热保温的可燃材料等，应采取可靠的安全措施，如用水喷湿，覆盖湿麻袋、石棉布等。

(2) 焊接作业过程中禁止乱抛焊条头(特别是高空作业时)。

(3) 工作结束后，应及时切断电源，将焊钳放在与焊接回路绝缘的地方，并整理好焊接电缆线，仔细检查周围场地，确认无隐患后方可离开。

4. 焊条电弧焊防止爆炸安全操作技术

(1) 在焊接作业点 10 m 内，不得有易燃易爆物品。

（2）在油库、油品室、乙炔站、喷漆室等有爆炸性混合气体的场所，严禁焊接作业。

（3）不得在有压力的容器或管道上焊接。

（4）盛装过易燃易爆物品的容器进行焊补前，要将盛装的物品放尽，并用蒸汽和热碱水冲洗或用氮气置换，清洗干净，用测爆仪等仪器检验分析气体介质的浓度，确定安全方可焊接。焊接作业时，要打开盖口，操作人员要避离容器孔口。

5. 焊条电弧焊防止有毒气体和烟尘中毒安全操作技术

焊条电弧焊时会产生可溶性氟、氟化氢、锰、氮氧化物等有毒气体和粉尘，导致氟中毒、锰中毒、电焊尘肺等，尤其是碱性焊条在容器、管道内部焊接。因此，要根据具体情况采取全面通风换气、局部通风、小型电焊排烟机等通风除尘措施。

第二节　氩　弧　焊

一、氩弧焊概述

（一）氩弧焊的原理

氩弧焊技术是在普通电弧焊原理的基础上，利用氩气对金属焊材的保护，通过高电流使焊材在被焊母材上熔化成液态形成熔池，使被焊金属和焊材达到冶金结合的一种焊接技术。由于在高温熔融焊接中不断送上氩气，氩气在高温时不溶于液态金属同时隔绝空气，使熔池不能和空气中的氧气接触，从而防止焊材的氧化，因此它可用于焊接铜、铝、合金钢等有色金属。图3-9所示为氩弧焊工作原理示意图。

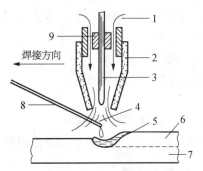

图3-9　氩弧焊工作原理示意图

1—氩气；2—喷嘴；3—钨极；4—电弧；
5—熔池；6—焊缝金属；7—母材；
8—焊丝（填充金属）；9—导电嘴

（二）氩弧焊的特点

与其他焊接方法相比，氩弧焊具有以下特点：

（1）电弧和熔池的可见性好，焊接过程中可根据变化情况调节熔池状态。

（2）焊接过程操作方便，没有熔渣或很少有熔渣，焊接基本上不需清渣。

（3）氩弧焊电弧受到氩气流的压缩作用，电弧热量集中，熔池较小，因此热影响区很窄，焊接变形与应力均较小，裂纹倾向也小，尤其适用于薄板焊接。

（4）室外作业时，需设挡风装置，否则气体保护效果差。电弧的光辐射很强。

（5）氩弧焊可焊的材料广泛，特别适宜焊接化学性质活泼的金属和合金。通常多用于焊接铝、镁、钛、铜及其合金，低合金钢，不锈钢及耐热钢等。

（6）焊接设备比较复杂，比焊条电弧焊设备价格高。

（三）氩弧焊的分类及适用范围

氩弧焊按照电极的不同分为非熔化极氩弧焊和熔化极氩弧焊两种。

1. 非熔化极氩弧焊(钨极氩弧焊)

非熔化极氩弧焊是电弧在非熔化极(通常是钨极)和工件之间燃烧,在焊接电弧周围流过一种不和金属起化学反应的惰性气体(常用氩气),形成一个保护气罩,使钨极端头、电弧和熔池及已处于高温的金属不与空气接触,防止发生氧化和吸收有害气体,从而形成致密的焊接接头,其力学性能非常好。

非熔化极氩弧焊可用于几乎所有金属和合金的焊接,但由于其成本较高,通常多用于焊接铝、镁、钛、铜等有色金属,以及不锈钢、耐热钢等。

非熔化极氩弧焊所焊接的板材厚度范围,从生产率考虑以 3 mm 以下为宜。对于某些黑色和有色金属的厚壁重要构件(如压力容器及管道),在根部熔透焊道焊接、全位置焊接和窄间隙焊接时,为了保证高的焊接质量,有时也采用非熔化极氩弧焊。

2. 熔化极氩弧焊

熔化极氩弧焊是采用焊丝作为电极,电弧在焊丝与焊件之间燃烧,同时处于氩气层流的保护下,焊丝以一定速度连续给送,并不断熔化形成熔滴过渡到熔池中去,液态金属熔池冷却凝固后形成焊缝。

熔化极氩弧焊和非熔化极氩弧焊的区别:熔化极氩弧焊是焊丝作电极,并被不断熔化填入熔池,冷凝后形成焊缝;非熔化极氩弧焊则是采用保护气体。

随着熔化极氩弧焊的应用发展,保护气体已由单一的氩气推广至多种混合气体,如以氩气或氦气为保护气时称为熔化极惰性气体保护电弧焊(MIG 焊);以惰性气体与氧化性气体(Ar+CO_2)混合气为保护气体时,或以 CO_2 或(CO_2+O_2)混合气为保护气体时,统称为熔化极活性气体保护电弧焊(MAG 焊)。

从其操作方式看,目前应用最广的是半自动熔化极氩弧焊和富氩混合气体保护焊,其次是自动熔化极氩弧焊。MIG 焊适用于铝及铝合金、不锈钢等材料中、厚板焊接;MAG 焊适用于碳钢、合金钢和不锈钢等黑色金属材料的全位置焊接。

二、氩弧焊设备

氩弧焊设备包括弧焊电源、控制系统、焊枪、供气系统及供水系统等部分。自动氩弧焊设备则在上述设备的基础上,增加送丝及行走机构。

(一)弧焊电源

手工钨极氩弧焊的电源有交、直流两种。电源种类及极性的不同,会造成工艺上的明显差异,通常按被焊材料进行选择。

(二)控制系统

手工钨极氩弧焊的控制系统一般包括引弧装置(如高频振荡器)、稳弧装置(如脉冲稳弧器)、电磁气阀、电源开关、继电保护及指示仪表等部分。其动作由装在焊枪上的低压开关控制,即通过控制线路中的中间继电器、时间继电器及延时电路等对各系统工作程序实现控制。

(三)焊枪

焊枪主要用来夹持电极、传导焊接电流、输送保护气体及控制整机工作系统。常用的手工钨极氩弧焊焊枪主要由枪体、喷嘴、钨极夹持装置、电缆、气管、水管及启动开关等组成。按冷却介质的不同,分水冷和气冷两种。

(四) 供气系统

供气系统的作用是使钢瓶内的氩气按一定流量从焊枪的喷嘴送入焊接区,主要包括氩气瓶、减压器、气体流量计及电磁气阀等部分。

氩气瓶规定漆成银灰色,上写绿色"氩"字。氩气瓶的安全技术要点如下:

(1) 不得靠近火源,瓶阀冻结时,不能用火烘烤。

(2) 防日光暴晒。

(3) 氩气瓶要有防震胶圈,一般应直立放置,且用气瓶专用铁链绑扎固定以防倾倒或受到撞击。

(4) 带有安全帽,防止摔断瓶阀造成事故。

(5) 瓶内气体不可全部用尽,应留有余压。

(6) 打开阀门时不应操作过快。

(7) 氩气瓶使用应遵守《气瓶安全监察规程》的规定。

(五) 供水系统

供水系统主要用以冷却焊接电缆、焊枪及钨棒等。

三、钨极氩弧焊常用焊接材料及焊接参数

(一) 钨极氩弧焊常用焊接材料

1. 填充金属

厚板的 TIG 焊常采用带坡口的接头,所以焊时需使用填充金属。一般要求填充金属的化学成分与母材相同,这是因为在惰性气体保护下,焊接不会发生金属元素烧损,填充金属熔化后其成分基本不变。因此,在对焊缝金属没有特殊要求的情况下,可以采用以母材剪下的一定规格的条料或采用成分与母材相当的标准焊丝作填充金属材料。

手工 TIG 焊用的填充金属应是直棒(条),其直径范围为 0.8～6 mm,长度 1 m 以内,焊接时用手送向焊接熔池。自动焊用的是盘状焊丝,其直径最小为 0.5 mm,大电流或堆焊用的可达 5 mm。

为了满足特殊接头尺寸形状的需要而专门设计的可熔夹条(又称接头插入件),由于焊接时夹条也熔入熔池并成为焊缝的组成部分,故亦视为填充金属。

实质上使用可熔夹条是对接接头单面焊背面成形工艺中采取的一种特殊措施。焊前把它放在接头根部,焊接时被熔透从而获得良好的背面成形,在管子对接中常采用。图 3-10 所示为各种可熔夹条的断面形状及焊前放置在两管件之间的示意图。

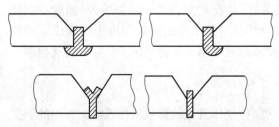

图 3-10 对接接头用可熔夹条常用断面形式

在焊接过程中,焊丝的化学成分与保护气体相配合,影响焊缝金属的化学成分,而焊缝金属的成分又决定着焊件的化学成分和力学性能。所以在选用焊丝时,首先是考虑母材的化学成分和力学性能,其次是要与

所用保护气体相配合。

在钢焊丝中,最经常使用的脱氧剂是锰、硅和铝;对于铜合金,可使用钛、硅或磷作脱氧剂;在镍合金中常使用钛和硅作脱氧剂。

熔化极气体保护电弧焊用的焊丝直径较小,小到 0.5 mm,大到 3.2 mm,平均直径在 1.0～1.6 mm,但焊接电流较大,所以焊丝的熔化速度很高,在 40～340 mm/s,高的送丝速度通常需有很好的送丝机构。小直径的焊丝,容易被弄乱,常制成焊丝卷或焊丝盘供货使用。焊丝表面必须清洁,受污染的焊丝严禁使用。

2. 钨极

钨极是氩弧焊焊枪中的易耗材料。钨(W)的熔点约 3 400 ℃,是熔点最高的金属,其电子逸出功为 4.54 eV(1 eV $= 1.602 \times 10^{-19}$ J),与铁相当。但因其熔点比其他金属高,在高温时有强烈的电子发射能力,是目前最好的一种不熔化电极的材料。常用的电极有纯钨极、钍钨极和铈钨极三种。

纯钨极熔点(3 390～3 430 ℃)和沸点(约 5 900 ℃)都很高,不易熔化挥发,但电子发射力比钍钨极和铈钨极差,要求的空载电压较高,承载电流能力弱,所以应用较少。与钍钨极相比,铈钨极有如下优点:弧束细长,热量集中,可提高电流密度 5%～8%,烧失率低,寿命长,采用直流电时,阴极电压降低 10%,易引弧;用直流小电流焊接金属箔时,起弧电流可减小 50% 且电弧稳定。因此铈钨极是目前钨极氩弧焊中应用最广泛的一种电极。常见钨极的载流能力见表 3-6。

表 3-6　常见钨极的载流能力

电极直径 (mm)	直 流 正 接			直 流 反 接	交 流
	纯钨	钍钨	铈钨	纯钨	
1.0	20～60	15～80	20～80	—	—
1.6	40～100	70～150	50～160	10～30	20～100
2.0	60～150	100～200	100～200		
3.0	140～180	200～300	—	20～40	100～160
4.0	240～320	300～400	—	30～50	140～220
5.0	300～400	420～520	—	40～80	200～280
6.0	350～450	450～550	—	60～100	350～300

3. 保护气体

TIG 焊用的保护气体是氩气,也可以是氦气或氩-氦混合的惰性气体,此外,焊接不锈钢和镍基合金时,还常使用氩-氢混合气体。

一般来说,氩气产生的电弧比较平稳、较容易控制而且穿透性不强。氩气的成本较低,而且流量要求较小,因此,从经济上考虑应优先选用氩气。当焊接热导率高的原材料(如铝、铜)时,可以考虑选用有较高热穿透性的氦气。

1) 氩气的性质　氩气是一种惰性气体,由单原子组成,不会产生化合物,高温下也不分解,不溶于金属,不与任何元素发生反应。氩气在空气中的含量极低,在惰性气体中,氩气在空气中的体积分数 $\varphi(Ar)$ 仅为 0.93%,质量分数 $\omega(Ar)$ 为 1.3%,但它比空气的平均重量重

25%；由于氩气本身的热物理特点，氩气的稳弧性能最好，热损耗小，电弧热量集中，效率高。因此，氩气在惰性气体保护焊中得到广泛应用。

2）氩气的标准　氩气作为焊接用保护气体，一般要求纯度为99.7%～99.98%。焊接不同材料时，对氩气的纯度有不同的要求。对化学性质活泼的金属及其合金，要求纯度高，如果纯度较低，则容易氧化、氮化，使焊缝变脆，破坏气密性，降低焊接质量。目前生产的氩气可达到99.99%的纯度，所以能满足氩弧焊的工艺要求。不同材料对氩气纯度的要求见表3-7。

表3-7　不同材料对氩气纯度的要求

被焊材料	氩气纯度（%）
铬镍不锈钢、铜及铜合金	≥99.7
铝、镁及其合金	≥99.9
高温合金	≥99.95
钛、钼、铌、锆及其合金	≥99.98

（二）钨极氩弧焊焊接参数

钨极氩弧焊的焊接参数主要有焊接电流种类及极性、焊接电流、钨极直径及端部形状和保护气体流量与喷嘴直径等，对于自动焊还包括焊接速度和送丝速度。

1. 焊接电流种类及极性

钨极氩弧焊按操作方式分为手工焊、半自动焊和自动焊三类，钨极气体保护焊使用的电流种类可分为直流正接、直流反接和交流。

2. 焊接电流

焊接电流主要根据工件厚度来选择。如果焊接电流增大，则焊缝表面的凹陷深度、熔深及熔宽都相应增加，而增长量相应减小，当焊接电流太大时，容易产生焊穿和咬边；反之，焊接电流太小时，容易产生未焊透。所以，必须在不同钨极及直径的允许焊接电流范围内，正确地选择焊接电流。

3. 钨极直径及端部形状

根据所用焊接电流种类，选用不同的端部形状。尖端角度的大小会影响钨极的许用电流、引弧及稳弧性能。小电流焊接时，选用小直径钨极和小的锥角，可使电弧容易引燃和稳定；在大电流焊接时，增大锥角可避免尖端过热熔化，减少损耗，并防止电弧往上扩展而影响阴极斑点的稳定性。钨极尖端角度对焊缝熔深和熔宽也有一定的影响。减小锥角，焊缝熔深减小、熔宽增大；反之，则熔深增大、熔宽减小。

4. 保护气体流量与喷嘴直径

在一定条件下，气体流量和喷嘴直径有一个最佳范围，当气体保护效果最佳时，有效保护区最大。如气体流量过小，气流挺度差，排除周围空气的能力弱，保护效果不佳；流量太大，容易变成紊流，使空气卷入，也会降低保护效果。同样，在流量一定时，喷嘴直径过小，保护范围小，且因气流速度过高而形成紊流；喷嘴直径过大，不仅妨碍焊工观察，而且气流流速过低，挺度小，保护效果也不好。所以，气体流量和喷嘴直径要有一定的配合。一般手工氩弧焊喷嘴内径范围为5～20 mm，流量范围为5～25 L/min。

5. 焊接速度

焊接速度的选择主要根据工件厚度决定，由焊接电流、预热温度等配合保证获得所需的熔深和熔宽。

6. 喷嘴与焊件的距离

喷嘴距离焊件越远，则氩气保护效果越差。反之，距离越近保护效果越好，但距离太近会影响焊工视线，且容易使钨极与熔池接触产生夹钨。一般喷嘴端部与焊件的距离在 8～14 mm 为宜。

四、钨极氩弧焊安全操作技术

（一）操作技术

焊接时，焊枪、焊丝和工件之间必须保持正确的相对位置，焊直缝时，通常采用左向焊法。焊丝与工件间的角度不宜过大，否则会扰乱电弧和气流的稳定。手工钨极氩弧焊时，送丝可以采用断续送进和连续送进两种方法，要防止焊丝与高温的钨极接触，以免钨极被污染、烧损，电弧稳定性被损坏。断续送丝时要防止焊丝端部移出气体保护区而被氧化。环缝自动焊时，焊枪应逆时针方向偏离工件中心线一定距离，以便于送丝和保证焊缝的良好形成。

（二）钨极氩弧焊的有害因素

1）放射性　钍钨极中的钍是放射性元素，但钨极氩弧焊时钍钨极的放射剂量很小，在允许范围之内，危害不大。如果放射性气体或微粒进入人体作为内放射源，则会严重影响身体健康。

2）高频电磁场　采用高频引弧时，产生的高频电磁场强度在 60～110 V/m，超过参考卫生标准（20 V/m）数倍。但由于时间很短，对人体影响不大。如果频繁起弧或者把高频振荡器作为稳弧装置在焊接过程中持续使用，则高频电磁场可成为有害因素之一。

3）有害气体——臭氧和氮氧化物　氩弧焊时，弧柱温度高，紫外线辐射强度远大于一般电弧焊，因此在焊接过程中会产生大量的臭氧和氮氧化物，其中臭氧浓度远远超出参考卫生标准。

（三）安全防护措施

（1）熟知氩弧焊操作技术，工作前穿戴好劳动防护用品，检查焊接电源、控制系统的接地线是否可靠。将设备进行空载试运转，确认其电路、水路、气路畅通，设备正常时，方可进行作业。

（2）在容器内部进行氩弧焊时，应戴静电防尘口罩及专门面罩，以减少吸入有害烟气，容器外设专人监护及配合。

（3）氩弧焊会产生臭氧和氮氧化物等有害气体及金属粉尘，因此作业场地应加强自然通风，固定作业台可装置固定的通风装置。

（4）氩弧焊时，电弧的辐射强度比焊条电弧焊强得多，因此，要加强防护措施。

（5）交流电氩弧焊时，须采用高频引弧器。脉冲高频电流对人体有危害，为减少高频电流对人体的影响，应有自动切断高频引弧装置。焊件要良好接地，接地点离工作场地越近越好。登高作业时，禁止使用带有高频振荡器的焊机。

（6）大电流操作时，焊枪采用水冷却，操作前应检查有无水路漏水现象，防止漏水而引起触电，禁止在漏水情况下操作。

（7）若采用钍钨棒作电极会产生放射性，应尽量采用微量放射性的铈钨棒。磨削钍钨棒时，砂轮机罩壳应有吸尘装置，操作人员应戴口罩。需要更换钍钨或铈钨极时，应先切断电源；磨削电极时应戴口罩、手套，并将专用工作服袖口扎紧，同时要正确使用专用砂轮机。

（8）氩弧焊使用的钨极材料中的钍、铈等稀有金属带有放射性，尤其在修磨电极时形成放射性粉尘，接触较多，容易造成中枢神经系统的疾病。

（9）焊接时，电流密度大、弧光强、温度高，且在高温电弧和强烈的紫外线作用下产生高浓度有害气体，可高达手工电弧焊的4～7倍，所以特别要注意通风。

（10）引弧所用的高频振荡器会产生一定强度的电磁辐射，接触较多的焊工，会有头晕、疲乏无力和心悸等症状。

（11）工作结束后，要切断电源，关闭冷却水和气瓶阀门，认真检查现场，在确认安全后方可离开作业现场。

第三节　熔化极气体保护焊

一、熔化极气体保护焊概述

熔化极气体保护焊是利用气体作为保护介质，采用连续送进可熔化的焊丝与工件间产生的电弧作为热源的电弧焊。焊接过程中，电弧熔化焊丝和母材形成的熔池及焊接区域在惰性气体或活性气体的保护下，可以有效地阻止周围环境空气的有害作用。

熔化极气体保护焊按焊丝种类分为实心焊丝和药芯焊丝两种；按保护气体分为 CO_2 气体保护焊、熔化极惰性气体保护焊和熔化极混合气体保护焊。

（一） CO_2 气体保护焊原理和适用范围

CO_2 气体保护焊是利用 CO_2 作为保护气体的气体保护焊，简称 CO_2 焊。CO_2 气体密度较大，电弧加热后体积膨胀也较大，所以能有效地隔绝空气，保护熔池。目前，CO_2 气体保护焊已成为黑色金属材料最重要的焊接方法之一，在很多工艺部门中已代替焊条电弧焊和埋弧焊。

CO_2 气体保护焊一般用于汽车、船舶、管道、机车车辆、集装箱、矿山及工程机械、电站设备、建筑等金属结构的焊接生产。CO_2 气体保护焊可以焊接碳钢和低合金钢，并可以焊接从薄板到厚板不同的工件。采用细丝、短路过渡的方法可以焊接薄板；采用粗丝、射流过渡的方法可以焊接中、厚板。CO_2 气体保护焊可以进行全位置焊接，也可以进行平焊、横焊及其他空间位置的焊接。

药芯焊丝 CO_2 气体保护焊是近年来发展起来的采用渣-气联合保护、适用性广泛的焊接工艺，主要适合于焊接低碳钢、500 N/mm² 级及 600 N/mm² 级的低合金高强钢、耐热钢以及表面堆焊等。

（二） CO_2 气体保护焊的特点

1）生产率高　CO_2 气体保护焊电弧的穿透力强，厚板焊接时可增加坡口的钝边，减小坡口;焊接电流密度大(通常为 $100\sim300\ A/mm^2$),故焊丝熔化率高;焊后一般不需要清渣,所以 CO_2 气体保护焊的生产率比焊条电弧焊高 $1\sim3$ 倍。

2)成本低　CO_2 气体来源广、价格低。另外 CO_2 气体保护焊与焊条电弧焊相比电能消耗少,降低了焊接成本。

3)焊接变形和内应力较小　由于电弧在保护气流的压缩下热量集中,焊接熔池和热影响区较小,因此焊件变形与裂纹倾向不大,尤其适用于薄板焊接。

4)抗锈能力强　CO_2 气体保护焊对铁锈敏感性低,焊缝氢含量低,抗裂性能好。

5)操作简便　采用明弧焊接,一般不用焊剂,故熔池可见度好,操作方便,不易焊偏,更有利于实现机械化和自动化焊接。

6)适用范围广　CO_2 气体保护焊不仅能焊接薄板,也能焊接中厚板,同时可进行全位置焊接。除了适用于焊接结构制造外,还适用于修理,如磨损零件的堆焊以及铸铁补焊等。

二、CO_2 气体保护焊设备

CO_2 气体保护焊和混合气体保护焊设备包括弧焊电源、控制系统、送丝系统、供气系统及焊枪等部分。图 3-11 所示为半自动 CO_2 气体保护焊设备示意图。

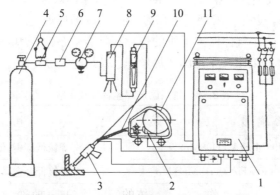

图 3-11　半自动 CO_2 气体保护焊设备示意图

1—电源;2—送丝机;3—焊枪;4—气瓶;5—预热器;
6—高压干燥器;7—减压器;8—低压干燥器;9—流量计;
10—软管;11—焊丝盘

(一)弧焊电源

半自动 CO_2 气体保护焊的电源通常为整流电源。

(二)控制系统

控制系统作用是对 CO_2 气体保护焊的送丝、供电及供气等实行控制。

(三)送丝系统

CO_2 气体保护焊通常采用等速送丝系统。送丝方式有推丝式、拉丝式及推拉式三种。

(四) 供气系统

供气系统的作用是将钢瓶内的液态 CO_2 变成符合要求的、具有一定流量的气态 CO_2，并及时地输送至焊枪。供气系统由气瓶、预热器、干燥器、减压流量计及气阀等组成。

(五) 焊枪

焊枪主要由导电、导气及导丝等部分组成，导电部分的主件是导电嘴，导气部分的主件是喷嘴。

三、CO_2 气体保护焊常用焊接材料及焊接参数

(一) CO_2 气体保护焊常用焊接材料

CO_2 气体保护焊使用的焊接材料主要是焊丝和保护气体两种。

1. 焊丝

1) 实心焊丝　实心焊丝是目前最常用的焊丝，由热轧线材经拉拔加工而成。为了防止生锈，须对焊丝(除不锈钢焊丝外)表面进行特殊处理。目前主要是镀铜处理，包括电镀、浸铜及化学镀铜处理等。CO_2 气体保护焊时，为了得到良好的保护效果，要采用相对较细的焊丝，直径一般为 $0.8 \sim 1.6$ mm。近年又发展了直径为 $3 \sim 4$ mm 的粗焊丝。

低碳钢和低合金钢 CO_2 气体保护焊用的焊丝应符合《气体保护电弧焊用碳钢、低合金钢焊丝》(GB/T 8110—2008)要求。常用国产焊丝牌号及用途见表 3-8。

表 3-8　常用国产焊丝牌号及用途

焊 丝 牌 号	用　　途
10MnSi，H08MnSi，H08MnSiA，H08Mn2SiA	焊接低碳钢、低合金钢
H04Mn2SiTiA，H04MnSiAlTiA，H10MnSiMo	焊接低合金高强度钢
H08Cr3Mn2MoA	焊接贝氏体钢
H18CrMnSiA	焊接高强度钢
H1Cr18Ni9，H1Cr18Ni9Ti	焊接 1Cr18Ni9Ti 薄板

2) 药芯焊丝　药芯焊丝是继焊条、实心焊丝之后广泛应用的又一类焊接材料。药芯焊丝由金属外皮和芯部药粉两部分构成。药芯焊丝的截面形状是多种多样的，可简单地分为 O 形截面和复杂截面两大类，一般小直径的药芯焊丝多制成 O 形。

药芯焊丝外皮是由低碳钢或低合金钢钢皮制成的，与实心焊丝相比，药芯焊丝较软且刚性差，因而对送丝机构要求较高。

2. 保护气体

纯净的 CO_2 气体无色、无味，在 0 ℃和 1 atm(1 atm = 101 325 Pa)，密度为 1.976 8 g/L，是空气的 1.5 倍。CO_2 易溶于水，当溶于水后略有酸味。CO_2 稳定，不燃烧、不助燃。

为保证焊接质量，一般规定 CO_2 气体的纯度(体积分数)要大于 99.5%，水含量、氮含量均不得超过 0.1‰。

供焊接用的 CO_2 通常以液态装于钢瓶中,容量为 40 L 的标准钢气瓶可灌入 25 kg 的液态 CO_2,25 kg 液态 CO_2 约占钢瓶容积的 80%,其余 20% 左右的空间充满汽化了的 CO_2,气瓶压力表上所指压力值,即是这部分汽化 CO_2 的饱和压力。该压力大小与环境温度有关,室温为 20 ℃时,约为 5.72 MPa。注意,该压力并不反映液态 CO_2 的储量,只有当瓶内液态 CO_2 全部汽化后,瓶内气体的压力才会随 CO_2 气体的消耗而逐渐下降,这时压力表读数才反映瓶内气体的储量。故正确估算瓶内 CO_2 储量是采用称钢瓶质量的办法。一瓶装 25 kg 液化 CO_2,若焊接时的流量为 20 ml/min,则可连续使用 10 h 左右。

（二）CO_2 气体保护焊焊接参数

1. 短路过渡焊接

在 CO_2 气体保护焊中,短路过渡焊接应用最广泛,主要在焊接薄板及全位置焊接时用。焊接的参数有电源极性、电弧电压及焊接电流、焊接速度、气体流量和焊丝伸出长度等。

1）电源极性　CO_2 气体保护焊一般都应采用直流反接,可以获得飞溅小、电弧稳定、母材熔深大、焊缝成形好且焊缝金属氢含量低的效果。

2）电弧电压及焊接电流　当焊丝直径一定时,焊接电流必须匹配合适的电弧电压,才能获得稳定的飞溅最小的短路过渡过程。图 3-12 所示为短路过渡焊接电流与电压范围。

3）焊接速度　焊接速度过快,会产生咬边或未熔合缺陷,同时气体保护效果变差,造成气孔。焊接速度过慢时,生产率低,焊接变形大。

4）气体流量　CO_2 气体保护焊,细丝（≤1.6 mm）短路过渡焊接时的气体流

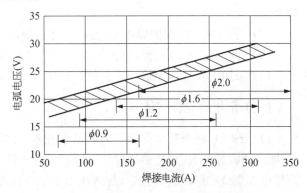

图 3-12　短路过渡焊接电流与电压范围

量一般为 5～15 L/min,粗丝（＞1.6 mm）焊接时则在 10～20 L/min。在室外作业时,风速一般不应超过 1.5～2 m/s。

5）焊丝伸出长度　短路过渡焊接所用的焊丝较细,若焊丝伸出过长,喷嘴至工件距离增大,气体保护效果差,气孔增多;若伸出过短,则喷嘴至工件距离减小,喷嘴挡住视线,焊工看不见坡口和熔池状态;飞溅的金属易引起喷嘴堵塞,从而增加导电嘴和喷嘴的消耗。故一般焊丝伸出长度在 10～20 mm。

2. 颗粒过渡焊接

CO_2 保护的细颗粒过渡焊接,又称 CO_2 长弧焊接。对于一定直径的焊丝,当增大焊接电流并配以较高电弧电压时,焊丝熔化以颗粒状态非短路形式过渡到熔池中。这种颗粒过渡的电弧穿透力强,熔深大,适合于中厚板或大厚板焊接。

四、混合气体保护焊

（一）混合气体保护焊概念

混合气体保护焊是由两种或两种以上的气体按一定比例组成的混合气体作为保护气体的

气体保护焊,如 $Ar+O_2$、$Ar+CO_2$、$Ar+O_2+CO_2$ 等作为保护气体的一种气体保护电弧焊方法。混合气体保护焊可采用短路过渡、喷射过渡和脉冲喷射过渡进行焊接,且能获得稳定的焊接工艺性能和良好的焊接接头,适用于碳钢、合金钢和不锈钢等黑色金属材料的焊接,在汽车制造、工程机械、化工机械、矿山机械和电站锅炉等行业得到广泛应用。

(二) 混合气体保护焊的特点

焊接时用纯 CO_2 作保护气体,电弧稳定性较差,熔滴呈非轴向过渡,飞溅大,焊缝成形较差。用纯氩气焊接低合金钢时,阴极斑点漂移大,也易造成电弧不稳,容易使焊缝产生气孔。在氩气中加入少量的 O_2 或 CO_2 等氧化性气体时,不仅电弧稳定、飞溅少,而且在较小的临界电流下,能获得稳定的轴向射流过渡和脉冲射流过渡。混合气体保护焊克服了熔化极氩弧焊和 CO_2 气体保护焊的一些缺点,具有以下特点:

(1) 混合气体中气体的混合比例适当时,在焊接过程中产生的飞溅很少,焊丝的熔敷效率很高。

(2) 与 CO_2 气体保护焊相比,混合气体保护焊的合金元素过渡系数较大,元素烧损程度较轻。

(3) 与 CO_2 气体保护焊相比,混合气体保护焊焊缝金属中氧含量较低。

(4) 焊接薄板时,混合气体保护焊的工艺参数范围更大,比 CO_2 气体保护焊更容易控制。

(5) 采用混合气体保护焊获得的焊缝表面光滑,成形美观。

(三) 常用的混合气体

1) $Ar+O_2$ 混合气体　氧是表面活性元素,能降低液体金属的表面张力。在氩气中加入 O_2 能降低临界电流、细化熔滴尺寸和改善过渡性能,并能稳定和控制电弧阴极斑点的位置,从而使电弧燃烧和熔滴过渡稳定,焊缝成形良好。但在焊接不锈钢时,一般应控制氧的体积分数在 $1\%\sim5\%$,否则会造成合金元素烧损严重,引起夹渣和飞溅等问题。焊接低碳钢和低合金钢时,混合气体中的氧的体积分数可达 20%。

2) $Ar+CO_2$ 混合气体　CO_2 是氧化性气体,在氩气中加入不超过 15%(体积分数)的 CO_2,在焊接中的作用与加入 $2\%\sim5\%$(体积分数)O_2 相似;加入 CO_2 的体积分数超过 25% 时,焊接工艺特征接近于纯 CO_2 气体保护焊,但飞溅相对较少。

$Ar+CO_2$ 混合气体主要用于焊接碳钢和合金结构钢,也可焊接不锈钢。由于 CO_2 的加入,热导率高,阳极弧根的扩展受限制,而且在电弧热作用下发生强烈的吸热反应,所以在氩气中加入 CO_2 会提高临界电流,熔滴过渡特性随着 CO_2 含量的增加而恶化,飞溅也增大。通常 CO_2 的加入量应在 $5\%\sim30\%$(体积分数)。

焊接过程中加入的 CO_2 对母材能产生渗碳作用,所以在焊接碳含量低的钢材(如超低碳不锈钢)时,要注意检查焊缝增碳的可能性。

3) $Ar+O_2+CO_2$　在氩气中加入适量的 O_2 和 CO_2 作为保护气体焊接低碳钢和低合金钢时,焊缝成形、接头质量、熔滴过渡和电弧稳定性都要比 $Ar+O_2$ 混合气体和 $Ar+CO_2$ 混合气体两种保护气体焊接时要好。

(四) 混合气体保护焊用焊丝

混合气体保护焊通常用来焊接低碳钢和低合金钢,也可焊接某些对焊接质量要求不太高的不锈钢等。当对焊接质量要求不高时,所采用的焊丝可以与 CO_2 气体保护焊时所用焊丝相同。因为气体成分直接影响合金元素的烧损程度,从而影响焊缝金属的化学成分和性能,所以焊丝成分应与气体成分相匹配。总的选择原则是:对于氧化性较强的保护气体,采用高 Mn 高 Si 焊丝;而对于氧化性较弱的保护气体(如富氩混合气体),宜采用低 Mn 低 Si 焊丝。

五、熔化极气体保护焊安全操作技术

熔化极气体保护焊除需遵守焊条电弧焊的有关规定外,还应注意以下几点:

(1) CO_2 气体保护焊时,电弧光辐射比焊条电弧焊强,因此应加强防护。由于氧气和紫外线作用强烈,宜穿戴非棉布工作服(如耐酸呢、柞丝绸等)。

(2) CO_2 气体保护焊时,飞溅较大,尤其是粗丝焊接,会产生大颗粒飞溅,焊工应有必需的防护用具,防止人体灼伤。

(3) CO_2 气体在焊接电弧高温下会分解生成对人体有害的 CO 气体,焊接时还会排出其他有害气体和烟尘。特别是在容器内施焊,更应加强通风,且容器外应有人监护。

(4) 气瓶应小心轻放,竖立固定,防止倾倒。CO_2 气体预热器所使用的电压不得高于 36 V。工作结束时,立即切断电源和气源。

(5) 大电流粗丝 CO_2 气体保护焊时,应防止焊枪水冷系统漏水破坏绝缘,发生触电事故。

(6) 移动焊机时,应取出机内易损电子器件,单独搬运。焊机内的接触器、断路器的工作元件,焊枪夹头的夹紧力以及喷嘴的绝缘性能等,应定期检查。

(7) 焊机使用前应检查供气、供水系统,不得在漏水、漏气的情况下运行。

(8) CO_2 气瓶内装有液态 CO_2,满瓶压力为 $0.5\sim0.7$ MPa,但当受到外加的热源时,液态 CO_2 便迅速蒸发为气体,使瓶内压力升高,接收的热量越多,则压力增高越大,造成爆炸的危险性就越高。因此,CO_2 气瓶不能接近热源及在太阳下暴晒。

第四节　埋　弧　焊

一、埋弧焊概述

(一) 埋弧焊的工作原理

埋弧焊是电弧在焊剂层下燃烧进行焊接的方法。其中焊丝给送和电弧移动由专用机械控制完成。图 3-13 所示是埋弧焊工作原理示意图。

埋弧焊是利用焊丝与工件之间的焊剂层下燃烧的电弧产生热量,熔化焊丝、焊剂和母材金属而形成焊缝,以达到连接被焊工件的目的。熔化的金属形成熔池,熔融的焊剂成为熔渣;熔池受熔渣和焊剂蒸气的保护,不与空气接触。电弧向前移动时,电弧力将熔池中的液体金属推向熔池后方;在随后的冷却过程中,这部分液体金属凝固成焊缝。

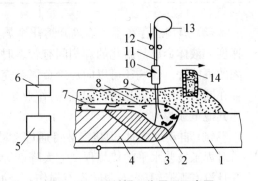

图 3-13　埋弧焊工作原理示意图

1—母材;2—电弧;3—熔池;4—焊缝金属;
5—焊接电源;6—控制箱;7—凝固熔渣;
8—熔融熔渣;9—焊剂;10—导电嘴;11—焊丝;
12—焊丝送进轮;13—焊丝盘;14—焊剂输送管

熔渣则凝固形成渣壳,覆盖焊缝表面。熔渣除了对熔池和焊缝金属起化学和机械保护作用外,焊接过程中还与熔化金属发生冶金反应,从而影响焊缝金属的化学成分。

埋弧焊焊接时,被焊工件与焊丝分别接在焊接电源的两极。焊丝通过与导电嘴的滑动接触与电源连接。焊丝的送进速度应与焊丝的熔化速度同步。随着埋弧焊应用技术的发展,焊丝数目可以是单丝、双丝或多丝,焊丝也可采用药芯焊丝代替实心焊丝,或是用钢带代替焊丝。

埋弧焊的显著特点是高效自动化作业,有自动埋弧焊和半自动埋弧焊两种。前者的焊丝送进和电弧移动都由专门的焊接装置自动完成;后者的焊丝送进由送丝机头完成,电弧移动则由人工控制。焊接时,焊剂由漏斗铺撒在电弧的前方。焊接后,未被熔化的焊剂可用焊剂回收装置自动回收或由人工清理回收,回收焊剂经处理后可以再加利用。

(二) 埋弧焊的特点

1. 埋弧焊的优点

(1) 埋弧焊所用的焊接电流大,相应输入功率较大,加上焊剂和熔渣的隔热作用,热效率较高,熔敷效率和焊接效率都很高。工件的坡口可较小,减少了金属填充量。单丝埋弧焊在工件不开坡口的情况下,一次可熔透 20 mm。

(2) 焊接速度高,以 12~16 mm 厚度的钢板对接焊为例,单丝埋弧焊可以达到 30~60 m/h 的速度焊接,而焊条电弧焊很难达到 6 m/h。焊条电弧焊与埋弧焊焊接电流、电流密度的比较见表 3-9。

表 3-9 焊条电弧焊与埋弧焊焊接电流、电流密度的比较

焊条/焊丝直径(mm)	焊条电弧焊		埋 弧 焊	
	焊接电流(A)	电流密度(A/mm^2)	焊接电流(A)	电流密度(A/mm^2)
2	50~65	16~25	200~400	63~125
3	80~130	11~18	350~600	50~85
4	125~200	10~16	500~800	40~63
5	190~250	10~18	700~1 000	35~50

(3) 焊剂的存在不仅能隔开熔化金属与空气的直接接触,而且可以延缓熔池金属的凝固速度。液体金属与熔化的焊剂间有较多时间进行冶金反应,降低了焊缝中产生气孔、裂纹等缺陷的可能性。焊剂还可以向焊缝金属补充一些合金元素,提高焊缝金属的力学性能。焊剂的存在同时杜绝了弧光污染和危害,作业条件较好。在有风的环境中焊接时,埋弧焊的保护效果比其他电弧焊方法好。

(4) 自动焊接时,焊接参数可通过自动调节保持稳定。与焊条电弧焊相比,埋弧焊焊接质量对焊工技艺水平的依赖程度大大降低。由于埋弧焊是机械化操作,所以焊工劳动强度较低,并且没有弧光辐射,对眼睛没有损伤,劳动条件较好。

2. 埋弧焊的缺点

(1) 埋弧焊由于采用颗粒状焊剂,这种焊接方法局限于平焊位置。其他位置焊接需采用特殊措施以保证焊剂能覆盖焊接区。

(2) 埋弧焊由于需要沿轨道行走进行焊接,所以对于一些形状不规则的焊缝无法进行焊

接。并且不能直接观察电弧与坡口的相对位置,如果没有采用焊缝自动跟踪装置,则容易焊偏。

（3）埋弧焊电弧的电场强度较大,电流小于 100 A 时,电弧不稳,因而不适于焊接厚度小于 3 mm 的薄板。

二、埋弧焊设备及工具

（一）埋弧焊设备

埋弧焊设备主要由弧焊电源、控制箱、焊丝给送机构、焊枪行走机构、焊剂输送器等组成。图 3 - 14 所示是 MZ1 - 1000 型埋弧自动焊车。

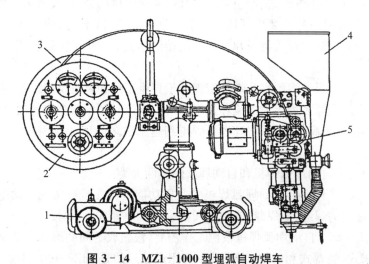

图 3 - 14　MZ1 - 1000 型埋弧自动焊车

1—台车；2—控制箱；3—焊丝盘；4—焊剂；5—机头

埋弧焊一般采用粗焊丝,电弧具有水平的静特性曲线,电源应具有下降的外特性。在用细焊丝焊薄板时,电弧具有上升的静特性曲线,宜采用平特性电源。常用埋弧焊机的主要技术参数见表 3 - 10。

表 3 - 10　常用埋弧焊机的主要技术参数

技术参数	常用埋弧焊机型号				
	MZ - 1000	MZ1 - 1000	MZ2 - 1500	MZA - 1000	MU1 - 1000
送丝方式	变速送丝	等速送丝	等速送丝	变速送丝	变速送丝
焊机结构特点	焊车	焊车	悬挂式自动焊机	埋弧、明弧两用焊机	堆焊专用焊机
焊接电流（A）	400～1 200	200～1 000	400～1 500	200～1 200	400～1 000
焊丝直径(mm)	3～6	1.6～5	3～6	3～5	焊带宽 30～80, 厚 0.5～1
送丝速度 (cm/min)	50～200	87～672	47.5～375	50～600	25～100

（续表）

技术参数	常用埋弧焊机型号				
	MZ‐1000	MZ1‐1000	MZ2‐1500	MZA‐1000	MU1‐1000
焊接速度（cm/min）	25～117	26.7～210	22.5～187	3.5～130	12.5～58.3
焊接电流种类	直流或交流	直流	直流或交流	直流	直流
送丝速度调整方法	电位器调节无级调速	调换齿轮	调换齿轮	电位器调节无级调速	电位器调节无级调速

一般直流电源用于小电流、快速引弧、短焊缝、高速焊接场合，以及所采用焊剂的稳弧性较差及对焊接参数稳定性有较高要求的场合。采用直流电源时，不同的极性将产生不同的工艺效果。当采用直流正接（焊丝接负极）时，焊丝的熔敷率高；采用直流反接（焊丝接正极）时，焊缝熔深大。

采用交流电源时，焊丝熔敷率及焊缝熔深介于直流正接和直流反接之间，而且电弧的磁偏吹最小。因此，交流电源多用于大电流埋弧焊和采用直流时磁偏吹严重的场合。

为了加大熔深并提高生产率，多丝埋弧焊得到越来越多的工业应用。目前应用较多的是双丝焊和三丝焊。

埋弧焊机分为半自动埋弧焊机和自动埋弧焊机两大类。

1）半自动埋弧焊机　半自动埋弧焊机的主要功能是可在难以实现自动电弧焊的工件上（例如中心线不规则的焊缝、短焊缝、施焊空间狭小的工件等）进行焊接。

2）自动埋弧焊机　自动埋弧焊机按照工作需要，被做成不同的形式。常见的形式有焊车式、悬挂式、机床式、悬臂式和门架式等，其中使用最普遍的是 MZ‐1000 型焊机。MZ‐1000 型焊机为焊车式，采用电弧电压自动调节（变速送丝）系统，送丝速度正比于电弧电压。

（二）埋弧焊辅助设备

埋弧焊时，为了调整焊接机头与工件的相对位置，使接缝处于最佳的施焊位置，或为达到预期的工艺目的，一般都需有相应的辅助设备与焊机相配合。埋弧焊的辅助设备大致有以下几种类型：

1）焊接夹具　使用焊接夹具的目的在于使工件准确定位并夹紧，以便于焊接。这样可以减少或免除定位焊缝并且减少焊接变形。

2）工件变位设备　这种设备的主要功能是使工件旋转、倾斜、翻转，以便把待焊的接缝置于最佳的焊接位置。常用的工件变位设备有滚轮架、翻转机和变位机等。

3）焊机变位设备　变位设备的主要功能是将焊接机头准确地送到待焊位置，焊接时可在该位置操作；或是以一定速度沿规定的轨迹移动焊接机头进行焊接。它们大多与工件变位机、焊接滚轮架等配合使用，完成各种工件的焊接。

4）焊缝成形设备　埋弧焊的电弧功率较大，钢板对接时，为防止熔化金属的流失和烧穿并促使焊缝背面成形，往往需要在焊缝背面加衬垫。最常用的焊缝成形设备，除铜垫板和陶瓷衬垫外，还有焊剂垫。焊剂垫有用于纵缝和用于环缝两种基本形式。

5）焊剂回收输送设备　焊剂回收输送设备是用来在焊接过程中自动回收并输送焊剂以提

高焊接自动化程度的设备。采用压缩空气的吸压式焊剂回收输送器可以安装在小车上使用。

三、埋弧焊常用焊接材料及焊接参数

(一) 焊丝

埋弧焊用的焊丝与焊条电弧焊焊条钢芯相同,均应符合《熔化焊用钢丝》(GB/T 14957—1994)中的标准。

埋弧焊所用焊丝有实心焊丝和药芯焊丝两类。目前实心焊丝在生产中使用较普遍,但在造船等行业中,药芯焊丝的应用发展迅速。

焊丝直径的选择依用途而定。半自动埋弧焊所用焊丝较细,一般直径为 1.6 mm、2 mm、2.4 mm、2.5 mm 或 3.2 mm,以便能顺利地通过软管,并且使焊工在操作中不会因焊丝的刚度而感到困难。自动埋弧焊一般使用直径为 3.2～6 mm 的焊丝。在同一电流值时,使用较小直径的焊丝,能获得加大焊缝熔深、减小熔宽的工艺效果。

焊丝表面应当洁净光滑,焊接时能顺利地送进,以免给焊接过程带来干扰。除不锈钢焊丝和有色金属焊丝外,各种低碳钢和低合金钢焊丝的表面最好镀铜。镀铜层既可起防锈作用,也可改善焊丝与导电嘴的电接触状况。

(二) 焊剂及型号编制方法

埋弧焊使用的焊剂是颗粒状可熔化的物质,其作用相当于焊条的药皮。焊剂按制造方法可分为熔炼焊剂和烧结焊剂。

1) 熔炼焊剂　HJ 表示熔炼焊剂,后加三个阿拉伯数字。第一位数字表示焊剂中氧化锰的含量,第二位数字表示焊剂中二氧化硅、氟化钙的含量,第三位数字表示同一类型焊剂的不同牌号。

2) 烧结焊剂　SJ 表示烧结焊剂,后加三个阿拉伯数字。第一位数字表示焊剂熔渣的渣系,第二位、第三位数字表示同一渣系类型焊剂中不同牌号的焊剂。

(三) 焊剂和焊丝的选配

(1) 碳素钢和低合金高强度钢,常采用高锰高硅焊剂配低锰焊丝或用低锰高硅焊剂配高锰焊丝。

(2) 强度等级较高的低合金高强度钢的焊接,常选用中锰中硅或低锰中硅型焊剂配合与钢材强度相匹配的焊丝。

(3) 低温钢、耐热钢、耐蚀钢的焊接可选用中硅或低硅型焊剂配合相应的合金钢焊丝。不同钢种焊接用的焊剂与焊丝配用见表 3-11。

表 3-11　不同钢种焊接用的焊剂与焊丝配用

焊剂型号	用　途	焊剂颗粒度 (mm)	配用焊丝	适用电流种类
HJ130	低碳钢、普低钢	0.45～2.5	H10Mn2	交、直流
HJ131	Ni 基合金	0.3～2	Ni 基焊丝	交、直流
HJ150	轧辊堆焊	0.45～2.5	2Cr13、3Cr2W8	直流

（续表）

焊剂型号	用　途	焊剂颗粒度（mm）	配用焊丝	适用电流种类
HJ172	高 Cr 铁素体钢	0.3～2	相应钢种焊丝	直流
HJ173	Mn－Al 高合金钢	0.25～2.5	相应钢种焊丝	直流
HJ230	低碳钢、普低钢	0.45～2.5	H08MnA、H10Mn2	交、直流
HJ250	低合金高强钢	0.3～2	相应钢种焊丝	直流
HJ251	珠光体耐热钢	0.3～2	Cr－Mo 钢焊丝	直流
HJ260	不锈钢、轧辊堆焊	0.3～2	不锈钢焊丝	直流
HJ330	低碳钢及普低钢重要结构	0.45～2.5	H08MnA、H10Mn2	交、直流
HJ350	低合金高强钢重要构件	0.45～2.5	Mn－Mo、Mn－Si 及含 Ni 高强钢用焊丝	交、直流
HJ430	低碳钢及普低钢重要构件	0.2～1.4	H08A、H08MnA	交、直流
HJ431	低碳钢及普低钢重要构件	0.45～2.5	H08A、H08MnA	交、直流
HJ432	低碳钢及普低钢重要构件（薄板）	0.2～1.4	H08A	交、直流
HJ433	低碳钢	0.45～2.5	H08A	交、直流
SJ101	低合金结构钢	0.3～2	H08MnA、H08MnMoA、H08Mn2MoA	交、直流
SJ301	普通结构钢	0.3～2	H08MnA、H08MnMoA、H10Mn2、H08Mn2MoA	交、直流

（四）埋弧焊焊接参数的选择

埋弧焊焊接参数都是事先选择好的，电弧在一定厚度的焊剂层下燃烧，焊工无法观察熔池情况而随时调整。所以，正确合理地选择埋弧焊参数，不仅能保证焊缝的成形和质量，而且能提高生产率。埋弧焊焊接参数主要是焊接电流、电弧电压、焊接速度，其他参数有焊丝直径与伸出长度、焊丝与工件的倾斜角度、装配间隙与坡口大小。

选择埋弧焊焊接参数的原则是：保证电弧稳定燃烧，焊缝形状尺寸符合要求，表面成形光洁整齐，内部无气孔、夹渣、裂纹、未焊透、焊瘤等缺陷。

四、埋弧焊操作技术和安全技术

（一）埋弧焊操作技术

1）对接直焊缝焊接技术　对接直焊缝的焊接方法有两种基本类型，即单面焊和双面焊；根据钢板厚度又可分为单层焊、多层焊，以及各种衬垫法和无衬垫法。

（1）焊剂垫法埋弧焊。在焊接对接焊缝时，为了防止熔渣和熔池金属的泄漏，采用焊剂垫作为衬垫进行焊接。

（2）手工焊封底埋弧焊。对无法使用衬垫的焊缝，可先行用手工焊进行封底，然后再采用埋弧焊。

（3）悬空焊。悬空焊一般用于无坡口、无间隙的对接焊，它不用任何衬垫，装配间隙要求非常严格。为了保证焊透，正面焊时要焊透工件厚度的 40%～50%，背面焊时必须保证焊透工件厚度的 60%～70%。

（4）多层埋弧焊。对于较厚钢板，一次不能焊完的，可采用多层焊。第一层焊时，既要保证焊透，又要避免裂纹等缺陷。每层焊缝的接头要错开，不可重叠。

2）对接环焊缝焊接技术　圆筒形对接环缝的埋弧焊，要采用带有调速装置的装有滚轮胎架。如果需要双面焊，第一遍需将焊剂垫放在下面筒体外壁焊缝处，将焊接小车固定在悬臂架上，伸到筒体内采用平焊，焊丝应偏移到中心线下坡焊位置上。第二遍正面焊接时，在筒体外上平焊处进行施焊。

3）角接焊缝焊接技术　埋弧焊的角接焊缝主要出现在 T 形接头和搭接接头中，一般可采取船形焊和斜角焊两种形式。

（二）埋弧焊操作安全要求

（1）埋弧焊机的小车轮子要有良好绝缘，导线应绝缘良好，工作过程中应理顺导线，防止扭转及被熔渣烧坏。

（2）控制箱和焊机外壳应可靠接地（零）和防止漏电，接线板罩壳必须盖好。

（3）焊接过程中应注意防止焊剂突然停止供给而发生强烈弧光裸露灼伤眼睛。所以，焊工作业时应戴防护眼镜。

（4）操作前，焊工应穿戴好个人防护用品，如绝缘鞋、皮手套、工作服等；注意检查焊机各部分导线的连接是否良好、可靠。

（5）半自动埋弧焊的焊枪应有固定放置处，以防短路。

（6）埋弧焊熔剂的成分中有氧化锰等对人体有害的物质，焊接时虽不像焊条电弧焊那样产生可见烟雾，但会产生一定量的有害气体和蒸气，所以在工作地点最好有局部的抽气通风设备。

（7）埋弧焊使用的设备、机具发生电气故障或机械故障时，应立即停机，通知专业维修人员进行修理，不得自行动手拆修。

（8）在进行大直径外环缝埋弧焊时，应执行登高作业的有关规定。

（9）埋弧焊工作结束，必须切断焊接电源。自动焊车要放在平稳的地方；半自动埋弧焊的手把应搁放妥当，特别要防止手把带电部位与其他物件碰靠，造成短路产生电弧及飞溅而伤人。

第五节　等离子弧焊接与切割

一、等离子弧概述

等离子弧焊接与切割是利用高温（15 000～30 000 ℃）的等离子弧来进行焊接和切割的工艺方法，这种工艺方法不仅能焊接和切割常用工艺方法所能加工的材料，而且能焊接或切割一般工艺方法难以加工的材料。

（一）等离子弧产生的原理

焊接电弧就是使中性气体电离并持续放电的现象,若使气体完全电离,而得到完全由带正电的离子和带负电的电子所组成的电离气体,这就称为等离子体。它是一种特殊的物质状态,现代物理学上把它列为物质第四态。由于等离子体具有较好的导电能力,可承受很大的电流密度,并能受电场和磁场的作用,具有极高的温度和导热性,能量又高度集中,因而对熔化一些难熔的金属或非金属非常有利。

一般的焊接电弧未受到外界的压缩,弧柱截面随着功率的增加而增加,因而弧柱中的电流密度近乎常数,其温度也就被限制在 6 000～8 000 K,这种电弧称为自由电弧,电弧中的气体电离是不充分的。如在提高电弧功率的同时,限制弧柱截面的扩大或减小弧柱直径,即对自由电弧的弧柱进行强迫"压缩",就能获得导电截面收缩得比较小、能量更加集中、弧柱中气体几乎可达到全部等离子体状态的电弧,这就称为等离子弧。

对自由电弧的弧柱进行强迫压缩作用称为"压缩效应",使弧柱产生"压缩效应"有如下三种形式:

1）机械压缩效应　如图 3 - 15a 所示,当在钨极 1（负极）和焊件 3（正极）之间加上一较高的电压,通过激发使气体电离形成电弧 2,此时若弧柱通过具有特殊孔型的喷嘴 4,并同时送入一定压力的工作气体时,使弧柱强迫通过细孔道,便受到了机械压缩,使弧柱截面积缩小,这就称为机械压缩效应。

2）热收缩效应　当电弧通过水冷却的喷嘴,同时又受到外部不断送来的高速冷却气流（如氮气、氩气等）的冷却作用,弧柱外围受到强烈冷却,使其外围的电离度大大减弱,电弧电流只能从弧柱中心通过,即导电截面进一步缩小,这时电弧的电流密度急剧增加,这种作用就称为热收缩效应,如图 3 - 15b 所示。

3）磁收缩效应　带电粒子在弧柱内的运动,可看作电流在一束平行的"导线"内移动,由于这些"导线"自身的磁场所产生的电磁力,使这些"导线"相互吸引,因此产生磁收缩效应。由于前述两种效应使电弧中心的电流密度已经很高,使得磁收缩作用明显增强,从而使电弧更进一步地受到压缩,如图 3 - 15c 所示。

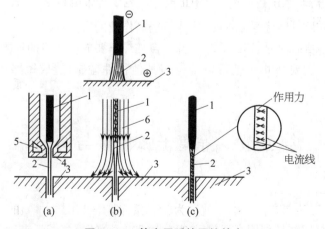

图 3 - 15　等离子弧的压缩效应

（a）机械压缩效应；（b）热收缩效应；（c）磁收缩效应
1—钨极；2—电弧；3—焊件；4—喷嘴；5—冷却水；6—冷却气流

在以上三种效应的作用下，弧柱被压缩到很窄的范围内，弧柱内的气体也得到了高度的电离，温度也达到极高的程度，逐渐使电弧成为稳定的等离子弧。

等离子弧的产生，在生产实践上是通过如图3-16所示的发生装置来实现的，即先通过高频振荡器8的激发，使气体电离形成电弧，然后在上述压缩效应作用下，形成等离子弧6。

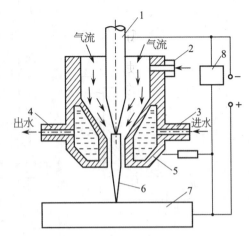

图3-16 等离子弧发生装置原理
1—钨极；2—进气管；3—进水管；4—出水管；
5—喷嘴；6—等离子弧；7—焊件；
8—高频振荡器

(二) 等离子弧的特点

1) 能量高度集中　由于等离子弧有很高的导电性，能承受很大的电流密度，因而可以通过极大的电流，故具有极高的温度；又因其截面很小，则能量高度集中（能量密度可达 $10^5 \sim 10^6$ W/cm²）。等离子弧温度高（弧柱中心温度 18 000～24 000 K），焰流速度大（可达 300 m/s），一般等离子弧在喷嘴出口中心温度已达 20 000 ℃；而用于切割的等离子弧，在喷嘴附近温度可达 30 000 ℃。这些特点使得等离子弧广泛应用于焊接、喷涂、堆焊及切割。

2) 电弧的温度梯度极大　等离子弧的横截面积很小，从温度最高的弧柱中心到温度最低的弧柱边缘，温度的差别非常大。

3) 电弧挺度好　所谓电弧挺度，就是在热收缩和磁收缩等效应的作用下，电弧沿电极轴向挺着的程度。由于等离子弧电离程度极高，放电过程稳定，弧柱呈圆柱形挺度好，使焊件受热面积几乎不变。等离子弧挺度好，扩散角一般为5°左右，基本上是圆柱形，弧长变化对工件上的加热面积和电流密度影响比较小。所以，等离子弧焊弧长变化对焊缝成形的影响不明显。

4) 具有很强的机械冲刷力　等离子弧发生装置内通入常温压缩气体，受电弧高温加热而膨胀，在喷嘴的阻碍下使气体的压缩力大大增加，当高压气流由喷嘴的细小通道中喷出时，可达到很高的速度（可超过声速），所以等离子弧有很强的机械冲刷力。

5) 等离子弧呈中性　由于等离子弧中正离子和电子等带电粒子所带的正、负电荷数量相等，则整个等离子弧呈中性。

(三) 等离子弧的类型

根据电极的不同接法，等离子弧可以分为非转移弧、转移弧、联合型弧三种。

1) 非转移弧　电极接负极，喷嘴接正极，等离子弧产生于电极和喷嘴内表面之间（图3-17a），连续送入的工作气体穿过电弧空间之后，成为从喷嘴内喷出的等离子焰来加热熔化金属。其加热能量和温度较低，故不宜用于较厚材料的焊接与切割。

2) 转移弧　电极接负极，焊件接正极，电弧首先在电极与喷嘴内表面间形成。当电极与焊件间加上一个较高电压后，就在电极与焊件间产生等离子弧，电极与喷嘴间的电弧就熄灭。即电弧转移到电极与焊件间，这个电弧就称为转移弧（图3-17b）。高温的阳极斑点就在焊件上，提高了热量有效利用率，所以可用作切割、焊接和堆焊的热源。

3) 联合型弧　转移弧和非转移弧同时存在，就称为联合型弧（图3-17c），主要用于微束等离子弧焊接和粉末堆焊等。

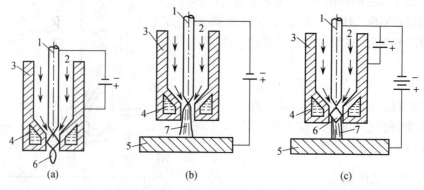

图 3 - 17　等离子弧的类型

(a) 非转移弧；(b) 转移弧；(c) 联合型弧

1—钨极；2—等离子气；3—喷嘴；4—冷却水；5—焊件；6—非转移弧；7—转移弧

二、等离子弧电源、电极材料及工作气体

(一) 等离子弧电源

与一般电弧焊电源相同，等离子弧电源要求具有陡降的外特性。但是为了便于引弧，对一般等离子弧焊接、喷焊、堆焊来说，要求电源空载电压为 80 V 以上；对等离子弧切割和喷焊，一般要求空载电压在 180 V 以上；对自动切割或大厚度切割，甚至可以高达 400 V 以上。

目前，等离子弧所采用的电源，绝大多数为具有陡降外特性的直流电源，这些电源有的就利用普通的弧焊发电机，有的采用硅整流弧焊机。根据某种工艺或材料焊接的需要，有的要求有垂直下降外特性的直流电源（微束等离子弧焊接），有的则需要交流电源（等离子粉末堆焊——喷焊；用微束等离子弧焊接铝及铝合金）。

(二) 等离子弧电极材料

目前，常用的等离子弧电极材料是含少量钍（2% 以内）的钨极或铈钨极，它比纯钨的电子发射能力强，因此在同样直径下可使用较大的工作电流，烧损也较慢。另外，如用锆作电极，便可使用空气作工作气体，因它在空气中工作时，表面可以形成一层熔点很高的氧化锆及氮化锆；若在氮与氢的混合气中工作，其寿命接近钍钨极。但锆电极在氩气中工作时，几分钟就消耗完了。

(三) 等离子弧工作气体

常用等离子弧的工作气体是氮气、氩气、氢气及其混合气体，用得最广泛的是氮气。因为氮气的成本很低，化学性能不十分活泼，使用时危险性小。氮气纯度应不低于 99.5%，若其中氧或水气含量较高时，会使钨极严重烧损。

氩气是惰性气体，在焊接化学活泼性较强的金属时，是良好的保护介质。一般氩气纯度在95% 以上即可满足要求。氩气价格虽较氮气高，但在惰性气体中，它的成本最低。

氢气作为等离子弧的工作气体，具有最大的热传递能力，在工作气体中混入氢气，会明显提高等离子弧的热功率。但氢气是一种可燃气体，与空气混合后易燃烧或爆炸，故不常单独使用,多与其他气体混合使用。

在国外,有时还使用氦气作等离子弧的工作气体,它也是一种惰性气体,从物理和化学性能来说,是一种很好的工作气体,但因氦气在空气中的含量极低,故成本较高,因而使用很少。

三、等离子弧焊接

等离子弧焊接可以手工操作,也可以自动焊接;可以添加填充金属施焊,也可以不加填充金属施焊。除能焊接碳钢外,还能焊接不锈钢、铜合金、镍合金及钛合金等。采用微束等离子弧焊接,可以焊接厚度为 0.01 mm 的不锈钢箔。

1. 普通等离子弧焊接

一般采用 30 A 以上电流,最适合焊接 3 mm 以上的板材。利用小孔效应正面焊反面成形,焊接生产率高。焊接厚度小于 3 mm 的薄板,可采用非转移弧。为使焊接区域不受大气污染并获得良好的保护,除喷嘴中通有离子气流外,在喷嘴与保护套外环之间也通有惰性保护气体。

2. 微束等离子弧焊接

一般工作电流小于 30 A,弧柱直径小,称为微束或微弧。与普通等离子弧焊接的主要区别在于:工作时转移弧和非转移弧同时存在(联合型弧)。非转移弧一方面用来引导转移弧,另一方面为转移弧提供足够的电离质点,以维持电弧的稳定燃烧。非转移弧的工作电流一般在 5 A 以下。微束等离子弧的非转移弧引燃有两种方法:一种是接触式引弧,常用于手工焊;另一种是非接触式引弧,常用于自动焊。

3. 脉冲等离子弧焊接

将等离子弧焊接电流调制成基值电流和脉冲电流,其波形如图 3-18 所示。基值电流又称维弧电流,不起熔化金属作用。而脉冲电流起着熔化金属的作用,这就是脉冲等离子弧焊接。这种焊接方法拓宽了焊接参数的调节范围,有助于满足各种接头形式及空间位置的焊接要求。

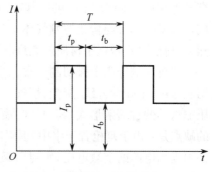

图 3-18　脉冲波形

T—周期; t_p—脉冲电流时间; t_b—基值电流时间; I_p—脉冲电流; I_b—基值电流

四、等离子弧切割

利用等离子弧的热能实现切割的方法,称为等离子弧切割。

等离子弧切割是以高温高速的等离子弧为热源,将被切割的金属或非金属局部迅速熔化,同时利用压缩的高速气流的机械冲刷力,将已熔化的金属或非金属吹走而形成狭窄切口的过程。它与用氧乙炔焰主要依靠金属氧化来实现切割的实质是完全不同的,因此等离子弧切割可以切割用氧乙炔焰所不能切割的所有材料,是一种常用的金属和非金属材料切割工艺方法。

1. 等离子弧切割特点

1) 可切割任何黑色或有色金属　等离子弧可以切割各种高熔点金属及其他切割方法不能切割的金属,如不锈钢、耐热钢、钛、钼、钨、铸铁、铜、铝及其合金等。

2) 可切割各种非金属材料　在采用非转移弧时,由于割件不接电,所以在这种情况下还能切割各种非导电材料,如耐火砖、混凝土、花岗石、碳化硅等。

3)切割速度快、生产率高　在目前采用的各种切割方法中,等离子弧切割的速度比较快,生产率比较高。

4)切割质量高　等离子弧切割时,能得到比较狭窄、光洁、整齐、无粘渣、接近于垂直的切口,而且切口的变形和热影响区较小,其硬度变化也不大。

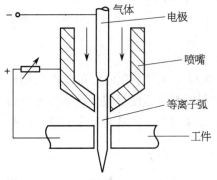

图 3-19　等离子弧切割原理

2. 等离子弧切割分类

等离子弧切割分为普通等离子弧切割、水再压缩等离子弧切割和空气等离子弧切割三种。

1)普通等离子弧切割　有转移弧和非转移弧之分,非转移弧适宜切割非金属材料。图 3-19 所示为等离子弧切割原理示意,等离子弧切割的离子气与切割气共用一路气体,所以割炬结构简单。为提高等离子弧能量,切割气宜采用双原子气体。

切割薄板可采用小电流等离子弧(微束等离子弧)。

2)水再压缩等离子弧切割　水再压缩等离子弧除切割气流外,还从喷嘴中喷出高速水流。高速水流有三种作用:①增加喷嘴的冷却,从而增强电弧的热收缩效应;②一部分压缩水被蒸发,分解成氢与氧一起参与构成切割气体;③由于氧的存在,特别在切割低碳钢和低合金钢时,引起剧烈的氧化反应,增强了材质的燃烧和熔化。

水再压缩等离子弧切割通常在水中进行,这样不仅减小了割件的热变形,而且水还吸收了切割噪声、电弧紫外线、灰尘、烟气、飞溅等,因而大大改善工作环境。图 3-20a、b 分别表示压缩水的两种喷射形式,其中径向喷水式对电弧的压缩作用更强烈。水再压缩等离子弧切割的缺点是:由于割枪置于水中,引弧时先要排开枪体内的水,因而离子气流量增大,引弧困难,必须提高电源的空载电压;水对引弧高频电有强烈的吸收作用,因而在割枪结构上要增强枪体与水的隔绝,必须提高高频振荡器的功率;水的电阻比空气小得多,因而易于发生双弧现象。

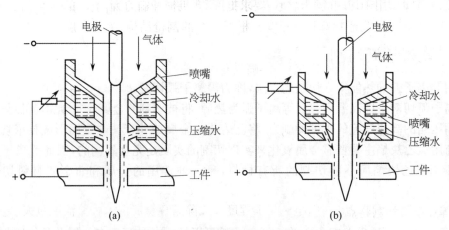

(a)　　　　　　　　　　　　(b)

图 3-20　水再压缩等离子弧切割原理

(a)径向喷水式;(b)环形喷水式

3）空气等离子弧切割　空气等离子弧切割分为两种形式,图3-21a所示的离子气和切割气都为压缩空气,因而割枪结构简单,但压缩空气的氧化性很强,不能采用钨极,而应采用纯锆、纯铪或其合金做成镶嵌式电极。图3-21b所示的等离子气为惰性气体,切割气为压缩空气,因而割枪结构复杂,但可以采用钨极。空气等离子弧的温度为18 000 ℃±1 000 ℃,分解和电离后的氧会与割件金属产生强烈的氧化反应,因而适宜切割碳钢和低合金钢。

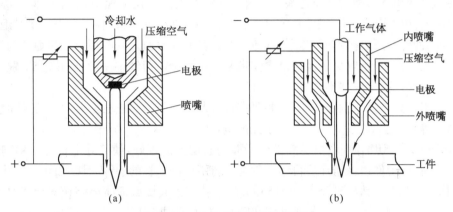

图3-21　空气等离子弧切割原理

（a）单一空气式；（b）复合式

3. 等离子弧切割设备

等离子弧切割设备主要由切割电源、供气及供水系统、割枪、控制电路和切割机组成。

切割电源采用陡降或垂降外特性的直流电源,采用空气或双原子气体作为工作气体时,空载电压大于150 V才能可靠引弧。水再压缩等离子弧切割用电源的空载电压一般大于400 V。

4. 等离子弧切割参数

等离子弧切割参数主要有空载电压、切割电流、切割速度、气体流量、喷嘴高度等。

1）空载电压　用于切割的等离子弧要求挺度好,机械冲刷力大,电源的空载电压要高,这样易于引弧和稳弧,也易于提高切割速度。根据选定的割枪结构、喷嘴高度及气体流量,配用相应空载电压的电源。

2）切割电流　切割电流与电极尺寸、喷嘴孔径、切割速度有关。电流过大,易烧损电极及烧毁喷嘴,易产生双弧和割口表面粗糙。当其他参数一定时,切割电流I与喷嘴孔径d的关系如下列经验公式所示

$$I = (70 \sim 100)d$$

3）切割速度　切割速度取决于割件材质和厚度、切割电流、空载电压、气体种类及流量、喷嘴孔径及离割件表面的高度等。切割速度的快慢会影响割口的质量。

4）气体流量　气体流量影响电弧压缩程度和吹除熔化金属的效果。流量过大,电弧趋于不稳定。

5）喷嘴高度　喷嘴离割件表面的高度与割枪结构有关,一般为6～8 mm。切割厚板时,

高度可选大些。

6）内缩（钨极至喷嘴的距离）　合适的内缩可使电弧在喷嘴内受到良好的压缩，电弧稳定，切割能力强。内缩太大，对割件加热效率低，甚至破坏电弧的稳定性；内缩太小，等离子弧压缩效果差，切割能力减弱，并易造成钨极和喷嘴短路而烧坏喷嘴。内缩一般取 6～11 mm 为宜。

5. 等离子弧切割操作技术

非转移型等离子弧切割和氧乙炔气体火焰切割在技术上比较相似，由于转移型等离子弧切割需要和工件构成电回路，工件是等离子弧存在不可缺少的一极，在操作中如果割炬和工件距离过大就要断弧，所以操作起来不如气体火焰切割那样自由。同时还由于割炬结构较大，使切割时的可见性差，也给等离子弧切割操作带来一定困难。但经过一段时间操作实践，掌握好等离子弧切割操作技术也并不困难。

进行手工等离子弧切割操作时，主要要掌握好起切方法、切割速度、喷嘴到工件的距离和割炬的角度等。

1）起切方法　切割前，应把切割工件表面的起切点清理好，使其导电良好。切割时应从工件边缘开始，待工件边缘切穿后再移动割炬。若不允许从板的边缘起切（如切割内孔），则应根据切割板厚，在板上钻出直径为 8～15 mm 的小孔作为起切点，以防由于等离子弧的强大吹力，使熔渣四下飞溅，堵塞喷嘴孔或堆积在喷嘴端面，形成"双弧"，烧坏喷嘴，使操作难以进行。当工件厚度不大时，也可不预先钻孔。切割时将割炬在切口平面内后倾一个角度，或将切割件放在倾斜成垂直的位置，使熔渣容易排开，直至切透后再恢复正常的切割姿势和位置。

2）切割速度　如前所述，切割速度过大或过小，都不能获得满意的切口。速度过大，会造成切不透，即使勉强切透，但后拖量太大，也容易造成翻浆损坏喷嘴。速度过小，势必无谓地消耗能量，降低生产率，甚至还会因工件已经切透，阳极斑点向前远离，导致电弧而熄灭，使切割过程中断。掌握好切割速度，使其均匀合适是十分重要的。一般是在保证切透的前提下，切割速度应尽量大一些。另外，在起切时要适当掌握好割炬移动速度，起切时工件是冷的，割炬应停留一段时间，使切割件充分预热，待切穿后才能开始移动割炬。但停留时间过长，会使起切处切口过宽，甚至因阳极斑点已向前离去而使电弧拉得过长而熄灭。待电弧已稳定燃烧，工件已切透时，割炬应立即向前移动。

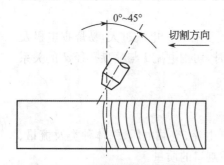

图 3-22　切割时割炬的后倾角

3）喷嘴到工件的距离　在整个切割过程中，喷嘴到工件的距离最好保持恒定，距离波动会和切割速度掌握不匀一样，使切口不平整。

4）割炬的角度　在整个切割过程中，割炬应与欲形成的切口平面保持一致，否则切口平面发生偏斜且不光洁，底面会形成熔瘤。为了提高切割质量和生产率，可将割炬在切口所在平面内向切割的相反方向倾斜 0°～45°（图 3-22）。切割薄板时，此后倾角可大些。采用大功率切割厚板时，后倾角不能太大。

6. 等离子弧切割常见的故障、产生原因及改善措施

等离子弧切割常见的故障、产生原因及改善措施见表 3-12。

表 3－12　等离子弧切割常见的故障、产生原因及改善措施

故障	产 生 原 因	改 善 措 施
产生"双弧"	电极对中不良	调整电极和喷嘴孔的同心度
	割炬气室的压缩角太小或压缩孔道过长	改进割炬结构尺寸
	喷嘴水冷差	加大冷却水流量
	切割时等离子弧焰流上翻或是熔渣飞溅至喷嘴	改变割炬角度或先在工件上钻好切割孔
	钨极的内伸长度较长,气体流量太小	减小钨极内伸长度,增大气体流量
	喷嘴离工件太近	把割炬稍加抬高
小弧引不起来	高频振荡器放电间隙不合适	调整高频振荡器放电间隙
	钨极内缩过大或与喷嘴短路	调整钨极内缩量
	未接通引弧气流	检查引弧气流回路
断弧(主要指由小弧转为切割电弧时)	割炬抬得过高(转移型)	适当压低割炬
	工件表面有污垢或导线与工件接触不良	切割前把工件表面清理干净或用小弧烧一遍待切的区域,导线与工件接触要良好
	喷嘴压缩孔道太长或喷嘴孔径太小	改变喷嘴的结构尺寸
	气体流量太大	减小气体流量
	钨极内伸长度太长	把钨极适当下调
	电源空载电压低	提高电源空载电压或增加电机串联台数
钨极烧损严重	钨极材料不合适	应采用钍钨极、铈钨极
	气体纯度不高	改用纯度高的气体或设法提纯
	电流密度太大	改用直径大一些的钨极或减小电流
	气体流量太小	适当加大气体流量
	钨极头部磨得太尖	钨极头部角度增大些
喷嘴使用寿命短	钨极与喷嘴的同心度不良	切割前调好钨极与喷嘴的同心度
	气体纯度不高	改用纯度高的气体
	切割电流一定时,喷嘴孔径小或压缩孔道长	改用大一些的喷嘴孔径或适当减小压缩孔道长度
	喷嘴冷却不良	设法加强冷却水对喷嘴的冷却,若喷嘴壁厚,可适当减薄
喷嘴急速烧坏	主要因产生"双弧"而烧坏	出现"双弧"时,应立即切断电源,然后找出产生"双弧"的原因加以克服
	气体严重不纯,钨极成段烧断,致使喷嘴与钨极短路	换用纯度高的气体或增加提纯装置
	操作不慎,喷嘴与工件短路	防止喷嘴与工件短路

（续表）

故障	产生原因	改善措施
喷嘴急速烧坏	忘记通水或工作时突然断水,转弧时气体流量没有加大或突然停气	最好采用水压开关和电磁气阀,气路最好采用硬橡胶管
切口熔瘤	等离子弧功率不够	适当加大功率
	气体流量过小或过大	把气体流量调节合适
	切割速度过低	适当提高切割速度
	电极偏心或割炬在割缝两侧有倾角时,易在切口一侧造成熔瘤	调整电极的同心度,割炬应保持在割缝所在平面内
	切割薄板时,在窄边易出现熔瘤	加强窄边的散热
切口太宽	电流太大	适当减小电流
	气体流量不够,电弧压缩不好	适当增大气体流量
	喷嘴孔径太大	适当减小喷嘴孔径
	喷嘴至工件的距离过大	把割炬压低些
切口面不光洁	工件表面有油锈、污垢	切割前将工件清理干净
	气体流量过小	适当加大气体流量
	切割速度和割炬高度不均匀	熟练操作技术
切不透	等离子弧功率不够	增大功率
	切割速度太快	降低切割速度
	气体流量太大	适当减小气体流量
	喷嘴与工件距离太大	把喷嘴压低

五、等离子弧焊接与切割安全操作技术

1. 电击防护

等离子弧焊接与切割作业的主要危险因素是电击。

与其他弧焊电源相比,等离子弧焊接和切割所用电源的空载电压较高,所以在作业时其发生电击的可能性也较其他电弧焊方法高。尤其是手工操作的等离子弧焊接与切割作业,电击的危险性更大。因此,在等离子弧焊接与切割作业的安全防护中,应特别注重防止电击。

防电击基本安全措施如下:

（1）作业人员穿戴的个人防护用品必须符合安全要求。

（2）等离子弧焊接与切割电源设备必须经检查确认具有可靠的接地后,方可接通电源。

（3）焊枪或割枪的枪体及手触摸部位必须可靠绝缘。

（4）转移型等离子弧焊接或切割时,可采用低电压引燃非转移弧后,再接通较高电压的转移弧回路。

（5）更换喷嘴和电极时,必须先切断电源。

（6）手把上外露的启动开关必须套上绝缘橡胶套管。

（7）每次移动电源设备后,要认真检查接地是否可靠。

（8）作业人员脚下垫 5 mm 以上的绝缘胶板。

（9）尽量采用远距离控制的自动切割技术。

2. 高频电辐射防护

等离子弧焊接与切割一般都采用高频振荡器引弧，产生的电磁辐射对人体有致热作用，危害操作者健康。为此应采取如下方法：

（1）选择合适的高频振荡器频率，频率在 120～160 kHz 时产生的电磁场强为 3 V/m，这既能击穿火花发生器，又较其他频率范围产生的电磁场强低，危害较小。

（2）高频作用时间越短，对人体危害程度越低，故在转移弧引燃后，立即可靠地切断高频振荡器电路。

3. 弧光辐射防护

电弧光辐射主要有紫外线辐射、可见光辐射与红外线辐射。等离子弧较其他电弧的光辐射强度更大，尤其是紫外线强度，故对皮肤损伤严重。操作者在焊接或切割时，必须戴上面罩、手套，颈部也要保护。自动操作时，应在操作者与操作区设置防护屏。

4. 噪声防护

等离子弧电压高，气体流量大，工作时会产生高强度、高频率的噪声，尤其采用大功率等离子弧切割时，噪声强度可达 120～130 dB 以上，对操作者的听觉系统和神经系统非常有害。噪声防护措施有：

（1）戴耳塞或耳罩进行个人防护。

（2）采用自动焊接或切割，操作者可在隔音良好的工作室内遥控。

（3）等离子弧切割在水中进行，利用水来吸收噪声，约可降低 20 dB。

5. 灰尘与烟气防护

等离子弧焊接和切割过程中伴随有大量汽化的金属蒸气、臭氧、氮化物等。尤其切割时，由于气体流量大，致使工作场地的灰尘大量扬起，这些烟气与灰尘对操作人员的呼吸道、肺等产生严重影响。因此，要求工作场地必须配置良好的通风设施。切割时，在栅格工作台下方还要设置排风装置，图 3 - 23 所示为地上抽风装置，被切割工件放置在一个栅格工作台上，切割

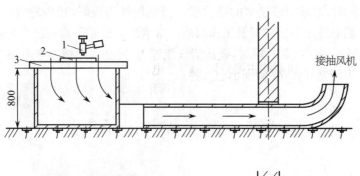

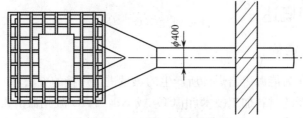

图 3 - 23　地上抽风装置

1—割炬；2—切割工件；3—栅格工作台

时产生的烟尘几乎全部被抽到厂房外面,抽风机的功率为 7 kW。图 3 - 24 所示是地下抽风装置,栅格工作台就在地面上,工作台下面是一个地坑,由地下抽风管道通到厂房外面。

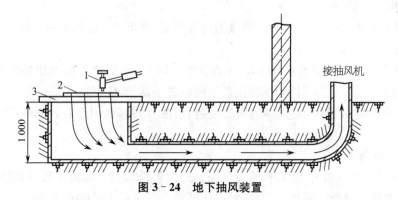

图 3 - 24　地下抽风装置
1—割炬;2—切割工件;3—栅格工作台

切割小件时,还可使用水工作台。实际上就是把工件架到一个水箱上,水面距工件 20～30 mm,也可紧贴在水面上,切割时熔化的切口金属落入水箱,吹向下方的金属粉尘及烟气也被吸收到水中。

6. 其他安全措施

(1) 设备应安放于干燥、清洁和通风良好的地方。

(2) 使用压缩空气需设汽水分离器,并及时放掉积水。切割前应先通气 3 min,以排除管道中的凝结湿气,当压缩空气压力小于 0.3 MPa 时,应能自动启动闭锁设备。

(3) 停止切割后,应继续输出压缩空气,以冷却割炬。

(4) 引弧时,不得将喷嘴与工件接触。

(5) 更换电极时,不仅要先切断电源,还要待其冷却后方能进行,以免造成灼伤。

(6) 赤手接触带放射性的电极后,应立即用肥皂将手洗干净。

(7) 磨削电极时,最好用带喷水的砂轮机。当使用钍钨极时,用砂轮磨削时应戴口罩,磨完后用流动水和肥皂洗净手。口罩及工作服应经常清洗。砂轮下面应经常进行湿式打扫。

(8) 如使用氩气、氮气、氢气瓶时,要认清气瓶标志,并必须严格遵守有关气瓶安全管理的规章制度。氢气为可燃气体,要特别小心火种。

第六节　激光焊与电子束焊

一、激光焊接概述

(一) 激光焊接的定义

以聚焦的激光束作为能源轰击焊件所产生的热量进行焊接的方法,称为激光焊接。

激光焊接是一门新的材料加工技术,由 CO_2 或 Nd：YAG 激光器谐振腔输出的红外激光束,经光学系统聚焦后形成高能量密度的辐射热源对金属材料表面进行扫描,通过激光与材料的相互作用,使材料局部快速熔化而实现焊接。

激光焊接技术在制造领域的应用稳步增长,由脉冲到连续,由小功率到大功率,由薄板到厚件,由简单焊缝到复杂形状,激光焊接在不断的发展过程中已经逐步成为一种成熟的现代加工工艺技术。激光焊接分为脉冲激光焊接和连续激光焊接,在连续焊接中又可分为热传导焊接和深穿透焊接。随着激光输出功率的提高,特别是高功率 CO_2 激光器的出现,激光深穿透技术在国内外都得到了迅速发展,最大的焊接深宽比已经达到了 12∶1,激光焊接材料也由一般低碳钢发展到了目前的焊接镀锌板、铝板、钛板、铜板和陶瓷材料,激光焊接速度达到了每分钟几十米,激光焊接技术日益成熟,并大量应用到生产线上,如汽车生产线中的齿轮焊接、汽车底板及结构件(包括车门车身)的高速拼焊。

(二) 激光焊接的特点

相对于常规焊接方法,激光焊接的特点是对材料的加热时间短,材料的热影响区窄小,被焊工件的热变形小。同时,焊缝材料的晶粒度也明显小于其他的焊接方法,故焊缝具有良好的抗拉、抗冲击、耐腐蚀、外观好等特点。特别是 YAG 激光,因其波长为 $1.06\ \mu m$,比 CO_2 激光波长 $10.6\ \mu m$ 小一个数量级,使得 Nd：YAG 激光束能量能被金属材料更好地吸收而转换为熔接热能,焊接效率有效提高。同时,也因其波长短,激光束自谐振腔输出后,便可用石英光纤进行传输,可在生产线上利用机器人和 CNC 数控加工系统进行几乎任意空间轨迹的焊接运动。这些特点都特别适宜于汽车车身及板件的焊接或切割裁剪加工。

常用焊接与切割激光器特点见表 3-13。

表 3-13　常用焊接与切割激光器特点

激　光　器	波长(μm)	振荡方式	重复频率 (Hz)	输出功率或能量范围	主要用途
红宝石激光器	0.694 3	脉冲	0～1	1～100 J	点焊、打孔
钕玻璃激光器	1.06	脉冲	0～10	1～100 J	点焊、打孔
YAG 激光器 (钇铝石榴石)	1.06	脉冲、连续	0～400	1～100 J 0～2 kW	点焊、打孔 焊接、切割、表面处理
密封式 CO_2 激光器	10.6	连续		0～1 kW	焊接、切割、表面处理
横流式 CO_2 激光器	10.6	连续		0～25 kW	焊接、表面处理
快速轴流式 CO_2 激光器	10.6	连续、脉冲	0～500	0～6 kW	焊接、切割

1. 激光焊接优点

(1) 聚焦后的功率密度可达 $10^5 \sim 10^7\ W/cm^2$,甚至更高,加热集中,完成单位长度、单位厚度焊件焊接所需的热输入少,因而焊件产生的变形极小,热影响区也很窄,特别适宜于精密度焊接和微细焊接。

(2) 可获得深宽比大的焊缝,焊接厚件时可不开坡口,一次成形。

(3) 适宜于难熔金属、热敏感性强的金属,以及热物理性能悬殊、尺寸和体积悬殊工件间的焊接。

(4) 可穿过透明介质对密闭容器内的焊件进行焊接。

(5) 可借助反射镜使光束达到一般焊接方法无法施焊的部位,YAG 激光还可用光纤传输,可达性好。

（6）激光束不受电磁干扰，无磁偏吹现象存在，适宜于磁性材料焊接。

（7）不需真空室，不产生 X 射线，观察及对中方便。

2. 激光焊接缺点

激光焊的设备投资较大，对高反射率的金属直接进行焊接比较困难。

（三）激光焊接的原理

激光焊接是激光与非透明物质相互作用的过程，这个过程表现为反射、吸收、加热、熔化、汽化等现象。

1）光的反射及吸收　光束照在清洁磨光的金属表面时，都存在强烈的反射。金属对光束的反射能力与它所含的自由电子密度有关，自由电子密度越大，即电导率越大，反射本领越强。对同一种金属而言，反射率还与入射光的波长有关。波长较长的红外线主要与金属中的自由电子发生作用，而波长较短的可见光和紫外光除与自由电子作用外，还与金属中的束缚电子发生作用，而束缚电子与照射光作用的结果则使反射率降低。总之，对于同一种金属，波长越短，反射率越低，吸收率越高。

2）材料的加热　一旦激光光子入射到金属晶体，光子即与电子发生非弹性碰撞，光子将能量传递给电子，使电子由原来的低能级跃迁到高能级。与此同时，金属内部的电子间也在不断相互碰撞。每个电子两次碰撞间的平均时间间隔为 10^{-13} s，因此吸收了光子而处于高能级的电子将在与其他电子的碰撞及晶格的相互作用中进行能量的传递，光子的能量最终转化为晶格的热振动能，引起材料温度升高，改变材料表面及内部温度。

3）材料的熔化及汽化　激光焊接时材料达到熔点所需的时间为微秒级。脉冲激光焊接时，当材料表面吸收的功率密度为 10^5 W/cm² 时，达到沸点的典型时间为几毫秒；当功率密度大于 10^6 W/cm² 时，被焊材料会产生急剧的蒸发。在连续激光深熔焊接时，正是由于蒸发的存在，蒸气压力和蒸气反作用力等能克服熔化金属表面张力及液体金属静压力而形成小孔。小孔类似于黑体，它有助于对光束能量的吸收，显示出"壁聚焦效应"。由于激光束聚焦后不是平行光束，与孔壁间形成一定的入射角，激光束照射到孔壁上后，经多次反射而到达孔底，最终被完全吸收。

4）激光作用终止，熔化金属凝固　焊接过程中，焊件和光束进行相对运动，由于剧烈蒸发产生的强驱动力，使小孔前沿形成的熔化金属沿某一角度得到加速，在小孔的近表面处形成旋涡。此后，小孔后液体金属由于传热的作用，温度迅速降低，液体金属很快凝固形成焊缝。

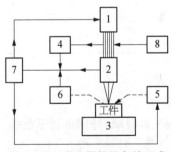

图 3-25　激光焊接设备的组成

1—激光器；2—光学系统；3—激光焊接机；4—辐射参数传感器；5—工艺介质输送系统；6—工艺参数传感器；7—控制系统；8—准直用 He-Ne 激光器

（四）激光焊接设备

激光焊接设备主要由激光器、光学系统、焊接机和控制系统组成，如图 3-25 所示。

1. 激光器的组成

1）激光器　激光焊接设备中的重要部分，提供加工所需的光能。对激光器的要求是稳定、可靠，能长期正常运行。

用于激光焊接的激光器主要有 CO_2 气体激光器和 YAG

固体激光器两种。两者优缺点比较见表 3-14。

表 3-14　CO₂ 气体激光器和 YAG 固体激光器的比较

名　称	波长 (μm)	可输出功率	光束质量	光纤传输	光学部件	运行消耗和维护
CO_2 气体激光器	10.6	大	好	不可	需特殊材料的光学部件,价格高	需消耗气体,清理电极较麻烦
YAG 固体激光器	1.06	小	次之	可	可用普通光学部件,便宜	必要时更换部件,维护简单

激光器最重要的性能是输出功率和光束质量。从这两方面考虑,CO_2 气体激光器相比 YAG 固体激光器具有很大优势,是目前深熔焊接主要采用的激光器,生产上的应用大多数还处在 1.5~6 kW 范围,但现在最大的 CO_2 气体激光器可达 50 kW。

而 YAG 固体激光器在过去相当长一段时间内提高功率有困难,一般功率小于 1 kW,用于薄小零件的微连接。但是近年来,国外在研制和生产大功率 YAG 固体激光器方面取得了突破性的进展,最大功率已达 5 kW。由于其波长短,仅为 CO_2 激光的 1/10,有利于金属表面吸收,可以用光纤传输,使光学系统大为简化。可以预料,大功率 YAG 激光焊接技术在今后一段时间内将获得迅速发展,成为 CO_2 激光焊接强有力的竞争对手。

2) 光学系统　用以进行光束的传输和聚焦。进行直线传输时,通道主要是空气,在进行大功率或大能量传输时,必须采取屏蔽措施,以免对人造成危害。在激光输出快门打开之前,激光器不对外输出。

3) 激光焊接机　该机用以产生焊件与光束间的相对运动,其精度对焊接或切割的精度影响很大。

4) 辐射参数传感器　主要用于检测激光器的输出功率和输出能量,并通过控制系统对功率或能量进行控制。

5) 工艺介质输送系统

(1) 输送惰性气体,保护焊缝。

(2) 大功率 CO_2 气体激光器焊接时,在熔池上方产生蒸气等离子体,输送适当的气体可将焊缝上方的等离子体部分吹走。

(3) 针对不同的焊接材料,输送适当的混合气以增加熔深。

6) 工艺参数传感器　主要用于检测加工区域的温度、焊件的表面状况及等离子体的特性等,以便通过控制系统进行必要的调整。

7) 控制系统　主要作用是输入参数,对参数进行实时显示、控制,并有保护和报警等功能。

8) He-Ne 激光器　一般采用小功率的 He-Ne 激光器,进行光路的调整和工件的对中。

以上是激光焊接设备的典型组成,实际上由于应用场合不同,加工要求不同,上述的八个部分不一定一一具备,各个部分的功能差别也很大,在选用设备时可酌情而定。

9) 导光聚焦系统　导光聚焦系统由圆偏振镜、扩束镜、反射镜或光纤、聚焦镜等组成,实现改变光束偏振状态、方向,传输光束和聚焦的功能。这些光学零件的状况对激光焊接质量有极其重要的影响。在大功率激光作用下,光学部件尤其是透镜性能会劣化,使透过率下降;会产生热透镜效应(透镜受热膨胀焦距缩短);表面污染也会增加传输损耗。所以光学部件的质量、维护和工作状态监测对保证焊接质量至关重要。

2. CO₂ 气体激光器

根据气体流动的特点，CO_2 气体激光器可分为密封式、轴流式、横流式和板条式四种。

3. YAG 固体激光器

激光工作物质（又称激光棒）是激光器的核心，全反射镜和部分反射镜组成谐振腔，固体激光器一般都采用光泵抽运，可用氙灯或氪灯。聚光腔用以将泵浦源发出的光通过反射，尽量多地照射到激光棒上以提高效率，并可使泵浦光在激光棒表面分布均匀，形成较好的光耦合，提高输出激光的质量。

典型 YAG 激光焊机光路系统是由激光振荡、能量检测及扩束、观察及聚焦三大部分组成。

4. 激光焊接机

激光焊接机的作用是实现光束与焊件之间的相对运动，完成激光焊接，分焊接专机和通用焊接机两种。后者常采用数控系统，有直角坐标二维、三维焊接机或关节型激光焊接机器人几种。

（五）激光焊接的种类

按焊接熔池形成的机理区分，激光焊接有两种基本模式：热导焊和深熔焊。前者所用激光功率密度较低，焊件吸收激光后，仅达到表面熔化，然后依靠热传导向焊件内部传递热量形成熔池。这种焊接模式熔深浅，深宽比较小。后者激光功率密度高，焊件吸收激光后迅速熔化乃至汽化，熔化的金属在蒸气压力作用下形成小孔，激光束可直照孔底，使小孔不断延伸，直至小孔内的蒸气压力与液体金属的表面张力和重力平衡。小孔随着激光束沿焊接方向移动时，小孔前方熔化的金属绕过小孔流向后方，凝固后形成焊缝，如图 3-26 所示。这种焊接模式熔深大，深宽比也大。在机械制造领域，除了微薄零件之外，一般应选用深熔焊。

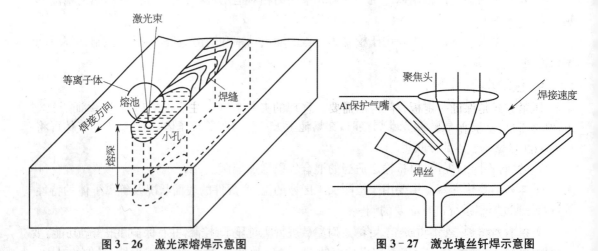

图 3-26　激光深熔焊示意图　　　　　　图 3-27　激光填丝钎焊示意图

深熔焊过程产生的金属蒸气和保护气体，在激光作用下发生电离，从而在小孔内部和上方形成等离子体。等离子体对激光有吸收、折射和散射作用，因此一般来说，熔池上方的等离子体会削弱到达焊件的激光能量，并影响光束的聚焦效果，对焊接不利。通常可辅加侧吹气驱除或削弱等离子体。图 3-27 所示为激光填丝钎焊示意图。小孔的形成和等离子体效应，使焊接过程中伴随具有特征的声、光和电荷产生，研究它们与焊接参数及焊缝质量之间的关系，及利用这些特征信号对激光焊接过程及质量进行监控，具有十分重要的理论意义和实用价值。

（六）激光焊接参数

1. 激光功率

可通过调整激光功率大小来控制到达焊件表面的能量，以取得不同的熔宽、熔深。

2. 焦点位置、大小

聚焦的激光束焦点处的能量最大，一般情况下均采用焦点处于焊件表面的方式来焊接。但也可以改变焦点的位置或大小，即采用离焦方式（焦点处于焊件表面以上或以下）来焊接，使得进入焊件的能量不同。特别是在激光钎焊中，激光焦点的位置和大小还可以影响焊丝的熔化，进而影响焊缝质量。

3. 焊接速度

焊接速度主要是指焊接机器人的行进速度，一般依据材料厚度的大小来设定。焊接速度过快，容易导致焊不透并引起飞溅（能量带入太快），过慢则容易焊穿。

4. 材料厚度

厚度不同的材料需要的焊接速度也不同，一定的材料厚度对应一定的焊接速度。

5. 板材间隙

待焊板材之间的间隙是影响焊接质量的一个重要参数，因为它是排除焊接过程中产生的金属蒸气的关键。若没有一定的间隙保证，则会产生飞溅、气孔等焊接缺陷。

6. 送丝速度

主要针对钎焊而言。焊丝的填送速度须与焊接速度保持一致，以保证均匀一致的焊缝质量。

7. 送丝电流

在钎焊中，可以通过送丝设备来调整加载在焊丝上的加热电流，从而合理利用激光发生器的发出功率，平衡用于熔化焊丝的能量。

8. 焊接角度

由于焊件及夹具位置等因素的影响，有时需要调整焊接角度。焊接角度的变化必然使能量有所损失（光束的反射），所以要通过改变焊接速度来补偿能量的损失。

9. 压紧方式

压紧方式是保证一定板材间隙的需要。合理的夹紧方式往往能事半功倍，既保证了良好的焊接质量，又提高了焊接效率。

10. 压紧力

一般通过压缩气体来提供。压缩气体的压力使压紧装置在焊接过程中始终压紧工件，保证了板材之间的间隙。

11. 焊缝类型

一般有对接焊缝、搭接焊缝、搭接角焊缝、弯边链接角焊缝等形式。不同的焊缝形式需要的焊接参数也不同。

12. 材质

镀锌与不镀锌钢板在焊接时需要区别对待，合理搭配焊接参数，特别是镀锌层在焊后的分布及材质的变化需要着重加以研究。

13. 焊前母材板料结合处的洁净

焊前母材板料的结合处应洁净，去除油污及锈迹，以避免产生影响接口结合的气孔与非金属夹杂物等缺陷。

14. 镀锌板件的层数

进行多层镀锌板件激光穿透焊时,镀锌板件的层数显然对焊接质量具有影响。

15. 侧吹和保护气体

侧吹用于驱除或削弱等离子体,防止表面氧化,保护气体可以保护激光器聚焦头不被烧焦。而侧吹和保护气体的流量过大,则会影响焊接功率。

二、激光切割概述

利用激光束的热能实现切割的方法,称为激光切割。激光切割具有精度高、切割快速、不受切割图案限制、切口平滑等特点。

(一) 激光切割的特点

1. 激光切割优点

(1) 由于激光束的光点小,功率密度高,可以进行高速切割,且切口和热影响区都很窄。

(2) 易于应用计算机数控技术实现自动化切割。

(3) 激光束的工作距离大,因而能对可达性差的零部件进行切割。

2. 激光切割缺点

激光切割设备价格较高。

(二) 激光切割的类型

激光切割可分为激光汽化切割、激光熔化切割、激光氧化切割以及激光划片与控制断裂。

1. 激光汽化切割

当激光束照射时,金属材料在割缝处迅速被加热汽化,并以蒸发的形式由切割区逸散掉。激光汽化切割多用于极薄金属材料,以及纸、布、木材、塑料、橡胶等。

2. 激光熔化切割

材料被迅速加热到熔点,材料的转移只发生在液态情况下,借助喷射惰性气体(如氩气、氦气、氮气等),将熔融材料从切缝中吹掉。激光熔化切割用于不锈钢、钛、铝及其合金等。

3. 激光氧化切割

金属材料被迅速加热到熔点以上,以纯氧或压缩空气作为辅助气体,此时熔融金属与氧剧烈反应,放出大量热的同时,又加热了下一层金属,金属继续被氧化,并借助气体压力将氧化物从切缝中吹掉。由于此效应,对于相同厚度的结构钢,采用该方法可得到的切割速度比熔化切割要高。激光氧化切割主要用于碳钢、钛钢及热处理钢等易氧化的金属材料。

4. 激光划片与控制断裂

划片是用激光在一些脆性材料表面刻上小槽,再施加一定外力使材料沿槽口断开。控制断裂是利用激光刻槽时产生陡峭的温度分布,在脆性材料中产生局部热应力,使材料沿刻槽断裂开。

(三) 激光切割设备

激光切割设备主要由激光器、导光系统、CNC控制的运动系统等组成,此外还有抽吸系统以保证有效去除烟气和粉尘。

激光切割时,割炬与工件产生的相对移动有三种情况:①割炬不动,工件通过工作台做运动,这主要用于尺寸比较小的工件;②工件不动,割炬移动;③割炬和工作台同时移动。

激光切割时,对割炬的要求如下:能喷射出足够的气流;气体喷射的方向和反射镜的光轴是同轴的;切割时金属的蒸气和金属的飞溅不损伤反射镜;便于调节聚焦镜。

根据切割材料的材质、厚度,选用激光切割不同的工艺参数,是掌握激光切割技术的有效方法。

三、激光焊接与切割安全操作技术

(一) 激光焊接与切割易造成的危害

激光强度高,能与身体组织产生极剧烈的光化学、光热、光动力、光游离、光波电磁场等交互作用而造成严重的伤害。周围的器材,尤其是可燃、易爆物,也会因而引起灾害。人眼的角膜与结膜没有受到如一般皮肤角质层的保护,最容易受到光束及其他环境因素的侵袭。激光的强度很高,以致在眼睑的反射动作产生保护作用之前,就造成伤害。因此在激光焊接时,一般建议尽量不要用眼睛直视激光,进行焊接操作时,必须佩戴激光焊接专用防护眼镜。

激光焊接一方面具有常规焊接的危险性和有害性(如机械伤害、触电、灼烫等);另一方面,其特有的危险性和有害性是激光辐射。

激光辐射眼睛或皮肤时,如果超过了人体的最大允许照射量,就会导致组织损伤。损伤的效应有热效应、光压效应和光化学效应三种。

最大允许照射量与波长、波宽、照射时间等有关,而主要的损伤机理与照射时间有关。照射时间为纳秒和亚纳秒时,主要是光压效应;照射时间为 100 ms 时,主要为光化学效应。

1. 对眼睛的危害

当眼睛被照射时,视网膜会被烧伤,引起视力下降,甚至会烧坏色素上皮和邻近的光感视杆细胞和视锥细胞,导致视力丧失。

我国激光从业人员的眼睛损伤率超过 1/1 000,其中有的基本丧失视力,所以对眼睛的防护要特别关注。

2. 对皮肤的危害

当脉冲激光的能量密度接近几焦耳每平方厘米或连续激光的功率密度达到 0.5 W/cm^2 时,皮肤就可能遭到严重的损伤。可见光波段(400~700 nm)和红外波段激光的辐射会使皮肤出现红斑,进而发展为水泡;极短脉冲、高峰值功率激光辐射会使皮肤表面炭化;对紫外线激光的危害和累积效应虽然缺少充分研究,但仍不可掉以轻心。

过量光照引起的病理效应见表 3-15。

表 3-15 过量光照引起的病理效应

光谱范围		眼 睛	皮 肤
紫外线	(180~280 nm)	光致角膜炎	红斑,色素沉着
	(280~315 nm)	光致角膜炎	加速皮肤老化过程
	(315~400 nm)	光化学反应	
可见光	(400~780 nm)	光化学和热效应所致的视网膜损伤	皮肤灼伤 光敏感作用,暗色
红外线	(780~1 400 nm)	白内障、视网膜灼伤	
远红外	(1.4~3.0 μm)	白内障、水分蒸发、角膜灼伤	
	(3.0 μm~1 mm)	角膜灼伤	

3. 附加辐射的危险性

激光的激发装置所产生未经放大的电磁辐射,会由激光装置的激光光出口或机壳的缝隙逸出。由于其中可能有游离辐射,如紫外线或 X 射线,所以可能引起伤害,尤其是长期曝照之后的危险性更大。

(二) 其他危险性

1. 高压电击

激光器与高压电(闪光灯的激励装置)及大电容储能装置等相连,存在致命电击的可能性。

2. 电路失火

当电路短路、超载,或电路旁的器材不耐高温,或撞击电路部分造成失火。

3. 电路组件爆裂

激光器中的电容器、变压器最有可能爆裂,造成击伤、失火、短路等。

4. 其他爆裂

激发激光用的强闪光灯,充有主动介质的气体管或离子体管,可能因为不小心碰撞而爆裂。

5. 低温冷剂或压缩气体的危险性

激光或侦测器等所用的低温冷剂或压缩气体,可能因容器(如钢瓶)不安全或放置不当而造成危险。

6. 有毒气体或粉尘

激光束与焊件相互作用过程中会产生对人体有害的物质;激光深熔焊时产生的某些金属烟雾是有害物质;剧烈等离子体的形成会产生臭氧。

(三) 作业现场、设备方面的安全技术

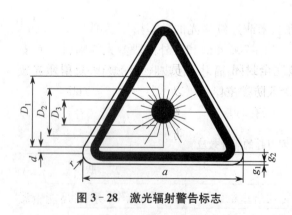

图 3 - 28　激光辐射警告标志

(1) 设备与房间表面应无光泽,宜敷设吸收体,以防反射,房间应妥善屏蔽。

(2) 激光设备及作业地点应设置在专门的房间内,并设有安全警示标志。

(3) 在激光加工设备上设置激光安全标志,激光器无论是在使用、维护或检修期间,标志必须永久固定。

激光辐射警告标志一律采用如图 3 - 28 所示的正三角形,标志中央为 24 条长短相间的阳光辐射线,其中长线 1 条、中长线 11 条、短线 12 条,图中各部分的尺寸见表 3 - 16。

(4) 激光器应装配防护罩以防止人员接收的照射量超过标准,或装配防护围封用于避免人员受到激光照射。最有效的措施是将整个激光系统置于不透光的罩子中。

(5) 工作场所的所有光路包括可能引起材料燃烧或二次辐射的区域都要予以密封,尽量使激光光路明显高于人体。

(6) 激光器工作能源为高压设备,应设护栏和安全标志,以防电击或灼伤。

表 3-16　激光辐射警告标志的几何尺寸　　　　　（单位：mm）

a	g_1	g_2	r	D_1	D_2	D_3	d
25	0.5	1.5	1.25	10.5	7	3.5	0.5
50	1	3	2.5	21	14	7	1
100	2	6	5	42	28	14	2
150	3	9	7.5	63	42	21	3.
200	4	12	10	84	56	28	4
400	8	24	20	168	112	56	8
600	12	36	30	252	168	84	12

（7）维修人员必须定期检查激光器中的电容器、变压器等电路组件，并做必要的更新，避免过度使用而爆裂，造成击伤、失火、短路等事故。

（8）设备必须有可靠的接地或接零装置，绝缘应良好，不可超载使用。

（9）对激光侦测器所用的低温冷剂或压缩气体的容器应定期检测，并按安全规定稳固放置。

（10）工作场所应有功能完善的局部抽气排烟设备，烟气排出之前应妥善过滤。

（11）激发激光用的强闪光灯，充有介质的气体管或等离子体管等，应有坚固的防护罩，防止受撞击而爆裂，并应防止摔落。

（四）个人防护安全技术

（1）作业前应显示指示灯，通知操作人员做好防护。

（2）作业时必须双人作业，一人操作一人监护。

（3）激光器运行过程中，任何时候不得窥视主射束。

（4）作业过程中如发现眼睛视物异常，应立即到医疗部门进行视力检查和治疗。

（5）加强个人防护。即使激光加工系统被完全封闭，工作人员亦有接触意外反射激光或散射激光的可能性，所以个人防护不能忽视。个人防护主要使用以下器材和防护用品：

① 激光防护眼镜。其最重要的部分是滤光片（有时是滤光片组合件），它能选择性地衰减特定波长的激光，并尽可能地透过非防护波段的可见辐射。激光防护眼镜有普通型、防侧光型和半防侧光型等类型。

② 激光防护面罩。实际上是带有激光防护眼镜的面盔，主要用于防紫外线和激光。

③ 激光防护手套。工作人员的双手最易受到过量的激光照射，特别是高功率、高能量激光的意外照射，对双手的威胁很大。

④ 激光防护服。防护服由耐火及耐热材料制成，是一种反射较强的白色防护服。

（6）对操作人员进行安全培训。

四、电子束焊概述

利用加速和聚焦的电子束轰击置于真空或非真空中的焊件所产生的热能进行焊接的方法，称为电子束焊。

（一）电子束焊的特点

1）功率密度大　电子束的功率密度可达 $10^6 \sim 10^9$ W/cm^2，相当于电弧功率密度的 $10 \sim$ 10 000 倍。

2）焊缝深宽比大　一般电弧焊的深宽比小于 2：1，而电子束焊接的深宽比可大于或等于 20：1。

3）熔池周围气氛纯度高　在真空度为 5×10^{-2} Pa 时，其污染程度为 0.66×10^{-6}，比 99.99% 的工业氩纯净数百倍。

4）工作距离大　电子束的工作距离可达几百毫米，而电弧的长度只有几毫米。

5）适应性强　电子束的功率可以在不到 1 kW 至上百千瓦的范围内调节，都能有效地焊出成形满意的焊缝。

由于上述特点，电子束焊接方法可以在一般电弧焊方法难以进行的场合施焊。

（二）电子束焊的优缺点

电子束焊与一般电弧焊方法相比，其优缺点见表 3 - 17。

表 3 - 17　电子束焊的优缺点

优　点	缺　点
（1）无论厚板或薄板的对接接头都可不开坡口，不加填充金属进行单道焊接； （2）在相同熔深时的输入线能量小，因而热影响区窄、变形小； （3）氢、氧、氮等有害气体对金属的污染程度降至最低； （4）能够进行高速焊，薄板焊接速度高达 $10 \sim 30$ m/min； （5）能够焊接内部保持真空度的密封件； （6）易于通过电磁力控制电子束的运动轨迹，达到改善焊缝质量的目的； （7）工作距离大，能达到电弧无法接近的部位； （8）借助穿透性电子束进行多层板一次焊接	（1）设备价格高昂，焊接费用大，当焊件厚度大于 50 mm 时，相比于埋弧焊才显示出其经济效益； （2）接头边缘要机械加工，接头间隙要小于 0.1 mm 板厚，且不能大于 0.2 mm； （3）真空室容积随焊件尺寸增大而增大。抽真空时间增长，焊接生产率降低； （4）夹具和焊件必须是非磁性物质，否则要进行完善的退磁处理

（三）电子束焊的工作原理

电子束是从电子枪中产生的。电子以热发射或场致发射方式从发射体（阴极）逸出。在 $25 \sim 300$ kV 的加速电压作用下，电子被加速到 $0.3 \sim 0.7$ 倍的光速，具有一定的动能，经电子枪中静电透镜和电磁透镜的作用，电子汇聚成功率密度很高的电子束。

电子束撞击焊件表面，电子的动能就转变为热能，金属迅速熔化和蒸发。在高压金属蒸气的作用下，熔化的金属被排开，电子束就能继续撞击深处的固态金属，很快在被焊焊件上"钻"出一个锁形小孔，小孔被液态金属包围。随着电子束与焊件的相对移动，液态金属沿小孔流向熔池后部，逐渐冷却、凝固形成焊缝。也就是说，电子束焊焊接熔池始终存在一个"小孔"，改变了焊接熔池的性质、传热规律，由一般熔焊方法的热导焊转变为穿孔焊，这是包括激光焊、等离子弧焊在内的高能束焊的共同特点。

(四) 电子束焊的分类

1) **按加速电压分类**　按加速电压,可分为高压电子束焊(120 kV 以上)、中压电子束焊(40～60 kV)和低压电子束焊(30 kV 以下)三类。

2) **按焊件所处环境的真空度分类**　按焊件所处环境的真空度,可分为高真空电子束焊(在 $10^{-4}～10^{-1}$ Pa 的压强下焊接)、低真空电子束焊(在 $10^{-1}～25$ Pa 的压强下焊接)、非真空电子束焊(电子束仍是在高真空条件下产生的)。

(五) 电子束焊设备

无论是高真空、低真空或非真空电子束焊设备,都是由电子枪、高压电源、真空系统、工作台及传动系统、控制系统等部分组成,如图 3-29 所示。

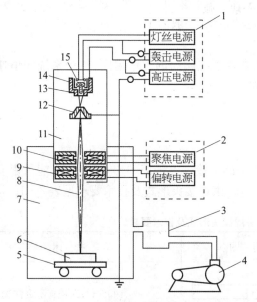

图 3-29　真空电子束焊机组成

1—高压电源系统;2—控制系统;3—扩散泵;
4—机械泵;5—焊接台;6—焊件;7—真空室;
8—电子束;9—偏转线圈;10—聚焦线圈;11—电子枪;
12—阳极;13—聚束极;14—阴极;15—灯丝

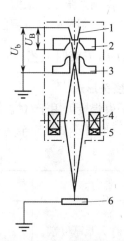

图 3-30　三极电子枪枪体示意图

1—阴极;2—偏压电极;3—阳极;
4—聚焦线圈(电磁透镜);5—偏转
线圈;6—焊件;U_b—加速电压;
U_B—偏压

1. 电子枪

电子枪是发射、形成和会聚电子束的装置,由电透镜、聚焦线圈(电磁透镜)和偏转线圈组成,如图 3-30 所示。电透镜包括电子发射体(阴极)、聚束极或控制极、阳极。

2. 高压电源

高压电源是指电子枪所需要的供电系统,通常包括高压电源、阴极加热电源和偏压电源。这些电源装在充油的箱体中,称为高压油箱。纯净的变压器油既可作为绝缘介质,又可作为传热介质将热量从电器元件传送到箱体外壁。电器元件都装在框架上,该框架又固定在油箱的盖板上,以便维修和调试。

3. 真空系统

真空系统常采用三种类型的真空泵：第一种是活塞片式机械泵，也称为低真空泵，能够将电子枪和工作室压强从大气压抽至 0.1 Pa 左右；第二种是扩散泵，用于将电子枪和工作室压强降到 0.01 Pa 以下，扩散泵不能直接在大气压下启动，必须与低真空泵配合组成高真空抽气机组；第三种是涡轮分子泵，它是抽速极高的高真空泵，不像扩散泵那样需要预热，同时也避免了油的污染，多用于电子枪的真空系统。

真空泵(亦称工作室)提供了电子束焊接的真空环境，同时将电子束与操作者隔离，防止电子束焊接时产生的 X 射线对人体和环境的伤害。真空室一般采用低碳钢和不锈钢制成，低碳钢制成的工作室内表面应镀镍或进行其他处理，以减少表面吸附气体飞溅及油污等，缩短抽真空时间和便于真空室的清洁工作。

4. 工作台及传动系统

工作台及传动系统是电子束与被焊零件产生相对移动，实现焊接轨迹，并在焊接过程中保持电子束与接缝的位置准确和焊接速度稳定的系统，一般由工作台、转台及夹具组成。

5. 控制系统

电气控制系统是用来完成电子枪供电、真空系统阀门的程序启闭、传动系统的恒速运动、焊接参数的控制及焊接过程的程控等功能的。

(六) 电子束焊工艺

1. 接头形式

电子束焊接可用于对接、搭接和 T 形接头的连接。电子束的焦点尺寸小、能量密度高、穿透力强，一般可不加填充金属进行对接焊。电子束焊接头形式及技术要求见表 3-18。

表 3-18　电子束焊接头形式及技术要求

名　称		简　图	技　术　要　求
对接	板厚相等		$b \leqslant 0.1\delta$
	板厚不等		
	锁底		b 不严格要求
搭接			可改成角接焊
			板厚不等时，薄板在上

（续表）

名　称	简　图	技　术　要　求
T 形接头		用于受力较小接头
		用于受力接头

2. 焊前清理

焊前清理不仅能防止焊缝金属的污染和避免缺陷产生,而且减少了工作室抽真空的时间。丙酮是最常用的去除油污的溶剂。不能被溶剂溶解的表面氧化膜或其他脏物,则用机械或化学方法去除。机械清理方法有刮、削、磨或不加冷却液的其他机加工,但不推荐用金属丝刷子。

3. 焊接参数

能独立调节的焊接参数有加速电压、束流、焊接速度、焦点位置和尺寸。其中以加速电压对熔深的影响最大,束流次之,焊接速度最小。电子束焦点位置对焊缝形状的影响如图 3-31 所示。当焊件厚度大于 10 mm 时,焦点位置通常在焊缝熔深的 30％处;当厚度大于 50 mm 时,焦点位置在焊缝熔深的 50％～70％处。

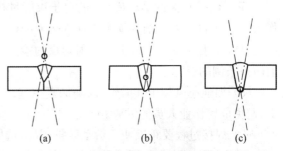

图 3-31　电子束焦点位置对焊缝形状的影响

（a）位置过高；（b）位置适中；（c）位置过低

（七）电子束焊易造成的危害

1. 电击

无论是低压型或高压型的电子束焊机,运行时都带有足以致命的高电压。

2. X 射线辐射

X 射线是由高速运动的电子束与其他物质撞击时产生的,其中大量的 X 射线是由电子束与焊件撞击时产生的。电子束在枪体内及在途径中与气体分子或金属蒸气质点相撞,也会产生相当数量的 X 射线。

3. 有毒有害烟雾和气体

电子束焊接时,会产生有毒有害的金属蒸气或烟雾,以及臭氧和氧化氮。

4. 眼睛伤害

（1）焊接前在调整电子束斑时,操作人员防护不当易损伤视觉。

（2）焊接时操作人员直接观察熔池,可见光对眼睛易产生伤害。

5. 灼伤

对难熔金属和异种金属焊前预热(有的高达 1 300～1 700 ℃),焊后退火的焊件如操作及防护不当,易造成灼伤。

五、电子束焊安全操作技术

电子束焊机提供的是高压、小电流功率,操作和使用电子束焊接设备的工作人员必须采取正确的安全防护措施,以免高压电击、X 射线辐射、烟气和光线的危害。

(1) 对于焊机中一切带有高电压的系统,都必须采取有效的安全防护措施。

(2) 高压电源和电子枪应有足够的绝缘和可靠的接地。绝缘试验电压应为额定电压的 1.5 倍。装置设专用地线,其接地电阻应小于 3 Ω,外壳应用截面积大于 12 mm^2 的粗铜线接地。

(3) 在更换阴极组件和维修时,应切断高压电源,并用放电棒接触准备更换的零件,以防电击。

(4) 对 60 kV 以下的电子束焊机的真空室,真空室结构设计制造采用足够厚度的钢板起防护 X 射线作用。高压电子束焊机(60 kV 以上)则应采用铅防护。

(5) 焊机应安装在用高密度混凝土建造的 X 射线屏蔽室内。操作者通过光学观察系统或工业电视系统,在屏蔽室外监控。

(6) 应备有在焊机运行时防止误入或被关闭在屏蔽室内的安全措施。

(7) 焊接时,大约不超过 1‰的电子束能量将转变为 X 射线辐射,我国规定对无监护的工作人员允许的 X 射线剂量不大于 0.25 mR/h(1 R = 2.58×10^{-4} C/kg)。因此,每隔一定时间必须对电子束设备进行 X 射线辐射剂量的检测,以确保设备操作场所始终符合有关 X 射线辐射防护条例的规定。

(8) 加强通风和排气措施,以确保真空室内及作业场所的有害气体浓度降至安全水平以下,避免危害作业人员的健康。

(9) 焊接过程要正确使用劳动防护用品,选用合适的面罩及滤光镜片。

(10) 焊接时应先打开通风设备,再接通焊接设备。

(11) 要严格检查真空室是否密闭,防止 X 射线逸出。

(12) 工作中不可触及设备的带电部分。

(13) 操作者站立处的地面上应铺绝缘垫,并检查设备、工具等,使之达到正常、完好和方便的操作状态。

(14) 操作电子枪不得疏忽麻痹,严防高压触电。

(15) 不要用肉眼直接观察熔池,必要时应戴防护眼镜,避免眼睛损伤。

第七节　堆　　焊

一、堆焊概述

(一) 堆焊的原理

堆焊是采用焊接方法将具有一定性能的材料熔敷在工件表面的一种工艺过程。

堆焊的目的与一般焊接方法不同,不是为了连接工件,而是对工件表面进行改性,以获得所需的耐磨、耐热、耐蚀等特殊性能的熔敷层,或恢复工件因磨损或加工失误造成的尺寸不足。这种工艺过程主要是实现异种金属的冶金结合,属于异种金属熔化焊的一种特殊形式。

(二) 堆焊的特点

(1) 堆焊层与基体金属的结合是冶金结合，结合强度高，抗冲击性能好。

(2) 堆焊层金属的成分和性能调整方便，一般常用的焊条电弧焊堆焊焊条或药芯焊条调节配方很方便，可以设计出各种合金体系，以适应不同的工况要求。

(3) 堆焊层厚度大，一般堆焊层厚度可在 2～30 mm 内调节，更适合于严重磨损的工况。

(4) 节省成本，经济性好。当工件的基体采用普通材料制造，表面用高合金堆焊层时，不仅降低了制造成本，而且节约大量贵重金属。在工件维修过程中，合理选用堆焊合金，对受损工件的表面加以堆焊修补，可以大大延长工件寿命，延长维修周期，降低生产成本。

(5) 由于堆焊技术是通过焊接的方法增加或恢复零部件尺寸，或使零部件表面获得具有特殊性能的合金层，所以对于能够熟练掌握焊接技术的人员而言，其难度不大，可操作性强。

(三) 堆焊的分类

堆焊技术是熔焊技术的一种，因此凡是属于熔焊的方法都可用于堆焊。按实现堆焊的条件，常用堆焊方法的分类见表 3-19。

表 3-19　常用堆焊方法的分类

堆 焊 方 法		稀释率（%）	熔敷速度（kg/h）	最小堆焊厚度（mm）	熔敷效率（%）
氧乙炔火焰堆焊	手工送丝	1～10	0.5～1.8	0.8	100
	自动送丝	1～10	0.5～6.8	0.8	100
	粉末堆焊	1～10	0.5～1.8	0.2	85～95
焊条电弧堆焊		10～20	0.5～5.4	3.2	65
钨极氩弧堆焊		10～20	0.5～4.5	2.4	98～100
熔化极气体保护电弧堆焊		10～40	0.9～5.4	3.2	90～95
其中：自保护电弧堆焊		15～40	2.3～11.3	3.2	80～85
埋弧堆焊	单丝	30～60	4.5～11.3	3.2	95
	多丝	15～25	11.3～27.2	4.8	95
	串联电弧	10～25	11.3～15.9	4.8	95
	单带极	10～20	12～36	3.0	95
	多带极	8～15	22～68	4.0	95
等离子弧堆焊	自动送粉	5～15	0.5～6.8	0.25	85～95
	手工送粉	5～15	1.5～3.6	2.4	98～100
	自动送丝	5～15	0.5～3.6	2.4	98～100
	双热丝	5～15	13～27	2.4	98～100
电渣堆焊		10～14	15～75	15	95～100

为了最有效地发挥堆焊层的作用，希望采用的堆焊方法有较小的母材稀释率、较高的熔敷速度和优良的堆焊层性能，即优质、高效、低稀释率的堆焊技术。

$$稀释率 = \frac{堆焊层中基体金属总量}{堆焊层金属总量}$$

稀释率高,基体金属混入堆焊层中的量多,改变了堆焊合金的化学成分,将直接影响堆焊层的固有性能。因此,堆焊时,常希望获得较低的稀释率,以充分发挥堆焊合金性能,达到预期目的。

(四) 堆焊的应用

堆焊主要用于制造新零件与修复旧零件两个方面。作为焊接领域的一个分支,堆焊技术的应用范围非常广泛,堆焊技术的应用几乎遍及所有的制造业,如矿山机械、输送机械、冶金机械、动力机械、农业机械、汽车、石油设备、化工设备,建筑以及工具模具及金属结构件的制造与维修中也大量应用堆焊技术。

通过堆焊可以修复外形不合格的金属零部件及产品,或制造双金属零部件。采用堆焊可以延长零部件的使用寿命,降低成本,改进产品设计,尤其对合理使用材料(特别是贵重金属)具有重要意义。

1. 恢复工件尺寸堆焊

(1) 磨损或加工失误造成工件尺寸不足,是厂矿企业经常遇到的问题。用堆焊方法修复上述工件是一种很常用的工艺方法,修复后的工件不仅能正常使用,很多情况下还能超过原工件的使用寿命,因为将新工艺、新材料用于堆焊修复,可以大幅度提高原有零部件的性能。

(2) 如冷轧辊、热轧辊及异型轧辊的表面堆焊修复,农用机械(拖拉机、插秧机、收割机等)磨损件的堆焊修复等。据统计,用于修复旧工件的堆焊合金量占堆焊合金总量的72.2%。

2. 耐磨损、腐蚀堆焊

磨损和腐蚀是造成金属材料失效的主要因素,为了提高金属工件表面耐磨性和耐蚀性,以满足工作条件的要求,延长工件使用寿命,可以在工件表面堆焊一层或几层耐磨或耐蚀层。就是将工件的基体与表面堆焊层选用具有不同性能的材料,制造出双金属工件。由于只是工件表面层具有合乎要求的耐磨、耐蚀等方面的特殊性能,所以充分发挥了材料的作用与工作潜力,而且节约了大量的贵重金属。

(五) 堆焊的设备构成

堆焊设备包括电源、电焊机、送丝机构、供气设备及工、辅具等。

1. 堆焊用通用弧焊机

目前,通用弧焊机在堆焊设备中占有很大比重,常用的有半自动焊机及自动焊机。

2. 堆焊专用焊机

埋弧自动堆焊除了可采用一般的自动焊机外,目前我国还生产了四种专用焊机:

1) 埋弧自动堆焊机

(1) MU-2×300型双头埋弧自动堆焊机。这种堆焊机用于堆焊磨损了的火车车轮轮缘。它由机头、控制箱及弧焊电源等部分组成。

(2) MU1-1000型自动带极堆焊机。这种堆焊机用于修复磨损零件或在普通碳钢上堆焊高合金钢或不锈钢来制造各种机械零件,具有节约合金、熔深浅、稀释率低和生产率高等优点。

(3) MU2-1000型悬臂式单头纵环缝带极埋弧堆焊机。这种堆焊机是堆焊内径大于1.5 m的大型管道、容器、油罐、锅炉环缝的大型专用设备;若改变其自动焊头的安装方式,也可对位于平面的轧辊等零件堆焊,还可在低碳钢上堆焊不锈钢等。

（4）MU3 - 2×1000 型悬臂式双头内环缝带极自动埋弧堆焊机。这种堆焊机是堆焊内径大于 2 m 的大型管道、容器、油罐和锅炉等的内环缝的专用设备。

埋弧自动堆焊机由升降架、支撑台、焊车、控制箱及弧焊电源等部分组成。它有两台焊机，能各自单独或同时进行焊接工作。焊机有变速和等速两种送带方式可供选用。焊接速度为无级调节，焊速稳定。

2）CO_2 气体保护内圆孔自动立堆焊机　该焊机专门用于机车车辆、石油钻探机械及各种机械设备修理中的内圆孔堆焊修复工作。例如蒸汽机车和车辆的车轮轮毂孔、摇连杆孔和石油机械泥浆泵的修复等。

3）等离子弧堆焊机

（1）等离子弧热（冷）丝堆焊机。我国生产的 LS - 500 - 2 型双热丝等离子弧焊机由出机架、控制箱及电源等部分组成。该焊机主要用于丝极材料（不锈钢、纯铜及铜合金等）的等离子弧堆焊。

冷丝堆焊在工艺和堆焊质量上都较稳定，可应用于各种阀门、气阀及其他各种耐磨、耐腐蚀零件的堆焊。

（2）等离子弧粉末堆焊机。LU - 150 型等离子弧粉末堆焊机可用于堆焊直径小于 320 mm 的圆形工件，如各种阀门的端面、斜面、轴的外圆以及直线焊缝等。该焊机由控制箱、堆焊机、控制盒及焊接电源等部分组成。在使用焊机过程中，改变非转移型电弧的电流，可以控制粉末的熔融状况；改变转移型电弧的电流，可以控制工件的加热、焊缝的熔深和稀释率；调节送粉量和焊接速度，可以控制堆焊层的厚度；改变焊炬横向摆动幅度，则可以获得不同的堆焊宽度。

LUP - 300 型及 LUP - 500 型等离子弧粉末焊机具有一定的通用性。它们与一定的机械设备配套，能适应各种几何形状的工件表面的堆焊，如平面、圆柱面、圆锥面及圆环面等。该设备采用两套电源，能在较大范围内对电弧电流进行调节，所以堆焊层成形好、无焊接缺陷，能适用于不同熔点的合金粉末堆焊。这种焊机的控制方式有手控、位校和时控。这样不但便于调节焊接规范，且在成批生产时可实现自动化。调速电源采用硅晶体管整流，分别控制三台直流电机。该焊机由电源、控制箱、喷焊枪、送粉器等部分组成，操作灵活简单，适用于电站锅炉、化工、石油机械、汽车拖拉机等易磨损零件的堆焊。

4）自动振动堆焊机　NU - 300 - 1 型自动振动堆焊机主要由堆焊机床和控制箱所组成。堆焊机床主要用来夹持被焊工件，并使之转动，堆焊机床有自动进给装置，以便使堆焊小车移动而获得环形、螺旋形或直线形的堆焊波。堆焊机床由床身、主轴箱、堆焊小车、尾座、冷却系统等部分组成。控制箱由弧焊整流器、电感器和控制器等组成。

（六）堆焊工艺参数

1. 氧乙炔焰堆焊工艺

氧乙炔焰的堆焊工艺与气焊工艺差别不大。两者相同的是，都包括焊前零件表面的清理、焊前预热、焊后缓冷，操作方法、焊接参数的选择、焊接缺陷及变形的防止等也相同；与气焊不同的是对火焰能率的选择，堆焊时希望熔深越浅越好，因此在保证适当生产率的同时，应尽量采用较小号的焊炬和焊嘴堆焊，使稀释率与合金元素的烧损降至最低程度。

2. 手工电弧堆焊工艺

手工电弧堆焊工艺与焊条电弧焊工艺基本相同，主要的区别是规范参数有所不同。堆焊时要求熔深越浅越好，因此应尽量采用小电流、低电压和慢焊速，使稀释率与合金元素的烧损率降至最低。堆焊操作时还应注意以下事项。

1）防止堆焊层金属开裂　一般堆焊层金属的硬度高、塑性低,特别是母材与堆焊层金属成分相差较大时,金属的线膨胀系数差别较大,从而引起相当大的内应力,易使堆焊层金属在堆焊后的冷却过程中产生开裂。防止开裂的主要方法是设法减小堆焊时的焊接应力,这可通过下述方法达到:

（1）工件进行焊前预热和焊后缓冷。这是防止开裂的主要措施。堆层开裂倾向的大小与工件及堆焊层金属的碳含量和合金元素的多少有关,所以预热温度往往依据所用的焊接材料的碳当量来估算,见表 3 - 20。

表 3 - 20　根据碳当量选择预热温度

碳当量(%)	预热温度(℃)	碳当量(%)	预热温度(℃)
0.40	100 以上	0.70	250 以上
0.50	150 以上	0.80	300 以上
0.60	200 以上		

（2）堆焊过渡层法（又称打底焊法）。即先用塑性好、强度不高的普通焊条或不锈钢焊条进行打底焊,这样也可以减小内应力,防止开裂。对堆焊层金属硬度很高,且预热有困难的工件,采用此法相当有效。

2）防止堆焊层金属的硬度不符合要求　堆焊层硬度主要取决于堆焊焊条的合金成分和焊后热处理。为此,堆焊过程中要尽量降低稀释率和减少合金元素的烧损,为此常选用小电流、短弧堆焊。

3）防止堆焊件变形　对细长轴及直径大而壁厚不大的圆筒形零件表面堆焊时,要注意防止焊后变形。一般可采用夹具或焊上临时支撑铁,以增大零件刚度;采用预先反变形法、对称焊法或跳焊法,也可以防止或减小堆焊件变形。

4）提高堆焊效率　在保证堆焊质量的前提下,应设法提高手工电弧堆焊的效率。

（1）将堆焊表面放在倾斜或立焊位置,进行横焊,每焊一道先不打渣就连续堆焊并排的另一道,直至把表面堆焊完一层再打渣。这种方法效率高,堆焊层表面光洁,且母材熔化较少。操作熟练时,平焊位置也可以不打渣连续堆焊。

（2）采用模具使堆焊层按模具的形状强迫成形,可以提高堆焊的尺寸精度,提高工效,节约焊条并减少堆焊后的加工量。例如堆焊切边模具、刀具及排气阀等工件时,常采用石墨或纯铜模,强迫堆焊熔敷金属成形。

（3）堆焊内孔壁时,往内孔填砂进行堆焊,可提高生产效率。

（4）采用多条焊、填丝焊等也可提高堆焊效率。

3. 自动埋弧堆焊工艺

堆焊工艺参数主要包括堆焊电流、电弧电压、堆焊速度、焊丝送进速度和焊丝直径,其次是焊丝伸出长度、堆焊螺距、焊丝的倾斜位置、堆焊工件的倾斜位置、焊剂的颗粒度、堆焊电流的种类及极性等,都应正确地选择。

1）堆焊电流　堆焊电流增大时,熔深也随之增加,但堆焊焊缝宽度增加不大。而堆焊电流增大,焊丝的熔化速度会加快,使焊缝堆高量显著增加,甚至会造成焊缝的堆高部分与母材之间不能圆滑过渡,引起堆焊焊缝的应力集中。堆焊电流对堆焊焊缝形状的影响如图 3-32 所示,为此堆焊电流应适当控制。

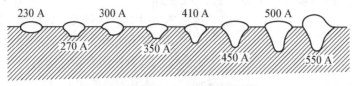

焊丝直径为2 mm,材料为低碳钢

图 3-32 堆焊电流对堆焊焊缝形状的影响

2)电弧电压 电弧电压随着电弧长度的变化而变化。电弧长度增大时,电弧电压升高,使电弧作用于工件的面积增大,熔宽显著增加;电弧电压减小时,堆焊焊缝宽度减小。

当电弧长度伸长时,电弧吹向熔池金属的力减小,电弧热传递至工件的距离增大。因此,用过高的电弧电压堆焊时,工件的熔深略有减小。为了得到稀释率低、成形好的堆焊层,堆焊电流与电弧电压应有良好的配合,它们适宜的配合可参考表 3-21。

表 3-21 堆焊电流与电弧电压适宜的配合

堆焊电流(A)	焊丝直径 2 mm 电弧电压(V)	焊丝直径 5 mm 电弧电压(V)
180~300	26~30	—
300~400	30~34	—
500~600	34~38	—
600~700	—	38~40
700~800	—	40~42
850~1 000	—	40~43
1 000~1 200	—	40~44

3)堆焊速度 堆焊速度直接影响堆焊焊缝的成形。在保持其他规范参数不变的情况下,堆焊速度过小,电弧停留时间长,单位堆焊焊缝长度受到的电弧热增加,熔深增加;同时,由于单位时间内焊丝的熔敷量增加,使堆焊层加厚,焊缝(焊道)加宽,工件受热变形大。堆焊速度过大,则堆焊焊缝和熔深都将减小,甚至会造成熔化不良,使堆焊层结合强度下降。堆焊速度一般以 24~42 m/h 较为合适。

4)焊丝送进速度 自动埋弧堆焊的电流是由焊丝送进速度来调节的,反之送丝速度可按预定的堆焊电流进行控制。当焊丝直径为 1.5~2.2 mm 时,送丝速度为 60~180 m/h。

5)焊丝直径 当其他焊接参数不变时,焊丝直径增大,则弧柱的直径增大,电弧加热的范围扩大,从而使堆焊焊缝的宽度增加,熔深及堆高量相应减小;反之,焊丝直径减小,则弧柱直径减小,电流密度增加,从而使堆焊焊缝的熔深增加,熔宽减小。

6)焊丝伸出长度 焊丝伸出长度是指焊丝从导电嘴中伸出的长度。焊丝伸出长度增加,则伸出部分的电阻热增大,所受到的预热作用加强,焊丝熔化加快。特别是用细焊丝(≤φ3 mm)堆焊时,焊丝伸出长度对堆焊焊缝形状的影响更明显。根据试验,焊丝伸出长度通常为 20～60 mm。

7）堆焊螺距　轴类零件进行自动埋弧堆焊时,所取的焊丝轴向移动速度应足以使相邻的焊缝彼此重叠 1/3 左右,以保证堆焊层平整、无漏焊。

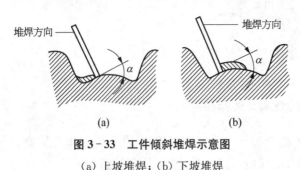

图 3-33　工件倾斜堆焊示意图

（a）上坡堆焊；（b）下坡堆焊

8）焊丝的倾斜位置　轴类零件一般都采用前倾位置堆焊法,焊丝的前倾角为 5°～8°,圆柱面最高点向与回转方向相反的一边移开的距离为 $L = 0.05D$,其中 D 为直径。

9）堆焊工件的倾斜位置　按工件的倾斜位置,可把堆焊分为上坡堆焊和下坡堆焊两种,如图 3-33 所示。下坡堆焊时,工件的倾斜角以 60°～80° 为宜;上坡堆焊时,工件的倾斜角小于 80° 为好。

二、堆焊安全操作技术

(一) 氧乙炔焰堆焊安全技术

氧乙炔焰焊接、堆焊和切割时,火灾和爆炸是主要危险。它所使用的能源乙炔和氧气是容易爆炸着火的气体,其主要设备乙炔发生器（或乙炔瓶）属于高压容器,因此使用要小心,要遵守安全规程。具体安全操作注意事项参考第四章"气焊与热切割方法及安全操作技术"。

(二) 手工电弧堆焊安全技术

手工电弧堆焊的安全问题和一般手工电弧焊接相同,主要在于防止触电,并防止火灾、爆炸和灼伤等事故的发生,与此同时也应注意设备本身的安全问题。手工电弧堆焊的安全操作要点为:

（1）焊前应检查焊机的外壳接地或接零,焊接线路的绝缘和接点是否完好。

（2）焊机空载电压不能太高,一般焊机电源:直流≤100 V,交流≤80 V。焊机带电的裸露部分和转动部分必须有防护罩。

（3）操作者自身、机器设备的转动部分等不得成为焊接电路,以防造成伤害事故。

（4）在改变焊机接线、转移焊机、改接焊件二次回路、更换保险以及堆焊完毕或临时离开工作现场时都应切断电源。

（5）防止飞溅、灼伤及弧光。

（6）操作者应穿戴好个人防护用品。

(三) 其他堆焊方法安全技术

其他堆焊方法除需注意以上类似问题之外,还有一些自身特点所要求的特别安全技术。

1. 埋弧自动堆焊

自动埋弧堆焊时,除为了防触电事故,焊工应穿戴绝缘胶鞋和防护手套;还由于堆焊电流大（比手弧焊高 3～5 倍）,其电弧温度和辐射强度都比手工电弧堆焊高,故为防止焊丝一旦停送,产生强烈弧光而伤害眼睛,焊工还应佩戴防护眼镜。

2. 电渣堆焊

电渣堆焊操作中为避免焊接变压器因过热而漏电,应注意过负荷保护;更换焊丝(条)时,要切断电源;要保证冷却装置严密不漏水,防止水流入高温熔池或渣池发生爆炸。

3. 氩弧堆焊

氩弧堆焊时的主要危险是强烈的明弧辐射、有害气体和高频电场对人体的伤害。为防护氩弧堆焊时弧温高达 8 000～15 000 ℃ 的紫外线强烈辐射,应采取比手工电弧焊更有效的防辐射安全措施;为防止有害气体伤害,工作场所应有良好的抽风排气装置;为防护高频电场的伤害,工件应良好接地,并安装引弧后能自动切断高频电的装置。

4. CO_2 气体保护堆焊

CO_2 气体保护堆焊时,应防止空气中的 CO_2 浓度过高,使人缺氧,甚至窒息。CO_2 气体保护堆焊也是明弧,故也要防止弧光伤害。

第八节　其他焊接

一、电阻焊概述

电阻焊是将工件组合后通过电极施加压力,利用电流通过接头的接触面及邻近区域产生的电阻热进行焊接的方法。

电阻焊应用于航空、航天、电子、汽车、建筑、轨道交通、家用电器等行业,在汽车和飞机制造业中尤为重要,点焊机器人等先进的电阻焊技术已在生产中广泛应用。

根据工艺特点,电阻焊可分为点焊、缝焊、凸焊及对焊,如图 3-34 所示。

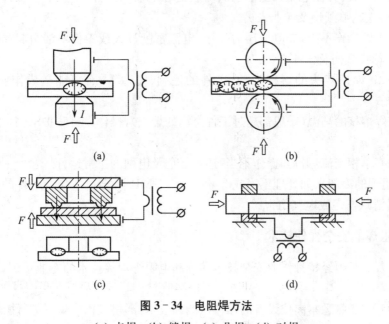

图 3-34　电阻焊方法

(a) 点焊;(b) 缝焊;(c) 凸焊;(d) 对焊

(一) 电阻焊的特点

电阻焊有两大显著特点：一是焊接的热源是电阻热，故称电阻焊；二是焊接时需施加压力，故属于压焊范畴。

电阻焊与电弧焊、气焊等方法相比有下列特点：

(1) 焊合处加热时间短，焊接速度快。特别是点焊，甚至 1 s 可焊接 4～5 个焊点。机械化、自动化程度高，故生产率高。

(2) 除消耗电能外，无须消耗焊条、焊剂、氧气、乙炔气等，因此节约材料，成本较低。

(3) 焊接时没有强烈的弧光、有害气体及烟尘（闪光对焊除外），因此焊工劳动条件好。

(4) 正常的焊接接头可与母材相当，并具有较优良的韧性和动载强度，焊接变形亦小。

(5) 焊接设备较复杂，耗电量大，且价格较高。

(二) 电阻焊时易造成的危害

电阻焊的特点是高频、高压、大电流，并且具有一定压力的金属高温熔接过程，如不严格遵守安全操作规程，易造成下列事故：

(1) 电阻焊设备电气系统如因腐蚀、磨损、绝缘老化、接地失效，会造成作业人员触电的危险。

(2) 电阻焊气动系统的压缩气体压力为 0.5 MPa，橡胶气管如老化或接头脱落，有可能导致橡胶管甩击伤人。

(3) 电阻焊焊接有镀层工件时，高温使镀层汽化，有害气体可能引发作业人员中毒。

(4) 电阻焊焊接时，如操作不当，有可能受到机械气动压力的挤压伤害。

(5) 焊接操作失当，在电流未全部切断时就提起电极，有可能造成电极工件间产生火花，造成烧穿工件，火花喷溅伤及作业人员。

(6) 电阻焊因操作不当，如电极压力过小、电流密度过大或工件不洁引起局部电流导通，有可能造成火花喷溅伤及作业人员。

(7) 点焊、缝焊搭接头的熔核尖角，工件的毛刺、锐边等，有可能造成作业人员的机械伤害。

(8) 电阻焊熔核的高温（一般都超过工件金属的熔点），操作人员防护不当，也可能造成灼烫伤害。

(9) 大功率单相交流焊机如操作不当，还可能危及电网的正常运行。

(10) 电阻焊的冷却水如处理不当或泄漏（>0.15 MPa），会造成作业条件的恶化，有可能引发作业人员滑跌伤害或电气伤害。

(三) 电阻焊的安全操作技术

(1) 操作人员必须经特种作业安全技术培训和电阻焊焊接技术的专业培训，考核合格后，持证上岗。

(2) 操作人员需熟悉本岗位设备的操作性能和技术，严格按操作规程进行操作。

(3) 工作前应仔细、全面地检查焊接设备，使冷却水系统、气路系统及电气系统处于正常状态，并调整焊接参数，使之符合工艺要求。

(4) 穿戴好个人防护用品，如工作帽、工作服、绝缘鞋及手套等，并调整绝缘胶垫或工作台装置。

（5）启动焊机时，应先打开冷却水阀门，以防焊机烧坏。

（6）在操作过程中，注意保持电极、变压器的冷却水畅通。

（7）焊机绝缘必须良好，尤其是变压器一次侧电源线。

（8）操作时应戴上防护眼镜，操作者的眼睛应避开火花飞溅的方向，以防灼伤眼睛。

（9）在使用设备时，不要用手触摸电极头球面，以免灼伤。

（10）装卸工件要拿稳，双手应与电极保持一定的距离，手指不能置于两待焊件之间。工件堆放应稳妥、整齐，并留出通道。

（11）工作结束时，应关闭电源、气源、水源。

（12）作业区附近不能有易燃、易爆物品；工作场所应通风良好，保持安全、清洁的环境；粉尘严重的封闭作业间，应有除尘设备。

（13）机架和焊机的外壳必须有可靠的接地。

二、电渣焊概述

电渣焊是利用电流通过液体熔渣所产生的电阻热进行焊接的方法。根据使用的电极形状，可分为丝极电渣焊、板极电渣焊、熔嘴电渣焊等。

（一）电渣焊的工作原理

电渣焊的工作原理如图 3 - 35 所示，把电源的一端接在电极上，另一端接在焊件上，电流经过电极并通过渣池后再回到焊件。由于渣池中的液态熔渣电阻较大，通过电流时就产生大量的电阻热，将渣池加热至很高温度（1 700～2 000 ℃）。高温的熔渣把热量传递给电极与焊件，以使电极及焊件与渣池接触的部位熔化，熔化的液态金属在渣池中因其相对密度较熔渣大，故下沉到底部形成金属熔池，而渣池始终浮于金属熔池上部。随着焊接过程的连续进行，温度逐渐降低的熔池金属在冷却滑块的作用下，强迫凝固成形而成焊缝。

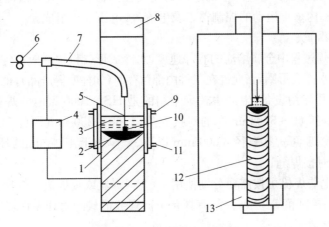

图 3 - 35　电渣焊工作原理

1—水冷成形滑块；2—金属熔池；3—渣池；4—焊接电源；
5—焊丝；6—送丝轮；7—导电杆；8—引出板；9—出水管；
10—金属熔滴；11—进水管；12—焊缝；13—起焊槽

为了保证上述过程的进行,焊缝必须处于垂直位置,只有在立焊位置时才能形成足够深度的渣池,并为防止液态熔渣和金属流出,以及得到良好的成形,故采用强迫成形的冷却铜块。

(二) 电渣焊设备

电渣焊设备一般由焊接电源、焊机本体(包括焊丝送进机构、焊丝摆动机构、机头移动机构及操纵盘等)、电控系统及水冷系统等部分组成。

1. 电源

从经济方面考虑,电渣焊多采用交流电源。为保持稳定的电渣过程及减小网路电压波动的影响,电渣焊电源应保证避免出现电弧放电过程或电渣-电弧的混合过程,否则将破坏正常的电渣过程。因此,电渣焊电源必须是空载电压低、感抗小(不带电抗器)的平特性电源。另外,电渣焊变压器必须是三相供电,其二次电压应具有较大的调节范围。由于电渣焊焊接时间长、中间无停顿,因此电渣焊的焊接电源应按暂载率100%考虑。

目前国内常见的电渣焊电源有BP1-3×1000和BP1-3×3000型电渣焊变压器。

2. 机头

丝极电渣焊机头包括送丝机构、摆动机构及上下行走机构(升降机构)。

1) 送丝机构和摆动机构 送丝机构是将焊丝从焊丝盘以恒定的速度经导电嘴送向渣池。送丝机构是由单独的驱动电机和给送轮给送单根焊丝,也可利用多轴减速箱由一台电机带动若干对给送轮给送多根焊丝,送丝速度可以均匀无级调节。焊丝的摆动是由做水平往复摆动的机构,通过整个导电嘴的摆动完成。摆动机构的作用是扩大单底层焊丝所焊的工件厚度,它的摆动幅度、摆动速度以及摆至两端的停留时间均可控制和调整。

2) 升降机构 焊接垂直焊缝时,焊接机头借助升降机构随着焊缝金属熔池的上升而向上移动。升降机构可分有轨式和无轨式两种形式,焊接时升降机构的垂直上升可通过控制器用手工提升或自动提升。自动提升运动可利用传感器检测渣池位置加以控制。

3. 电控系统

电渣焊电控系统主要由送进焊丝的电机的速度控制器、焊机机头横向摆动距离及停留时间的控制器、升降机构垂直运动的控制器以及电流表、电压表等组成。

4. 水冷成形(滑)块

为了提高电渣焊过程中金属熔池的冷却速度,水冷成形(滑)块一般由纯铜板制成。环缝电渣焊用的固定式内水冷成形圈,当允许在工件内部留存时(如柱塞等产品),也可以由钢板制成。

电渣焊一般采用专用设备,生产中较为常用的是HS-1000型电渣焊机。它适用于丝极和板极电渣焊,可焊接60~500 mm厚的对接立焊缝,60~250 mm厚的T形接头、角接接头焊缝;配合焊接滚轮架,可焊接直径3 000 mm以下、壁厚小于450 mm的环缝;可以用板极焊接800 mm以内的对接焊缝。

HS-1000型电渣焊机可按需要分别使用1~3根焊丝或板极进行焊接。它主要由自动焊机头、导轨、焊丝盘、控制箱等组成,并配有焊接不同焊缝形式的附加零件,焊接电源采用BP1-3×1000型焊接变压器。

(三) 电渣焊的特点

1. 大厚度焊件可以一次焊成

对于大厚度的焊件,可以一次焊好,且不必开坡口。电渣焊可焊的厚度从理论上来说是没有限度的,但在实际生产中,因受到设备和电源容量的限制,故有一定的范围。通常用于焊接板厚 40 mm 以上的焊件,最大厚度可达 2 m,还可以一次焊接焊缝截面变化大的焊件。对这些焊件而言,电渣焊要比电弧焊的生产效率高得多。

2. 经济效益好

电渣焊的焊缝准备工作简单,大厚度焊件不需要进行坡口加工,只要在接缝处保持 20～40 mm 的间隙,就可以进行焊接,这样简化了工序,并节省钢材。而且焊接材料消耗少,与埋弧焊相比,焊丝的消耗量减少 30%～40%,焊剂的消耗量仅为埋弧焊的 1/20～1/15。此外,在加热过程中,由于几乎全部电能都能传给渣池而转换为热能,因此电能消耗量也少,比埋弧焊减少 35%。焊件的厚度越大,电渣焊的经济效果越好。

3. 焊缝缺陷少

电渣焊时,渣池在整个焊接过程中总是覆盖在焊缝上面,一定深度的熔渣使液态金属得到良好的保护,以避免空气的有害作用,并对焊件进行预热,使冷却速度减慢,有利于熔池中的气体、杂质有充分的时间析出,所以焊缝不易产生气孔、夹渣及裂纹等工艺缺陷。

4. 焊接接头晶粒粗大

焊接接头晶粒粗大是电渣焊的主要缺点。由于电渣焊热过程的特点,造成焊缝和热影响区的晶粒粗大,以致焊接接头的塑性和冲击韧性降低,但是通过焊后热处理,能够细化晶粒,满足对力学性能的要求。

(四) 电渣焊时易造成的危害

1. 有毒有害气体对人体的危害

在焊接时,焊剂中 CaF_2 分解会产生 HF 气体。HF 气体是一种无色、有刺鼻气味的腐蚀剂,是有毒气体,对人体有危害。

2. 爆渣或漏渣时引起的灼烫伤

(1) 当焊接面存在缩孔,焊接时熔穿,气体进入渣池,会引起严重的爆渣伤人。

(2) 当焊槽的引出板与焊件间的间隙大,熔渣漏入间隙引起爆渣伤人。

(3) 水分进入渣池引起爆渣伤人。其原因有:

① 供水系统发生故障,垃圾阻塞进水管(或出水管被压扁),引起水冷成形(滑)块熔穿。

② 焊丝、熔嘴板、板极将水冷成形(滑)块击穿造成漏水。

③ 耐火泥太潮湿,焊剂潮湿。

④ 电渣过程不稳。

3. 触电

电渣焊时应用较多的专用电源是三相弧焊变压器,它的容量大(160 kV·A),每相可供焊接电流为 1 000 A,有可能造成作业人员触电。

4. 弧焊变压器烧损事故

当电渣焊变压器绝缘不良或内部短路、二次线路与焊件发生短路、导电嘴或熔嘴板极与焊件短路等,会造成弧焊变压器烧损。

(五) 电渣焊安全操作技术

1. 预防有毒有害气体安全技术

(1) 尽量选用 CaF_2 含量低的焊剂。

（2）工作场所应有通风净化装置，并对 HF 进行监测，HF 在空气中的浓度应符合有关规定。

（3）结构设计应尽量避免作业人员在狭窄的空间内操作，通风不良的结构应开排气孔。

（4）进入半封闭的筒体、梁体作业时，时间不能过长，应有人在外监护、接应。

（5）穿戴好个人防护用品。

2. 预防爆渣或漏渣时引起的灼烫伤安全技术

（1）焊接前应严格检查焊件有无缩孔等孔洞、裂纹等缺陷，如果有则应清除，并且焊补后可进行电渣焊焊接。

（2）提高装配质量，焊前仔细检查引出板与焊件间的间隙大小，防止漏渣伤人。

（3）水冷成形（滑）块要保证冷却水畅通。

（4）焊前焊剂应烘干。

（5）焊件放置要牢固，不得倾斜。

（6）水冷成形（滑）块与焊件要贴紧，以防漏渣。

（7）焊件两侧不能站人，发生漏渣时要及时堵好。

（8）电渣焊工作场地应有应急措施，如准备石棉泥等，发生漏渣时应能及时堵塞。

（9）起弧造渣后，探测渣池深度，探棍须沿水冷成形（滑）块向下试探，但探棍与水冷成形（滑）块、电极均不得接触，防止击穿水冷成形（滑）块而引起渣池爆溅。

（10）操作者在工作时不能离开工作岗位。

（11）选择合适的工艺参数以保证电渣过程稳定。

（12）穿戴好劳动防护用品。

3. 预防触电安全技术

（1）作业人员应避免在带电情况下触及电极。

（2）当需要在带电情况下触及电极时，必须戴干燥的皮手套。

（3）作业人员不准在带电情况下同时接触两相电极。

（4）电渣焊时使用的工具等必须绝缘良好。

（5）当电气设备发生故障时，应及时找电工检修。

4. 电渣焊设备安全使用技术

（1）使用前应先检查设备安全的完善性。

（2）焊前认真检查电气设备、线路，并保证绝缘良好；认真检查机械运转是否正常。

（3）焊前认真检查变压器冷却水畅通情况，保证焊接时变压器冷却水畅通。

（4）严禁焊接过程中断水。

（5）变压器与水冷成形（滑）块的冷却水接通后，方可接通电源。

（6）导电嘴、板极、熔嘴在焊缝的位置要找准对中，并放置绝缘块，避免与焊件接触发生短路。一旦发生短路，应立即切断电源。

三、铝热焊概述

将留有适当间隙的焊件接头装配在特制的铸型内，当接头预热到一定温度后，采用经热剂反应形成的高温液态金属注入铸型内，使接头金属熔化实现焊接的方法，因常用铝粉作为热剂，故常称铝热焊（也称热剂焊），主要用于钢轨的焊接。

（一）铝热焊工作原理

铝热反应公式：$Fe_2O_3 + 2Al \Longrightarrow 2Fe + Al_2O_3$，说明通过使用铝粉（小颗粒）可以还原氧化铁。反应时间短且还原反应产生大量的热能，能熔化金属来实现焊接。

铝热焊的设备简单，主要为坩埚、点火器和耐火铸型等，如图 3-36 所示。铝热焊方法没有顶锻过程，焊接接头的平顺性好。目前主要应用领域有：铁路、工业起重机及移动工业设备（如焦化设备）的轨道连接和焊接；电网接地线路金属导体的连接；化工管道阴极保护工程。

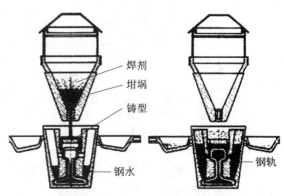

图 3-36 铝热焊示意图

坩埚由坩埚体和坩埚盖组成。坩埚体包括外壳、内衬和衬管。外壳和坩埚盖用铁板制成，内衬和衬管则用耐火材料制成。石墨坩埚在高温下会使铝热钢液有较多的增碳，铝热焊缝的力学性能得不到保证，因此不能直接用于铝热焊接钢轨。

铝热焊剂的点燃方式包括电弧点火、电火花点火、化学点火、激光点火。

铝热焊的优点是设备简单，焊接操作简便，无须电源，尤其适于野外作业；缺点是焊缝金属为较粗大的铸造组织，韧性、塑性较差。但如对焊接接头进行焊后热处理，则可使其组织有所改进，从而可改善焊接接头性能。

（二）铝热焊安全操作技术

（1）焊接时按照有关操作规程进行，配置足够的防护人员和防护用品。

（2）风、雨天进行铝热焊接作业，必须做好遮盖防护措施，大风天气应停止现场作业。

（3）在打磨轨距时，非操作人员应距离作业区至少 5 m。

四、钎焊概述

钎焊是硬钎焊和软钎焊的总称，是采用比母材熔点低的金属材料作钎料，将焊件和钎料加热至高于钎料熔点、低于母材熔化温度，利用液态钎料润湿母材，填充接头间隙，无压力条件下与母材相互扩散实现连接焊件的方法。

硬钎焊是指使用熔点高于 450 ℃的硬钎料进行的钎焊；软钎焊是指使用熔点低于 450 ℃的软钎料进行的钎焊。

（一）钎焊的工作原理

钎焊时，钎焊接头的形成过程是：熔点比焊件金属低的钎料与焊件同时被加热到钎焊温度，在焊件不熔化的情况下，钎料和钎剂熔化并润湿钎焊接触面，依靠两者的扩散作用而形成新的合金，钎料在钎缝中冷却和结晶，形成钎焊接头，如图 3-37 所示。

钎焊是焊接工艺中唯一焊后可拆卸的方法，其焊接温度低于母材熔化温度，焊接时母材不熔化。钎焊工艺方法包括火焰钎焊、电阻钎焊、感应钎焊、炉中钎焊、浸渍钎焊与电弧硬钎焊等。

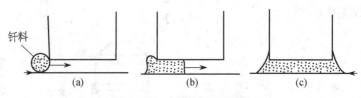

图 3－37 钎焊过程示意图

(a) 在接头处安置钎料，并对焊件和钎料进行加热；(b) 钎料熔化并开始流入钎缝间隙；(c) 钎料填满整个钎缝间隙，凝固后形成钎焊接头

1. 火焰钎焊

火焰钎焊是使用可燃气体与氧气（或压缩空气）混合燃烧所形成的火焰对工件和钎料进行加热的一种钎焊方法。火焰钎焊所用的气体可以是乙炔、丙烷、石油气、雾化汽油等。

2. 电阻钎焊

电阻钎焊是将焊件直接通以电流或将焊件放在通电的加热板上利用电阻热进行钎焊的方法。

3. 感应钎焊

感应钎焊是利用高频、中频或工频交流电感应加热所进行的钎焊。

4. 炉中钎焊

将装配好的工件放在炉中加热并进行钎焊的方法。常用的钎焊炉有四类：空气炉、中性气氛炉、活性气氛炉和真空炉。

5. 浸渍钎焊

把工件浸入盐浴或金属浴溶液中，依靠这些液体介质起焊剂的作用来实现钎焊过程。浸渍钎焊分为盐浴或金属浴硬钎焊和金属浴软钎焊。

6. 电弧硬钎焊

电弧硬钎焊是借助电弧加热焊件进行钎焊的一种方法。

(二) 钎焊的特点

与其他熔焊方法相比较，钎焊具有如下特点：

(1) 钎焊时，加热温度低于焊件金属的熔点，所以钎料熔化、焊件不熔化，焊件金属的组织和性能变化较少。钎焊后，焊件的应力与变形也较少，可以用于焊接尺寸精度要求较高的焊件。

(2) 钎焊可以一次焊几条、几十条焊缝，甚至更多，所以生产率高。例如，自行车车架的焊接，一次就能焊接几条焊缝。它还可以焊接用其他焊接方法无法焊接的结构形状复杂的接头，如导弹的尾喷管、蜂窝结构、封闭结构等。

(3) 钎焊不仅可以焊接同种金属，也适宜焊接异种金属，甚至可以焊接金属与非金属，应用范围很广。例如，原子能反应堆中的金属与石墨的钎焊。

(4) 既可以钎焊极细极薄的零件，也可钎焊厚薄及粗细差别很大的零件。

目前钎焊技术获得了很大的发展，解决了其他焊接方法所不能解决的问题。在电子、机械等工业部门都得到广泛的应用，特别在航空、火箭、空间技术中发挥着重要的作用，成为一种不可替代的工艺方法。

钎焊的主要缺点是：在一般的情况下，钎焊缝的强度和耐热能力都较基体金属低。为了弥补强度低的缺点，可以用增加搭接接触面积的办法来解决；钎焊对工件连接表面的清理工作和工件装配质量要求都很高。

(三) 钎焊安全操作技术

1. 火焰钎焊安全技术

采用氧乙炔火焰钎焊时，应严格遵守气焊与气割的安全操作技术。

2. 电阻钎焊安全技术

电阻钎焊使用的设备，它的原理与电阻焊基本相同，因此电阻钎焊焊工的安全技术及电阻钎焊设备应采取的安全技术与电阻焊基本相同。

3. 炉中钎焊安全技术

炉中钎焊包括空气炉中钎焊、保护气体炉中钎焊、真空炉中钎焊。常用的保护气体为氢气、氩气和氮气，氩气、氮气不燃烧，使用比较安全，氢气为易燃易爆气体，使用时要严加注意。

(1) 采用氢气作保护气体的钎焊时，要严防氢气泄漏。当空气中混入 4%～75% 氢气和氧气中混入 4%～95% 氢气时，遇到明火就会引起剧烈的放热反应而爆炸。

(2) 防止氢气爆炸的主要措施有加强通风，除氢气炉操作间整体通风外，设备上方要安装局部排风设施，设备启动前必须先通风，定期检查设备和供气管道是否漏气，若发现漏气必须修复后才能使用。氢气炉启动前，应先向炉内充氮气以排除炉内空气，然后通氢气排除氮气，绝对禁止直接通氢气排除炉内空气。熄炉时也要先通氮气排除氢气，然后才可停炉。密闭氢气炉必须安装防爆装置，炉旁应常备氮气瓶，当氢气突然中断供气时，应立即通氮气保护炉腔和焊件。

(3) 氢气炉操作间内禁止使用明火，电源开关用防爆开关，氢气炉接地要良好。

(4) 钎焊完毕，炉内温度降至 400 ℃ 以下时，才可关闭扩散泵电源，待扩散泵冷却至 70 ℃ 以下时，才可关闭机械泵电源，保证钎焊件和炉腔内部不被氧化。

(5) 禁止在真空炉中钎焊含有锌、锰、铅、镉等易蒸发元素的金属或合金，以保持炉内清洁不受污染。

4. 感应钎焊安全技术

感应钎焊时，必须对高频电磁场泄漏采取严格的防护措施，以降低对环境和人体的污染，使其达到无害的程度。

1) 防高频　生产实践经验表明，对高频加热电源最有效的防护是对其泄漏出来的电磁场进行有效屏蔽。通常是采用整体屏蔽，将高频设备和馈线、感应线圈等都放置在屏蔽室内，操作人员在屏蔽室外进行操作。屏蔽室的墙壁一般用铝板、铜板或钢板制成，板厚一般为 1.2～1.5 mm。操作时对需要观察的部位可装活动门或开窗口，一般用 40 目(孔径 0.45 mm)的铜丝屏蔽活动门或窗口。

2) 防触电　为了高频加热设备工作安全，要求安装专用接地线，接地电阻要小于 4 Ω。而在设备周围，特别是工人操作位置要铺耐压 35 kV 绝缘橡胶板。设备检修一般不允许带电操作。停电检修时，必须切断总电源开关，并用放电棒将各个电容器组放电后，才允许进行检修工作。

3) 设备启动操作前　应仔细检查冷却水系统，只有当冷却水系统工作正常时，才允许通电预热振荡管。

5. 浸渍钎焊安全技术

（1）浸渍钎焊分为盐浴或金属浴硬钎焊和金属浴软钎焊两种。盐浴钎焊时所用的盐类，多含有氯化物、氟化物和氰化物，它们在钎焊加热过程中会挥发出有毒气体。另外，在钎料中又含有挥发性金属，如锌、镉、铍等，这些金属蒸气对人体十分有害，如铍蒸气甚至有剧毒。在软钎焊中，所含的有机溶液蒸发出来的气体对人体也十分有害。因此，对上述有害气体和金属蒸气，必须采取有效的通风措施进行排除。

（2）在浸渍钎焊过程中，特别重要的是必须把浸入盐浴槽中的焊件彻底烘干，不得在焊件上留有水分，否则当浸入盐浴槽时，瞬间即可产生大量蒸气，使溶液发生剧烈爆溅，造成严重的火灾和烧伤人体；在向盐浴槽中添加钎剂时，也必须事先把钎剂充分烘干，否则也会引发爆溅。

6. 清洗钎件安全技术

（1）清洗钎件油脂所用的化工产品或有机溶液等，会挥发有毒气体，吸入较多后会引起中毒。必须在操作工位上安装抽风机，或操作人员穿戴防护服、手套和防毒面罩。

（2）清洗钎件的化工产品或有机溶液也是易燃易爆物品，储存、运输和使用中必须严格执行有关化工产品的安全规定。

（3）现场要设洗眼器及冲淋装置。

五、原子氢焊及水蒸气保护焊概述

（一）原子氢焊概述

原子氢焊是指分子氢通过两个钨极之间的电弧热分解成原子氢，当其在焊件表面重新结合为分子氢时放出热量，以此为主要热源进行焊接的方法。它主要用于碳钢及不锈钢薄板的焊接。

原子氢焊是弧焊的一种，操作安全要求既有弧焊的一般要求，又具备其自身特点：

1. 触电防护

推拉焊机电源开关时，必须戴好干燥的皮手套；焊接设备的外壳必须接地；电焊钳手柄和气体保护枪的手柄应可靠绝缘；原子氢焊采用交流电源焊接，氢气传热性能较大，要求采用较高的引弧电压，为了保护焊工，通常选用安全电压值，不超过 24 V。

2. 弧光辐射防护

焊接时电弧温度高达 4 000 ℃，并产生弧光辐射。焊接弧光辐射主要包括紫外线、红外线和可见光线辐射。对弧光辐射所采取的措施主要是保护好眼睛、耳朵、鼻子，皮肤尽量不暴露在外。常用的劳动保护用品有工作服、手套、眼镜、鞋、口罩及面罩等。

3. 有害气体与烟尘防护

焊接时产生的有害气体主要有臭氧、氮氧化物、CO 及 HF 等，均对人的呼吸系统、神经系统及消化系统有强烈的影响，严重时会引起支气管炎、肺气肿甚至中毒而窒息。为了使有害气体和金属粉尘等有害因素降至最低或完全排除，焊接时必须采用通风除尘措施。通风除尘方式有全面通风除尘和局部通风除尘两种，其中局部通风除尘使用较多。

4. 氢气的安全使用

氢气具有最大的扩散速度和很高的导热性，其导热效能比空气大 7 倍，极易漏泄，点火能力低，被公认为是一种极危险的易燃易爆气体。当氢气发生大量泄漏或积聚时，应立即切断气源，进行通风，不得进行可能发生火花的一切操作。氢气着火应采取下列措施：切断气源；冷却、隔离,防止火灾扩大;保持氢气系统正压状态,以防回火;氢火焰不易察觉,救护人员应防止外露皮肤烧伤。

(二)水蒸气保护焊概述

水蒸气保护焊主要用于工件的堆焊修复。由于其成本低,可使用碳含量较高的焊丝,且焊缝不发生气孔,在某些场合,其工艺操作性能和实际焊接效果优于 CO_2 气体保护焊。

水蒸气保护焊使用安全要求除了参照常规电弧焊外,还必须注意水蒸气的安全使用:

(1)水蒸气对人体的伤害主要为烫伤。水蒸气烫伤处理的原则是:首先除去热源,迅速离开现场,用各种降温方法,如水浸、立即将湿衣服脱去或剪破、淋水、将肢体浸泡在冷水中,直到疼痛消失为止。还可用湿毛巾或床单盖在伤处,再往上喷洒冷水。注意不要弄破水泡。

(2)水蒸气烫伤可分为一度烫伤(红斑性,皮肤变红,并有火辣辣的刺痛感)、二度烫伤(水泡性,患处产生水泡)和三度烫伤(坏死性,皮肤剥落)。对局部较小面积轻度烫伤,可在家中施治,在清洁创面后,可外涂烧伤膏等。对大面积烫伤,宜尽早送医院治疗。

六、热喷涂概述

热喷涂是将熔融状态的喷涂材料,通过高速气流使其雾化喷射在零件表面,形成喷涂层的一种金属表面加工方法,使工件表面具有耐磨、耐热、耐腐蚀、抗氧化等性能。

根据热喷涂所用的热源和喷涂材料的种类和形状,热喷涂分为火焰喷涂、电弧喷涂、等离子喷涂等。它们所利用的热源形式有燃烧火焰、电弧、等离子焰流和电阻热等。

1. 热喷涂特点

(1)适用范围广,用作涂层的材料有金属及其合金、塑料、陶瓷(包括金属陶瓷)及复合材料。

(2)工艺灵活,其施工对象可以小到 10 mm 的内孔,大到铁塔、桥梁等大型构体。

(3)喷涂层、喷熔层的厚度可以在较大范围内调节。

(4)生产率高,大多数工艺方法的生产率可达到每小时数千克,有些工艺方法可达 50 kg/h 以上。

(5)除火焰喷涂外,热喷涂是一种冷工艺,即母材受热程度低,且可以控制,不改变母材的金相组织冶金质量,避免了工件因受热而引起的变形和其他损伤。

2. 热喷涂安全操作技术

(1)热喷涂场所如果通风条件较差,操作者吸入微小的锌、铜、铝、铅等金属颗粒而引起金属烟尘热病。操作者应穿戴有头盔的喷砂工作服,戴橡胶、皮革或厚布手套。辅助人员必须戴防护眼镜和防尘口罩。

(2)喷砂机具、管道及接头必须安装牢固,连接可靠,工作中也应经常检查。严重磨损的管道应及时更换,以防爆裂伤人。喷砂时,喷嘴不准对着人。

(3)喷枪点火前,应检查其连接各处的气路、气阀,如发现漏气现象,应立即修理。

(4)喷枪和气体通道不得沾染油污,以防氧气遇到油脂燃烧爆炸。

习题三

一、判断题(A 表示正确;B 表示错误)

1. 焊条电弧焊焊接设备的空载电压一般为 $50\sim90$ V。

2. 焊接时,焊条焊芯有两个作用:一是传导焊接电流,产生电弧把电能转换成热能;二是焊芯本身熔化作为填充金属与液体母材金属熔合形成焊缝。

3. 焊条电弧焊是用手工操纵焊条进行焊接工作的,只能进行平焊、立焊,不能进行仰焊操作。

4. 焊接电弧的温度不会超过 6 000 ℃。

5. 焊接辅助工使用的焊工护目遮光玻璃为 10 号。

6. 对于熔化焊设备来说,当临时需要使用较长的电源线时,应拖放在干燥的地面上。

7. 目前,我国生产的直流弧焊机的空载电压不高于 90 V。

8. 电焊护目玻璃的深浅色差,共分 7、8、9、10、11、12 号数种。7、8 号为最深,适合供电流大于 350 A 的焊接时使用。

9. 弧焊发电机导线接触处过热的原因是接触处接触电阻过大或接线处螺钉过松。

10. 弧焊机各接触点和连接件必须连接牢固,在运行中不松动和脱落。

11. 焊机的电源线长度超过 3 m 时,应采取架空 2.5 m 以上。

12. 焊钳的绝缘损坏并不影响导电性,只要能夹持焊条,可继续使用。

13. 焊机长期超负荷运行或短路发热会使绝缘损坏而造成焊机漏电。

14. 熔焊是在焊接过程中,将焊件接头加热至塑性状态,然后施加一定压力完成的焊接方法。

15. 弧焊发电机的电动机不启动,并发出嗡嗡声的原因是三相电动机与电网接线错误。

16. 焊条电弧焊安全操作技术规定雨天禁止露天作业。

17. 目前,我国生产的交流弧焊机的空载电压不高于 90 V。

18. 当焊接电流为 100～300 A 时,护目玻璃的色号应选用 9 或 10 号。

19. 熔化焊机电源线长度一般不应超过 2～3 m。

20. 弧焊变压器过热的原因是变压器过载、变压器绕组短路。

21. 护目玻璃的主要作用是过滤红外线,以保护焊工眼睛免受弧光灼伤。

22. 进行焊条电弧焊时,低氢焊条比酸性焊条产生的金属飞溅严重。

23. 焊条电弧焊是利用电弧放电所产生的热量将焊条和工件熔化,焊条与工件互相熔合、二次冶金后冷凝形成焊缝,从而获得焊接接头。

24. 弧焊逆变整流器耗能少、性能好、重量轻、体积小,是电焊机中技术先进的换代产品。

25. 焊条电弧焊是用手工操纵焊条进行焊接工作的,能适应全位置焊接操作。

26. 焊条电弧焊时,焊条、焊件和药皮在电弧高温作用下发生蒸发,凝结成雾珠,产生大量烟尘。

27. 焊条电弧焊时,焊芯的化学成分会影响焊缝的质量。

28. E4301 焊条焊接时的发尘量与电流关系不大,与电压关系较大。

29. 焊条电弧焊时的弧光比氩弧焊时的弧光辐射高。

30. 焊机外壳必须装设保护接地或保护接零线,并且接线要牢固。

31. 焊接电弧由阴极区和阳极区两部分组成。

32. 焊接就是通过加热、加压或者两者并用,并且用(或不用)填充材料,使焊件达到原子结合的一种加工法。

33. 电缆如需接长,则接头不宜超过 2 个。

34. 焊接作业处应离易燃易爆物品 10 m 以外。

35. 焊条就是涂有药皮的供焊条电弧焊使用的熔化电极。

36. 氩弧焊时,若采用钍钨棒作电极,会产生放射性。

37. 在容器内部进行氩弧焊时,容器外应设专人监护、配合。

38. 在禁火区内需要动火,必须办理动火申请手续,采取有效防范措施,经过审核批准后才能动火。

39. 氩弧焊减压器冻结时,可用火烤的方法解冻。

40. 薄药皮电弧焊和药芯焊丝氩弧焊是同一种焊接。

41. 从操作方式看,目前应用最广的是半自动熔化极氩弧焊和富氩混合气保护焊,其次是自动熔化极氩弧焊。

42. 根据焊接工艺的不同,电弧焊可分为自动焊、半自动焊、氩弧焊和手工焊。

43. 厚板的钨极氩弧焊一般要求填充金属的化学成分与母材不同。

44. 利用钨极氩弧焊焊接不锈钢时会产生高频电磁场。

45. 手工电弧焊时的弧光比氩弧焊时的弧光辐射低。

46. 钨极氩弧焊按操作方式分为手工焊、半自动焊和自动焊三类。

47. 钨极氩弧焊所焊接的板材厚度范围,从生产率考虑以 5 mm 以下为宜。

48. 氩弧焊可以焊接铜、铝、合金钢等有色金属。

49. 氩弧焊使用的钨极材料中的钍、铈等稀有金属没有放射性。

50. 氩弧焊是采用工业纯氢作为保护气体的。

51. 氩弧焊作业时,尽可能采用放射剂量低的铈钨极。

52. 氩弧焊可以焊接薄板。

53. 氩弧焊电弧的光辐射很弱。

54. 氩弧焊可以焊接化学性质活泼和已形成高熔点氧化膜的镁、铝、钛及其合金。

55. 氩弧焊按照电极的不同分为熔化极氩弧焊和非熔化极氩弧焊两种。

56. 钨极氩弧焊不可用于焊接镁、铝、钛、铜等有色金属,以及不锈钢、耐热钢等。

57. 熔化极氩弧焊用焊丝作电极,并不断熔化填入熔池,冷凝后形成焊缝。

58. 引弧所用的高频振荡器不会产生电磁辐射,不会引起焊工头晕、疲乏无力和心悸等症状。

59. 氩弧焊是采用工业纯氩作为保护气体的。氩气无色无味,比空气约重 25%,是一种稀有气体,也是惰性气体。

60. 氩气的稳定性能最好、热损耗小、电弧热量集中、效率高。

61. 氩气钢瓶在使用中严禁敲击、碰撞。瓶阀冻结时,不得用火烘烤。

62. 在钢焊丝中,最经常使用的脱氧剂是镍、硫和铜。

63. 熔化极气体保护焊用的焊丝直径较小,但焊接电流比较大,所以焊丝的熔化速度很高。

64. 纯钨极熔点和沸点不高,易熔化挥发,电子发射力比钍钨极和铈钨极好。

65. 氩弧焊用的保护气体是氩气、氦气或氩-氦混合的惰性气体,焊接不锈钢和镍基合金时,还常使用氩-氢混合气体。

66. 当焊接热导率高的原材料(如铝、铜)时,可以考虑选用有较高热穿透性的氦气。

67. 钨极气体保护焊使用的电流可分为直流正接和直流反接两种。

68. 氩弧焊时,对材料的表面质量要求很高,焊前必须经过严格清洗,否则在焊接过程中可能导致气孔、夹渣、未熔合等缺陷。

69. 大电流焊接时,增大锥角不能避免尖端过热熔化、减少损耗、防止电弧往上扩散而影响阴极斑点的稳定性。

70. 氩弧焊气体保护焊,如气体流量过高,气体挺度差,排除周围空气的能力弱,保护效果佳。

71. 喷嘴过大,不仅妨碍焊工观察,而且气流流速过低,挺度小,保护效果也不好。

72. 熔化极气体保护焊减压器冻结时,可用火烤的方法解冻。

73. 一般在动火前应采用一嗅、二看、三测爆的检查方法。

74. 熔化极气体保护焊作业部位与外单位相接触,在未弄清对外单位有否影响,或明知危险而未采取有效的安全措施,不能焊割。

75. 熔化极气体保护焊导线接触处过热的原因是接触处接触电阻过大或接线处螺钉过松。

76. 熔化极气体保护焊各接触点和连接件必须连接牢固,在运行中不松动和脱落。

77. 熔化极气体保护焊的电源线长度超过 3 m 时,应采取架空 2.5 m 以上。

78. 熔化极气体保护焊作业时,如不严格遵守安全操作规程,则可能造成触电、火灾、爆炸、灼伤、中毒等事故。

79. 熔化极气体保护焊焊机长期超负荷运行或短路发热会使绝缘损坏而造成焊机漏电。

80. 熔化极气体保护焊焊接作业处应离易燃易爆物品 10 m 以外。

81. 熔化极气体保护焊安全操作技术规定雨天禁止露天作业。

82. 焊工如遇到与焊割"十不烧"之中有一条不符合要求的,有权拒绝焊割。

83. 熔化极气体保护焊着火可使用泡沫灭火器灭火。

84. 熔化极气体保护焊弧焊变压器过热的原因是变压器过载、变压器绕组短路。

85. 采用 CO_2 气体保护焊焊接厚板时可增加坡口的钝边,减小坡口。

86. CO_2 气体保护焊不能焊接电站设备。

87. CO_2 气体保护焊采用短路过渡技术焊接电弧热量集中,受热面积大,焊接速度快。

88. CO_2 气体保护焊采用短路过渡技术可以用于全位置焊接。

89. CO_2 气体保护焊的焊缝氢含量低。

90. CO_2 气体保护焊的生产率比焊条电弧焊高。

91. CO_2 气体保护焊焊接过程中金属飞溅较多。

92. CO_2 气体保护焊可用于汽车、船舶、机车车辆、集装箱、矿山及工程机械等。

93. 气体保护焊用纯氩气作保护气焊接低合金钢时,容易使焊缝产生气孔。

94. 在氩气中加入氧气可以稳定和控制电弧阴极斑点的位置。

95. CO_2 电弧的穿透力很弱。

96. 目前,CO_2 气体保护焊已成为黑色金属材料最重要的焊接方法之一,在很多工艺部门中代替了焊条电弧焊和埋弧焊。

97. 采用细丝、射流过渡的方法可以焊接中、厚板。

98. 药芯焊丝 CO_2 气体保护焊,适用广泛的焊接工艺,主要适用于焊接低碳钢,不能焊接低合金高强钢、耐热钢以及表面堆焊。

99. 纯 CO_2 气体保护焊在一般工艺范围内能达到射流过渡,加入混合气体后才有可能获得短路过渡和颗粒状过渡。

100. 电弧热量集中,受热面积小,焊接速度快,且 CO_2 气流对焊接起到一定的冷却作用,故可防止薄焊件烧穿和减少焊接变形。

101. 与 CO_2 气体保护焊相比,混合气体保护焊的合金元素过渡系数较大,元素烧损程度较严重。

102. 与 CO_2 气体保护焊相比,混合气体保护焊焊缝金属中的氧含量较高。

103. CO_2 气体保护焊和混合气体保护焊中所使用的焊接材料主要包括氧气和氩气两种。

104. 焊接用的 CO_2 气体,容量为 40 L 的标准钢瓶可灌入 25 kg 的液态 CO_2。

105. 正确估算瓶内 CO_2 储量是采用称钢瓶质量的方法。

106. 一瓶 25 kg 的液态 CO_2,若焊接时的流量为 20 ml/min,则可连续使用 100 h 左右。

107. $Ar+O_2$ 混合气体,焊接工艺特征接近于 CO_2 气体保护焊,但飞溅相对较少。

108. 实心焊丝是目前最常用的焊丝,是热轧线材经拉拔加工而成的。

109. 埋弧焊焊接电弧在焊丝与工件之间燃烧,电弧热将焊丝端部及电弧附近的母材和焊剂熔化,熔化的金属形成熔池,熔化的焊剂形成焊渣。

110. 熔渣除了对熔池和焊缝金属起化学和机械保护作用外,还影响焊缝金属的力学性能。

111. 埋弧焊焊接时,被焊工件与焊丝分别接在焊接电源的两极。

112. 单丝埋弧焊在工件不开坡口的情况下,一次可熔透 20 mm。

113. 埋弧焊电弧的电场强度较大,电流小于 100 A 时电弧不稳,因而不适于焊接厚度小于 100 mm 的板。

114. 埋弧焊时,交流电源多用于大电流埋弧和采用直流时磁偏吹严重的场合。

115. 埋弧焊时,铁素体、奥氏体等高合金钢,一般选用碱度较高的熔炼焊剂,以降低合金元素的烧损及掺加较多的合金元素。

116. 埋弧焊时电弧是在一层颗粒状的可熔化焊剂覆盖下燃烧,电弧不外露。

117. 埋弧焊时不会产生强烈的烟尘。

118. 埋弧焊只能使用实心焊丝,不能使用药芯焊丝。

119. 埋弧焊使用的焊剂是颗粒状可熔化的物质,其作用相当于焊条的药皮。

120. 埋弧焊通常是低负载持续率、小电流焊接过程。

121. 埋弧焊一般采用粗焊丝,电弧具有上升的静特性曲线。

122. 埋弧焊自动焊接时,焊接参数可通过自动调节保持稳定。

123. 埋弧自动堆焊机有两台焊机,要同时使用才能进行焊接工作。

124. 选择埋弧焊焊接规范的原则是保证电弧稳定燃烧,焊缝形状尺寸符合要求,表面成形光洁整齐,内部无气孔、夹渣、裂纹、未焊透、焊瘤等缺陷。

125. 埋弧焊焊接时,焊丝的送进速度与焊丝的熔化速度不同步。

126. 埋弧焊焊丝不可采用药芯焊丝代替实心焊丝。

127. 焊剂的存在同时杜绝了弧光污染和危害。

128. 自动焊接时,焊接参数不能通过自动调节保持稳定。

129. 由于采用颗粒状焊剂,埋弧焊局限于平焊位置。

130. 埋弧焊不能直接观察电弧与坡口的相对位置,如果采用焊缝自动跟踪装置,则不容易焊偏。

131. 采用直流电源时,不同的极性将产生不同的工艺效果,采用直流反接时,焊缝熔深较小。

132. 为了加大熔深并提高生产率,多丝埋弧焊得到越来越多的工业应用。

133. 按照工作需要,自动埋弧焊机被做成不同的形式。最普通的是 MZ－1000 型焊机,MZ－1000 型焊机为焊车式。

134. 埋弧焊时,为了调整焊接机头与工件的相对位置,使焊缝处于最佳的施焊位置,需要有相应的辅助设备与焊机相配合。

135. 埋弧焊时,使用焊接夹具会增加焊接变形。

136. 埋弧焊时,焊剂垫有用于纵缝和用于环缝两种基本形式。

137. 焊剂回收输送设备用来在焊接过程中自动回收并输送焊剂。

138. 埋弧焊时,同一电流使用较大直径的焊丝时,可获得较大焊缝熔深。

139. 埋弧焊焊丝中各种低碳钢和低合金钢焊丝的表面最好镀铜,镀铜层即可起防锈作用,也可改善焊丝与导电嘴的电接触状况。

140. 熔炼焊剂由 SJ 表示熔炼焊剂,后加 3 个阿拉伯数字组成。

141. 烧结焊剂由 HJ 表示烧结焊剂,后加 3 个阿拉伯数字组成。

142. Ml - Al 高合金钢选用 HJ173 熔炼焊剂。

143. 普通结构钢选用 SJ301 烧结焊剂。

144. 埋弧焊对接直焊缝的焊接方法有两种基本类型,即单面焊和双面焊。

145. 对于较厚钢板,埋弧焊不能一次焊完的,可采用多层埋弧焊,每层焊缝的接头不能错开。

146. 埋弧焊的角接焊缝主要可采取船形焊和斜角焊两种形式。

147. 焊接过程中应注意防止焊剂突然停止供给而发生强烈弧光裸露灼伤眼睛,所以焊工作业时应戴防护眼镜。

148. 等离子弧能量集中、温度高,可得到充分熔透、反面成形均匀的焊缝。

149. 联合型等离子弧主要用于微束等离子弧焊和粉末堆焊等。

150. 微束等离子弧焊一般采用大孔径压缩喷嘴及联合型电弧。

151. 电弧电压越高,切割功率越大,切割速度及切割厚度都相应降低。

152. 在实际生产中,大多用氩气作为切割气体。

153. 严禁用装氧的气瓶来改装储存氢气的钢瓶。

154. 等离子弧切割结束后,应最后关闭切割气体。

155. 切割电流增大使弧柱变粗、切口变宽,易形成 V 形割口。

156. 等离子弧切割时,气体流量大,提高了工作电压,利于电弧的稳定。

157. 等离子弧会产生高强度、高频率的噪声,操作者操作时必须塞上耳塞。

158. 一般 TIG 能焊接的大多数金属,均可用等离子弧焊接。

159. 等离子弧电弧挺度好,扩散角一般为 10°。

160. 等离子弧焊接或等离子弧切割时,可以用冷却水,也可以不用冷却水。

161. 等离子弧切割电流的大小与割口宽度成正比。

162. 等离子弧切割时,栅格上方可以安置排风装置,下方不能安装。

163. 转移型等离子弧一般用于非金属材料的焊接与切割。

164. 厚度小于 1.6 mm 的铝合金,采用小孔法和熔透法焊接时,都必须采用 Ar 作为保护气。

165. 等离子弧焊接钛、钽及锆合金时,所用气体中加入少量的 H_2 可减少气孔、裂纹,提高焊缝力学性能。

166. 等离子弧焊接采用 Ar - H_2 混合气体可焊接奥氏体不锈钢、镍基合金及铜镍合金,焊缝光亮。

167. 等离子弧对弧长不敏感,所以焊枪喷嘴至工件的距离不像氩弧焊时要求那么严格。

168. 电子束焊适用于通常熔化焊方法无法焊接的异种金属材料的焊接。

169. 由于焊缝的热影响区小,电子束焊可焊接紧靠热敏感性材料的零件。

170. 脉冲激光焊时,输入到工件上的能量是连续的。

171. 激光焊功率密度较低,加热分散,焊缝熔宽比小。

172. 焊接易蒸发的金属及其合金应选用高真空焊机。

173. 电子束焊在实际应用中以真空电子束焊接居多。

174. 透射式聚焦用于大功率的激光加工设备。

175. 激光探头给出的电信号与所检测到的激光能量成正比。

176. 微型件、精密件的焊接可选用小功率焊机。

177. 电子束焊机应安装有电压报警或其他电子联动装置。

178. 厚度较大的焊件也可选用小功率脉冲激光焊机。

179. 电子束焊机在高电压下运行,观察窗应选用铅玻璃。

180. 电子束斑点尺寸小,功率密度大,焊缝深宽比最大可达 50：1。

181. 使用电子束焊,焊缝中常出现夹渣等焊缝不纯的缺欠。

182. 电子束焊接的焊接速度较低,不如氩弧焊生产效率高。

183. 激光焊接过程中焊件由于受高温影响极易氧化。

184. 激光束不受电磁场的影响,无磁偏吹现象,适宜于焊接磁性材料。

185. 激光焊的热影响区小,可避免热损伤。

186. 电子束焊接前对接头加工、装配要求严格,以保证接头位置准确,间隙小而且均匀。

187. 电子束焊焊接半镇静钢有时会产生气孔,降低焊接速度、加宽熔池有利于消除气孔。

188. 奥氏体不锈钢的电子束焊接接头抗晶间腐蚀的能力较弱。

189. 用碱或碱土金属的氟化物为基的熔剂对熔池进行冶金处理,对消除电子束焊钛及钛合金焊缝气孔很有效。

190. 采用散焦电子束对难熔金属铌合金对接缝进行预热,有清理和除气作用,有利于消除气孔。

191. 电子束焊时大约不超过 10% 的电子束能量将转变为 X 射线辐射。

192. 在操作电子束焊机时要注意防止高压电击、X 射线以及烟气。

193. 电子束焊接过程中允许用肉眼直接观察熔池,不用佩戴防护眼镜。

194. 堆焊时,选择最优的焊接材料与工艺方法相配合至关重要。

195. 堆焊在多数情况下具有异种金属焊接的特点。

196. 熔化极气体保护堆焊应采用手工堆焊。

197. 等离子弧堆焊的漆合金方式为带极堆焊。

198. 堆焊主要用于制造新零件与修复旧零件两个方面。

199. MU-2×300 型双头埋弧自动堆焊机用于堆焊锅炉环缝。

200. 埋弧自动堆焊机的焊接速度为无级调节,且焊速稳定。

201. 埋弧自动堆焊机有变速和等速两种送带方式供选用。

202. 等离子弧冷丝堆焊在工艺和堆焊质量上都不太稳定。

203. 在焊机使用中,改变非转移型电弧的电流,可控制焊缝的熔深和稀释率。

204. 焊机使用过程中,调节送粉量和焊接速度可控制堆焊层的厚度。

205. LUP-300 型及 LUP-500 型等离子弧粉末焊机不能通用。

206. 氧乙炔焰的堆焊工艺与气焊工艺截然不同。

207. 自动振动堆焊机的堆焊机床主要用来夹持被焊工件。

208. 氧乙炔焰的堆焊工艺与气焊工艺不同的是对火焰能率的选择。

209. 氧乙炔焰堆焊时,应尽量采用较大号的焊炬。

210. 手工堆焊时,应采用较大电压。

211. 防止堆焊层金属开裂的主要方法是设法减小堆焊时的焊接应力。

212. 碳当量为 0.60% 时,工件的焊前预热温度为 250 ℃以上。

213. 手工电弧堆焊时,堆焊层的硬度主要取决于堆焊焊条的合金成分和焊后热处理。

214. 只有将堆焊表面放在倾斜或立焊位置,才能不打渣连续堆焊。

215. 可采用模具使堆焊层按模具的形状强迫成形的方法提高手工电弧堆焊的效率。

216. 自动埋弧堆焊电流增大时,焊丝熔化速度加快,堆焊层厚度较小。

217. 自动埋弧堆焊电弧电压减小时,堆焊焊缝宽度增加。

218. 为得到稀释率小、成形好的堆焊层,堆焊电流与电弧电压应有良好的配合。

219. 当其他焊接不变时,焊丝直径减小,堆焊焊缝熔深增加,熔宽减小。

220. 轴类零件进行自动埋弧堆焊时,所取的焊丝轴向移动速度应足以使相邻的焊缝彼此重叠 2/3 左右。

221. 上坡堆焊时,工件的倾斜角以小于 8° 为好。

222. 氩弧堆焊时,应采取比手工电弧焊更有效的防辐射安全措施。

223. 电阻焊是将工件组合后通过电极施加压力,利用电流通过接头的接触面及邻近区域产生的电阻热进行焊接的方法。

224. 电阻焊的两大特点是焊接的热源为电阻热,而且焊接时需施加压力,故属于压焊范畴。

225. 钎焊是在无压力条件下与母材相互扩散实现连接焊件的方法。

226. 钎焊时工件不进行加热,只加热钎料即可。

227. 进行电渣焊时,如有短路发生,应立即停止焊接,但不一定要切断电源。

228. 原子氢焊时,要采用较高的引弧电压。

229. 电渣焊的焊接电源可按暂载率 100% 考虑。

230. HS-1000 型电渣焊机可焊 60～500 mm 厚的 T 形接头和角接头焊缝。

231. 铝热焊获得的焊缝金属组织细小、韧性、塑性较好。

232. 电渣焊只适合在垂直位置焊接。

233. 铝热焊方法没有顶锻过程,焊接接头的平顺性好。

234. 水蒸气保护电弧焊主要用于工件的堆焊修复。

235. 铝热焊剂主要由氧化铁、铝粉、铁粉、合金组成。

236. 电渣焊是利用电流通过液体熔渣所产生的电阻热进行焊接的方法。

237. 铝热焊的设备主要为坩埚、点火器和耐火铸型等。

238. 电渣焊是一种大厚度工件的高效焊接法。

239. 电阻焊时加热时间短,热量集中,热影响区小。

240. 热喷涂是将熔融状态的喷涂材料通过高速气流使其雾化喷射在零件表面上,形成喷涂层的一种金属表面加工方法。

241. 热喷涂是一种制造堆焊层的工作方法。

242. 进行电渣焊时,结构设计应尽量避免作业人员在狭窄的空间内操作,通风不良的结构应开排气孔。

243. 铝热焊用铝粉颗粒度越小,反应时间越长且热量损失越大。

244. 原子氢焊接时,电弧温度高达 6 000 ℃ 以上。

245. 丝极电渣焊的焊丝在接头间隙中的位置及焊接参数容易调节,许用功率小,监控熔池方便,适用于环缝焊及丁字接头的焊接。

246. 钎焊作业属于特种作业范畴。

247. 在某些场合,水蒸气保护焊比 CO_2 气体保护焊的质量好。

248. 硬钎焊是指使用熔点低于450 ℃的硬钎料进行的钎焊。

249. 钎焊只能焊接极细极薄的零件,不能钎焊厚薄及粗细差别很大的零件。

250. 原子氢焊是指分子氢通过两个钨极之间的电弧热分解成原子氢,当其在焊件表面重新结合为分子氢时放出热量,以此为主要热源进行焊接的方法。

251. 原子氢焊主要用于碳钢和不锈钢薄板的焊接。

252. 清洗钎件的安全技术包括现场必须配备洗眼器及冲淋装置。

253. 原子氢焊采用交流电源焊接,为了保护焊工,通常选用安全电压值不超过36 V。

254. 水蒸气烫伤可为二度烫伤。

255. 热喷涂是使工件表面具有耐磨、耐热、耐腐蚀、抗氧化等性能。

256. 根据热喷涂所用热源的种类和形状,分为火焰喷涂、电弧喷涂、等离子喷涂。

257. 热喷涂场通风条件较差,会使操作者吸入微小的锌、铜、铝、铅等金属粉尘而引起金属烟尘热病。

258. 根据工艺特点,电阻焊可分为点焊、缝焊、凸焊三种。

259. 电阻焊的特点是机械化、自动化程度高,故生产率高。

二、单选题

1. 目前,我国生产的交流弧焊机的空载电压不高于( )。
   A. 70 V　　　　　　　　B. 85 V　　　　　　　　C. 90 V

2. 弧焊发电机的接触处接触电阻过大或接线处螺钉过松,会造成( )的故障。
   A. 电动机反转　　　　　B. 导线接触处过热　　　C. 电刷有火花

3. 国产焊条电弧焊机的空载电压一般为( )。
   A. 50～90 V　　　　　　B. 70～110 V　　　　　　C. 110～220 V

4. 企业在禁火区内动火实行( )。
   A. 一级审批制　　　　　B. 二级审批制　　　　　C. 三级审批制

5. 焊条电弧焊安全操作技术规定:禁止露天作业的天气是( )。
   A. 晴天　　　　　　　　B. 雨天　　　　　　　　C. 夏天

6. 在弧焊机的供电线路上都应接有合乎规定的( )。
   A. 泄压装置　　　　　　B. 熔断保险器　　　　　C. 安全膜

7. 下列弧焊电源中,高效节能的焊机是( )。
   A. 弧焊发电机　　　　　B. 弧焊变压器　　　　　C. 逆变焊机

8. 当弧焊发电机的三相熔丝中某一相熔断或电动机定子线圈短路,会造成的故障是( )。
   A. 电动机反转
   B. 电动机不启动并发出嗡嗡声
   C. 焊机过热

9. 当弧焊变压器过载、变压器绕组短路时,会造成( )的故障。
   A. 弧焊变压器过热　　　B. 焊接电流不稳定　　　C. 导线接触处过热

10. 当焊接电流大于350 A时,焊工一般选用( )号的护目玻璃。
    A. 12　　　　　　　　　B. 10　　　　　　　　　C. 9

11. 弧焊机的接地电阻大于( )。
    A. 3 Ω　　　　　　　　B. 4 Ω　　　　　　　　C. 5 Ω

12. 焊接电弧由三部分组成,焊条电弧焊时,温度最高的区域为(　　)。
    A．阴极区　　　　　　　　B．阳极区　　　　　　　　C．弧柱中心

13. 关于选用焊条时的原则,下列说法错误的是(　　)。
    A．考虑简化工艺、提高生产率、降低成本
    B．考虑焊件的机械性能、化学成分
    C．可以不考虑焊件的工作条件及使用性能

14. 电弧焊时,为防止发生火灾、爆炸事故,作业场所应备有足够的(　　)。
    A．消防人员　　　　　　　B．消防器材　　　　　　　C．监护人员

15. 严禁进行电弧焊作业的场所是(　　)。
    A．水库　　　　　　　　　B．油库、中心乙炔站　　　C．露天

16. 焊接变压器电流不稳定,是因为(　　)。
    A．动铁芯在焊接时不稳定　B．焊接电缆松动　　　　　C．焊接电缆裸露

17. 钨极氩弧焊属于(　　)。
    A．熔化极氩弧焊　　　　　B．非熔化极氩弧焊　　　　C．激光焊

18. 氩弧焊时用氩气作保护气体,氩气是(　　)。
    A．氧化性气体　　　　　　B．惰性气体　　　　　　　C．还原性气体

19. 若将易燃易爆管道当作焊接回路使用,会造成的事故是(　　)。
    A．触电　　　　　　　　　B．火灾爆炸　　　　　　　C．中毒

20. 电弧辐射对皮肤和眼睛造成伤害的射线是(　　)。
    A．紫外线　　　　　　　　B．红外线　　　　　　　　C．可见光

21. 长期接触电弧辐射,从而引起白内障的射线是(　　)。
    A．紫外线　　　　　　　　B．红外线　　　　　　　　C．可见光

22. 为确保零线回路不中断,保护接地、保护接零线上(　　)。
    A．应设置熔断器　　　　　B．应设置开关　　　　　　C．不准设置熔断器或开关

23. 焊机着火在未断电前不能用(　　)灭火。
    A．干粉灭火器　　　　　　B．水或泡沫灭火器　　　　C．CO_2 灭火器

24. 瓶阀冻结时,解冻方法是(　　)。
    A．用明火烘烤　　　　　　B．用 40 ℃以下温水解冻　C．用小锤敲打

25. 氩弧焊若采用钍钨棒作电极时,应将钍钨棒存放在(　　)。
    A．铁盒内　　　　　　　　B．铅盒内　　　　　　　　C．木盒内

26. 目前,我国生产的直流弧焊机的空载电压不高于(　　)。
    A．70 V　　　　　　　　　B．85 V　　　　　　　　　C．90 V

27. 钨极氩弧焊按操作方式分为手工焊、半自动焊和(　　)三类。
    A．自动焊　　　　　　　　B．激光焊　　　　　　　　C．气体保护焊

28. 钨极氩弧焊的接头形式有对接、搭接、(　　)、T 形接和端接五种基本类型。
    A．角接　　　　　　　　　B．K 形　　　　　　　　　C．X 形

29. 焊接电流大小,主要根据工件材料、(　　)、接头形式、焊接位置等因素选择。
    A．焊丝直径　　　　　　　B．厚度　　　　　　　　　C．气体流量

30. 氩弧焊影响人体的有害因素有三个方面:①(　　);②高频电磁场;③有害气体——臭氧和氮氧化物。

　　A. 电击伤　　　　　　　　B. 放射性　　　　　　　　C. 物体打击

31. 氩弧焊时,对材料的表面质量要求很高,焊前必须经过严格清洗,否则在焊接过程中可能导致(　　)、夹渣、未熔合等缺陷。

　　A. 裂纹　　　　　　　　　B. 焊瘤　　　　　　　　　C. 气孔

32. 以下焊接方法中,不属于熔化焊的是(　　)。

　　A. 埋弧焊　　　　　　　　B. 氩弧焊　　　　　　　　C. 扩散焊

33. 氩弧焊引弧所用的高频振荡器会产生一定强度的电磁辐射,接触较多的焊工,会引起(　　)、疲乏无力、心悸等症状。

　　A. 呕吐　　　　　　　　　B. 头晕　　　　　　　　　C. 昏迷

34. 手工电弧焊时的弧光比氩弧焊时的弧光辐射(　　)。

　　A. 高　　　　　　　　　　B. 一样　　　　　　　　　C. 低

35. 为防止火灾、爆炸事故,焊接作业处(　　)内不得有可燃易燃易爆物品。

　　A. 5 m　　　　　　　　　B. 10 m　　　　　　　　　C. 15 m

36. 当现场作业违反焊割"十不烧"时,焊工应(　　)。

　　A. 听领导的　　　　　　　B. 拒绝焊割　　　　　　　C. 边焊割,边向领导汇报

37. 各弧焊机设备间及弧焊机与墙间通道的宽度至少应留(　　)。

　　A. 0.5 m　　　　　　　　B. 1 m　　　　　　　　　C. 2 m

38. 下列各种焊接方法中,产生辐射、噪声、金属粉尘、臭氧、氮氧化物最多的是(　　)。

　　A. CO_2 气体保护焊　　　B. 氩弧焊　　　　　　　　C. 等离子弧焊接与切割

39. 熔化极气体保护焊弧焊机着火可使用的灭火器有(　　)。

　　A. 化学泡沫灭火器　　　　B. 酸碱灭火器　　　　　　C. 干粉灭火器

40. 熔化极气体保护焊焊接时,熔融飞溅(　　)。

　　A. 较小　　　　　　　　　B. 一般　　　　　　　　　C. 较大

41. 焊机接地回线乱接乱搭易造成(　　)。

　　A. 中毒事故　　　　　　　B. 触电事故　　　　　　　C. 火灾事故

42. CO_2 焊的全称为(　　)。

　　A. CO_2 气体保护电弧焊

　　B. CO_2 气体保护焊

　　C. CO_2 焊

43. 关于 CO_2 的说法错误的是(　　)。

　　A. 密度是 1.976 8 g/L

　　B. 化学性质稳定,不燃烧、不助燃

　　C. 不易溶于水

44. 用于焊接的 CO_2 气体,其纯度要大于(　　)%。

　　A. 99.5　　　　　　　　　B. 98.5　　　　　　　　　C. 99.7

45. 采用氧气和氩气混合保护气体来焊接低碳钢和低合金钢时,混合气体中氧的体积分数可达(　　)%。

　　A. 15　　　　　　　　　　B. 10　　　　　　　　　　C. 20

46. 采用 CO_2 和氩气混合保护气体来焊接时,其焊接工艺特征(　　)。

　　A. 接近于纯 CO_2 气体保护焊,但飞溅相对较少

B．接近于纯 Ar 气体保护焊，但飞溅相对较少

C．接近于纯 Ar 气体保护焊，但飞溅相对较多

47. 关于 CO_2 气体保护焊短路过渡焊接电源极性，以下说法正确的是（　　）。

　　A．一般都应采用直流正接

　　B．一般都应采用直流反接

　　C．直流正接和直流反接都很常用

48. CO_2 气体保护焊中与 CO_2 的分解程度有关的是（　　）。

　　A．气体流量　　　　　　　B．焊接速度　　　　　　　C．电弧温度

49. CO_2 气体保护焊时，为了控制熔深，一般调节（　　）。

　　A．电流大小　　　　　　　B．燃弧时间　　　　　　　C．焊丝粗细

50. 埋弧焊焊接时，被焊工件与焊丝分别接在焊接电源的（　　）。

　　A．正极　　　　　　　　　B．负极　　　　　　　　　C．两极

51. 埋弧焊焊接时，焊丝的送进速度相较于焊丝的熔化速度（　　）。

　　A．略快　　　　　　　　　B．同步　　　　　　　　　C．略慢

52. 埋弧焊焊丝（　　）采用药芯焊丝代替实心焊丝。

　　A．能　　　　　　　　　　B．不能　　　　　　　　　C．两者皆可

53. 自动埋弧焊的焊丝送进和电弧移动都由专门的焊接装置（　　）完成。

　　A．手工　　　　　　　　　B．自动　　　　　　　　　C．半自动

54. 埋弧焊以 12～16 mm 厚度的钢板对接为例，单丝埋弧焊可以达到（　　）的焊接速度，而手工电弧焊都很难达到 6 m/h。

　　A．3～6 m/h　　　　　　　B．30～60 m/h　　　　　　C．300～600 m/h

55. 自动焊接时，焊接参数可通过（　　）调节保持稳定。

　　A．手工　　　　　　　　　B．自动　　　　　　　　　C．半自动

56. 由于采用颗粒状焊剂，埋弧焊焊接方法局限于（　　）位置。

　　A．平焊　　　　　　　　　B．立焊　　　　　　　　　C．横焊

57. 埋弧焊电弧的电磁场强度较大，电流小于 100 A，电弧不稳，不适于焊接厚度小于（　　）的薄板。

　　A．300 mm　　　　　　　　B．30 mm　　　　　　　　C．3 mm

58. 埋弧焊一般采用粗焊丝，电弧具有（　　）的静特性曲线。

　　A．水平　　　　　　　　　B．上升　　　　　　　　　C．下降

59. 采用直流电源时，不同的极性将产生不同的工艺效果，采用直流反接时，焊缝熔深（　　）。

　　A．小　　　　　　　　　　B．一样　　　　　　　　　C．大

60. （　　）电源多用于大电流埋弧和采用直流时磁偏吹严重的场合。

　　A．直流　　　　　　　　　B．交流　　　　　　　　　C．逆变

61. 为了加大熔深并提高生产率，（　　）埋弧焊得到越来越多的工业应用。

　　A．单丝　　　　　　　　　B．双丝　　　　　　　　　C．多丝

62. 按照工作需要，自动埋弧焊机被做成不同的形式，使用最普通的是（　　）型焊机。

　　A．MZ－1000　　　　　　　B．MZ－2000　　　　　　　C．MZ－3000

63. 埋弧焊时，焊接夹具可以减少或免除定位焊缝并且（　　）焊接变形。

　　A．减少　　　　　　　　　B．增加　　　　　　　　　C．增大

64. 焊剂垫有用于（　　）和用于环缝两种基本形式。

A．平焊缝　　　　　　　　B．仰焊缝　　　　　　　　C．纵缝

65. 埋弧焊时,同一电流使用(　　)直径的焊丝时,可获得加大焊缝熔深、减小熔宽的工艺效果。
    A．较小　　　　　　　　B．中等　　　　　　　　C．较大

66. 熔炼焊剂由(　　)表示熔炼焊剂,后加 3 个阿拉伯数字组成。
    A．HJ　　　　　　　　　B．SJ　　　　　　　　　C．KJ

67. 烧结焊剂由(　　)表示烧结焊剂,后加 3 个阿拉伯数字组成。
    A．HJ　　　　　　　　　B．SJ　　　　　　　　　C．KJ

68. Ml－Al 高合金钢选用(　　)熔炼焊剂。
    A．HJ431　　　　　　　B．HJ173　　　　　　　C．SJ301

69. 普通结构钢选用(　　)烧结焊剂。
    A．HJ431　　　　　　　B．HJ173　　　　　　　C．SJ301

70. 等离子弧的形成原理是自由电弧的(　　)。
    A．物理压缩　　　　　　B．化学压缩　　　　　　C．物理和化学压缩

71. 等离子弧焊焊接速度比钨极氩弧焊(　　)。
    A．相当　　　　　　　　B．快　　　　　　　　　C．慢

72. 下列选项中,不适于等离子弧焊的是(　　)。
    A．锌　　　　　　　　　B．低合金钢　　　　　　C．铜合金

73. 手工等离子弧焊适用的焊接位置是(　　)。
    A．平焊　　　　　　　　B．横焊　　　　　　　　C．全位置

74. 在微束等离子弧焊中,转移弧的作用是(　　)。
    A．熔化工件　　　　　　B．引弧　　　　　　　　C．维弧

75. 下列不是铝、镁及其合金的焊接方法的是(　　)。
    A．直流正接的等离子弧焊
    B．直流反接的等离子弧焊
    C．交流等离子弧焊

76. 在小孔型等离子弧焊中,焊接电流选择的依据不包括(　　)。
    A．板厚　　　　　　　　B．焊接速度　　　　　　C．熔透要求

77. 随着焊接速度增加,焊缝热输入及小孔直径将(　　)。
    A．均增大　　　　　　　B．热输入增大,直径减小　　C．均减小

78. 小孔型等离子弧焊接时,合适的喷嘴距离为(　　)mm。
    A．2～7　　　　　　　　B．3～8　　　　　　　　C．4～9

79. 熔透型等离子弧焊接时,维弧电流过大容易损坏喷嘴,一般选用(　　)A。
    A．1～4　　　　　　　　B．2～5　　　　　　　　C．3～6

80. 采用水再压缩等离子弧切割时,引燃电弧后,送入的是(　　)。
    A．离子主体　　　　　　B．压缩空气　　　　　　C．大流量高压水

81. 电弧电压越高,要求切割电源的空载电压(　　)。
    A．越高　　　　　　　　B．越低　　　　　　　　C．不变

82. 在下列三种材料中,空气等离子弧更适用于切割(　　)。
    A．不锈钢　　　　　　　B．低合金钢　　　　　　C．铝及铝合金

83. 等离子切割电流为 250 A 时,割口宽度为(　　)mm。

A. 2.0   B. 3.0   C. 4.5

84. 等离子弧焊接和切割采用的引弧方式是(　　)。

    A. 低频振荡器   B. 中频振荡器   C. 高频振荡器

85. 在转移型等离子弧中,接电源正极的是(　　)。

    A. 喷嘴   B. 工件   C. 钨极

86. 采用(　　)A 以下焊接电流的熔透型等离子弧焊,称为微束等离子弧焊。

    A. 30   B. 40   C. 50

87. 采用等离子弧焊,最薄可焊(　　)mm 的金属薄片。

    A. 1   B. 0.1   C. 0.01

88. 水冷喷嘴内壁表面有一层冷气膜,可使等离子弧柱有效截面收缩,这种收缩称为(　　)。

    A. 热收缩   B. 磁收缩   C. 冷收缩

89. 下列属于小孔型等离子弧焊特点的是(　　)。

    A. 一般不需采取其他措施即可实现全位置焊接

    B. 孔隙率低

    C. 焊接可变参数少,规范区间宽

90. 与氩弧焊相比,等离子弧焊钨极烧损程度(　　)。

    A. 不变   B. 较轻   C. 较严重

91. 下列可用于等离子焊接冷却系统中作冷却剂的是(　　)。

    A. 电解质溶液   B. 盐水   C. 去离子水

92. 为便于引弧和提高电弧稳定性,直流正接的等离子弧焊工艺中,电极端部应磨成(　　)。

    A. <10°的夹角   B. 20°～60°的夹角   C. 70°～80°的夹角

93. 等离子弧切割时的切割电压超过电源空载电压(　　)时容易熄弧。

    A. 1/3   B. 1/4   C. 2/3

94. 等离子弧切割碳钢时,为获得切割面较高的表面硬度,离子气可使用(　　)。

    A. 氧气   B. 氮气   C. 氢气

95. 等离子弧焊的电弧热量可以熔透的工件深度与切割速度(　　)。

    A. 成反比   B. 成正比   C. 没有比例关系

96. 等离子压缩电弧的电弧功率和温度与自由电弧相比(　　)。

    A. 较低   B. 没有差别   C. 较高

97. 下列关于热丝等离子弧焊接说法错误的是(　　)。

    A. 填充焊丝在进入熔池之前通过电流流过焊丝时产生的电阻热对其加热

    B. 热丝焊接可提高焊接速度、增加稀释率

    C. 热丝等离子弧焊接一般用在大电流熔透焊中

98. 下列关于等离子弧焊接和切割防灰尘与烟气的措施说法错误的是(　　)。

    A. 等离子弧焊接和切割过程中伴随有大量的金属蒸气、臭氧、氮化物等

    B. 工作场所必须配备良好的通风设备

    C. 不能采用水中切割的方法

99. 电子枪中的阴极向外发射电子的方式不包括(　　)。

    A. 冷发射   B. 热发射   C. 场发射

100. 非真空电子束焊的技术特点不包括(　　)。

　　A．生产效率高　　　　　　B．成本低　　　　　　　　C．功率密度高

101. 不属于低真空电子束焊应用的是（　　）。

　　A．变速箱　　　　　　　　B．组合齿轮　　　　　　　C．导弹壳体

102. 电子束焊的优点不包括（　　）。

　　A．可焊性材料较少　　　　B．焊缝纯度高　　　　　　C．焊缝组织性能好

103. 激光束的特点不包含（　　）。

　　A．方向性差　　　　　　　B．单色性好　　　　　　　C．光亮度高

104. 下列（　　）属于激光焊在舰船制造业的应用。

　　A．车身拼焊

　　B．加填充金属焊接大厚度板件

　　C．薄钢带的焊接

105. 电子束焊中，焊接厚大工件时应选用（　　）。

　　A．通用型焊机　　　　　　B．中压型焊机　　　　　　C．高压型焊机

106. 焊接与切割主要用的激光器不包括（　　）。

　　A．液体激光器　　　　　　B．固体激光器　　　　　　C．CO_2 气体激光器

107. 为了保证激光器稳定运行，一般采用的电子控制电源的特点是（　　）。

　　A．慢响应、恒稳性低　　　B．快响应、恒稳性高　　　C．快响应、恒稳性低

108. 电子束焊设备应装置专用地线，且接地电阻应小于（　　）Ω。

　　A．3　　　　　　　　　　　B．4　　　　　　　　　　　C．5

109. 电子束焊接时，高速运动的电子束与焊件产生 X 射线的方式是（　　）。

　　A．感应　　　　　　　　　B．辐射　　　　　　　　　C．撞击

110. 下列（　　）不是电子束焊接时产生的有害物质。

　　A．金属蒸气　　　　　　　B．CO_2　　　　　　　　　C．臭氧

111. 激光束的优点不包括（　　）。

　　A．设备复杂　　　　　　　B．焊缝变形极小　　　　　C．焊件不易氧化

112. 非真空电子束焊适用于大型焊件的焊接，但一次焊透深度不超过（　　）mm。

　　A．10　　　　　　　　　　　B．20　　　　　　　　　　C．30

113. 下列选项中（　　）是不受使用条件限制的。

　　A．氩弧焊　　　　　　　　B．激光焊　　　　　　　　C．等离子束焊

114. "氟、氢原子反应时，能形成处于激发态的氟化氢离子从而产生激光"，描述的是（　　）。

　　A．气体激光器　　　　　　B．半导体激光器　　　　　C．液体激光器

115. YGA 晶体激光器中的晶体是综合性能最优异的激光晶体，它的激光波长是（　　）μm。

　　A．1 024　　　　　　　　　B．1.640　　　　　　　　　C．1 064

116. CO_2 激光器的电光转换效率与固体激光器相比（　　）。

　　A．低　　　　　　　　　　B．没有差别　　　　　　　C．高

117. 在进行激光焊接时，一般薄板焊接采用（　　）离焦，厚板焊接采用（　　）离焦。

　　A．负，负　　　　　　　　B．正，负　　　　　　　　C．负，正

118. 测量电子束焊真空系统低真空（压强高于 0.1 Pa）时多采用（　　）。

　　A．电阻真空计　　　　　　B．电离式真空计　　　　　C．磁放电式真空计

119. 下列关于电子束焊真空室的说法错误的是（　　）。

A．真空室的尺寸及形状应根据焊机的用途和被加工的零件来确定

B．真空室一般采用低碳钢和不锈钢制成，碳钢制成的工作室内表面应镀镍

C．电子束焊机的使用者可自行改装真空室

120. 激光防护面罩实际上是带有激光防护眼镜的面罩，主要用于防（　　）。

A．紫外线　　　　　　　B．可见光　　　　　　　C．红外线

121. 下列关于激光危害的工程控制说法错误的是（　　）。

A．应将整个激光系统置于不透光的罩子中

B．对激光器装配防护罩或防护围封

C．维护或检修激光器时可暂时拆除激光安全标志

122. 下列关于铝及铝合金激光焊的说法错误的是（　　）。

A．焊缝中容易产生气孔

B．工件表面需进行预处理，采用大功率的激光器

C．工件表面在开始时反射率低且稳定

123. 深熔激光焊时，保护气体的作用不包括（　　）。

A．保护被焊部位免受氧化

B．抑制等离子云的负面效应

C．冷却

124. 吸收率决定了工件对激光束能量的利用率，下列措施不能增加材料对激光的吸收率的是（　　）。

A．材料表面处理　　　　B．使用惰性气体　　　　C．提高材料表面温度

125. 堆焊主要用于材料间的冶金结合是（　　）。

A．同种金属　　　　　　B．异种金属　　　　　　C．金属与非金属

126. 与一般焊接相比，堆焊的基本规律与之不同，主要体现在其（　　）。

A．化学本质　　　　　　B．冶金过程　　　　　　C．热过程

127. 堆焊时，稀释率要（　　）。

A．尽可能高　　　　　　B．尽可能低　　　　　　C．无特殊要求

128. 堆焊金属的相变温度和膨胀系数比基体金属（　　）。

A．高　　　　　　　　　B．相近　　　　　　　　C．低

129. 手工电弧堆焊的应用形式是（　　）。

A．手工　　　　　　　　B．半自动　　　　　　　C．自动

130. MU1-1000 型自动带极堆焊机制造机械零件时，堆焊层金属不包括（　　）。

A．高合金钢　　　　　　B．不锈钢　　　　　　　C．低合金钢

131. 不能采用 MU3-2×1000 型悬臂式双头内环缝带极自动埋弧堆焊机堆焊（　　）。

A．火车车轮轮缘　　　　B．容器内环缝　　　　　C．锅炉内环缝

132. CO_2 气体保护内圆孔自动立堆焊机不能用于修复（　　）。

A．火车车轮轮缘　　　　B．机车车轮轮毂孔　　　C．机车摇连杆孔

133. 等离子弧热（冷）丝堆焊机主要用于堆焊（　　）。

A．带极　　　　　　　　B．板极　　　　　　　　C．丝极

134. LU-150 型等离子弧粉末堆焊机的组成部分不包括（　　）。

A．出机架　　　　　　　B．控制箱　　　　　　　C．堆焊机

135. 在焊机使用中,要控制粉末的熔融状况,可改变(　　　)。

A. 焊接速度　　　　　　B. 转移型电弧的电流　　　　C. 非转移型电弧的电流

136. 下列不属于自动振动堆焊机控制箱组成部分的是(　　　)。

A. 尾座　　　　　　　　B. 电感器　　　　　　　　　C. 控制器

137. 手工堆焊工艺与手工电弧焊工艺主要的区别在于(　　　)。

A. 操作方法　　　　　　B. 规范参数　　　　　　　　C. 焊接缺陷的防止

138. 堆焊层金属产生开裂时,母材与堆焊层金属成分(　　　)。

A. 相同　　　　　　　　B. 相差较大　　　　　　　　C. 相近

139. 碳当量为 0.5% 时,工件的焊前预热温度应在(　　　)℃以上。

A. 150　　　　　　　　B. 200　　　　　　　　　　C. 250

140. 采用堆焊过渡层法防止堆焊层金属开裂时,堆焊层金属的硬度(　　　)。

A. 较低　　　　　　　　B. 较高　　　　　　　　　　C. 很高

141. 通过不打渣连续堆焊的方法提高手工电弧堆焊效率时,其特点不包括(　　　)。

A. 效率高　　　　　　　B. 熔深较深　　　　　　　　C. 母材熔化较少

142. 自动埋弧堆焊电弧长度增大时,电弧电压(　　　)。

A. 升高　　　　　　　　B. 降低　　　　　　　　　　C. 不变

143. 堆焊速度过小,堆焊层加厚,焊缝(焊道)(　　　)。

A. 加宽　　　　　　　　B. 变窄　　　　　　　　　　C. 不变

144. 当其他焊接参数不变时,焊丝直径增大,堆焊焊缝的宽度(　　　)。

A. 不变　　　　　　　　B. 增加　　　　　　　　　　C. 减小

145. 自动埋弧堆焊的焊丝伸出长度通常为(　　　)mm。

A. 10～50　　　　　　　B. 15～55　　　　　　　　　C. 20～60

146. 氧乙炔焰堆焊时,主要危险是(　　　)。

A. 有害气体　　　　　　B. 爆炸　　　　　　　　　　C. 弧光

147. 手工电弧堆焊时,焊机空载电压不能太高,一般直流焊机电源的电压(　　　)V。

A. ≤60　　　　　　　　B. ≤80　　　　　　　　　　C. ≤100

148. 电渣堆焊时,要保证冷却装置严密不漏水,防止产生(　　　)。

A. 爆炸　　　　　　　　B. 火灾　　　　　　　　　　C. 有害气体

149. 氩弧堆焊的主要危险不包括(　　　)。

A. 有害气体　　　　　　B. 烟尘　　　　　　　　　　C. 高频电场

150. CO_2 气体保护堆焊时,若空气中 CO_2 浓度过高,会使人(　　　)。

A. 缺氧甚至窒息　　　　B. 头晕　　　　　　　　　　C. 头痛

151. 由于 CO_2 气体保护堆焊属于明弧焊接,因此要防止(　　　)。

A. 有害气体产生　　　　B. 火灾发生　　　　　　　　C. 弧光伤害

152. 埋弧自动堆焊的电流比手弧焊高(　　　)倍。

A. 2～3　　　　　　　　B. 3～5　　　　　　　　　　C. 5～8

153. 堆焊圆形工件,当焊丝直径为 1.6 mm 时,堆焊螺距为(　　　)mm。

A. 1～2.5　　　　　　　B. 2～3.5　　　　　　　　　C. 2.5～4

154. 为保持稳定的电渣过程及减小网路电压波动的影响,电渣焊采用的电源为(　　　)。

A. 逆变整流　　　　　　B. 直流电源　　　　　　　　C. 交流电源

155. 电渣焊过程中会产生有害气体,原因是( )。

    A．水分进入渣池   B．电渣过程不稳   C．焊剂中氟化钙分解

156. 原子氢焊主要用于焊接的材料是( )。

    A．高铬钢   B．不锈钢薄板   C．低合金钢

157. 原子氢焊接时,电弧温度高达( )℃以上。

    A．3 000   B．4 000   C．5 000

158. 为防止电渣焊时产生爆渣或漏渣引起的烧伤,应( )。

    A．选用氟化钙含量低的焊剂

    B．焊前检查变压器冷却水畅通情况

    C．提高装配质量

159. 电渣焊的焊接电源应按暂载率( )考虑。

    A．90%   B．100%   C．150%

160. 氢气着火时应采取( )措施。

    A．切断气源

    B．保持氢气系统为负压状态

    C．用水冲洗

161. 原子氢焊时使用的氢气导热效能比空气大( )倍。

    A．5   B．6   C．7

162. 水蒸气保护电弧焊主要用于工件的堆焊修复,其显著特点是( )。

    A．气孔较多   B．成本低   C．水蒸气对人体无伤害

163. 关于钎焊作业安全操作技术,说法错误的是( )。

    A．导线、地线、手把线应一块放置

    B．清除易燃易爆物品

    C．认真检查与整理工作场地

164. 原子氢焊是一种( )。

    A．弧焊   B．钎焊   C．压焊

165. 电阻焊属于( )范畴。

    A．熔化焊   B．钎焊   C．压焊

166. 电阻焊焊接速度快,特别是点焊,甚至1 s可焊接( )个焊点。

    A．1~2   B．2~3   C．4~5

167. 电渣焊是利用电流通过液体熔渣所产生的( )进行焊接的方法。

    A．电阻热   B．高温   C．熔池

168. 电渣焊一般焊成的大厚度焊件为( )厚。

    A．1 m   B．2 m   C．3 m

169. 剂焊又称铝热焊,采用经热剂反应形成的高温液态金属注入铸型内,使接头金属熔化实现焊接的方法,常用( )作为热剂。

    A．铝粉   B．铜粉   C．铅粉

170. 钎焊是指使用熔点低于( )℃的软钎料进行的焊接。

    A．400   B．450   C．500

171. 原子氢焊采用交流电源焊接,为了保护焊工,通常选用安全电压值不超过( )V。

A. 24   B. 36   C. 42

172. 钎焊的主要缺点是钎焊缝的( )和耐热能力都较基体金属低。

A. 强度   B. 韧性   C. 塑性

173. 电渣焊预防有毒有害气体安全技术的首要任务是( )。

A. 专人监护   B. 防止触电   C. 用 CaF_2 含量低的焊剂

参考答案

一、判断题

1～5：AABBB   6～10：BABAA   11～15：ABABB

16～20：ABAAA   21～25：AAAAA   26～30：AABBA

31～35：BAAAA   36～40：AAABB   41～45：ABBAA

46～50：ABABB   51～55：AABAA   56～60：BABAA

61～65：ABABA   66～70：ABABB   71～75：ABAAA

76～80：AAAAA   81～85：AABAA   86～90：BBAAA

91～95：AAAAB   96～100：ABBBA   101～105：BBBAA

106～110：BAAAB   111～115：AABAA   116～120：AABAB

121～125：BABAB   126～130：BABAA   131～135：BAAAB

136～140：AABAB   141～145：BAAAB   146～150：AAAAB

151～155：BBABA   156～160：BAABA   161～165：BBBBB

166～170：AAAAB   171～175：BBABA   176～180：AABAB

181～185：BBBAA   186～190：AABAA   191～195：BABAA

196～200：BBABA   201～205：ABBAB   206～210：BAABB

211～215：ABABA   216～220：BBAAB   221～225：AAAAA

226～230：BBAAA   231～235：BAAAA   236～240：AAAAA

241～245：BABBA   246～250：AABBA   251～255：AABBA

256～259：AABA

二、单选题

1～5：BBACB   6～10：BCBAC   11～15：BCCBB

16～20：ABBBA   21～25：BCBBB   26～30：CAABB

31～35：CCBCB   36～40：BBCCC   41～45：CACAC

46～50：ABCBC   51～55：BABBB   56～60：ACACB

61～65：CAACA   66～70：ABBCA   71～75：BACAA

76～80：BCBBC   81～85：ABCCB   86～90：ACABB

91～95：CBCAA   96～100：CBCAC   101～105：CAABC

106～110：ABACB   111～115：ACBAC   116～120：CBACA

121～125：CCCBB   126～130：ABBAC   131～135：AACAC

136～140：ABBAC   141～145：BAABC   146～150：BCABA

151～155：CBCCC   156～160：BBCBA   161～165：CBAAC

166～170：CABAB   171～173：AAC

第四章　气焊与热切割方法及安全操作技术

第一节　气焊与热切割概述

气焊与气割是利用气体火焰与氧气混合燃烧产生的热量来熔化金属达到焊接和切割的方法。

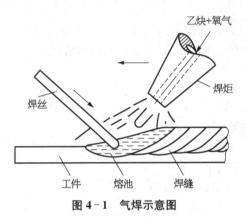

图 4-1　气焊示意图

一、气焊与热切割的工作原理及安全特点

(一) 气焊的工作原理

气焊是利用气体火焰作为热源将两个工件的接头部分熔化，并熔入填充金属，熔池凝固后使之成为一个整体的一种熔化焊接方法，如图 4-1 所示。由于所用的设备和工具简单，通用性大，焊接较薄、较小的工件时不易焊穿，在无电源情况下也能使用，因此仍然被应用于小口径管道和薄壁机件的制造和安装，以及用于修补损坏的机件和铸件缺陷等。

(二) 热切割的工作原理

热切割是利用热能使材料分离的方法，包括气割、碳弧气刨、氧熔剂切割、等离子弧切割、激光切割等。

气割是利用气体火焰的热能将工件切割处预热至燃烧温度后，喷出高速切割氧流，使其燃烧并放出热量实现切割的方法，如图 4-2 所示。气割的效率高、成本低、设备简单，并能对各种位置进行切割和在工件上切割各种外形复杂的零件，因此被广泛用于手工工件下料、焊接坡口和铸件浇冒口的切割。气割一般用于切割各种碳钢和普通低合金钢。

(三) 气焊与热切割的安全特点

热切割的共同特点是作业时必定产生大量的热和金属氧化物，作业环境较差，伴随有大量热、烟雾、灰尘、噪声和光污染等。

气焊或气割使用的乙炔、液化石油气、氢气等都是易燃易爆气体，氧气瓶、乙炔瓶、液化石油气瓶和乙炔发生器都属于压力容器。在补焊燃料容器和管道时，还会遇到其他许多易燃易爆气体和各种压力容器。由于气焊与气割操作需要与可燃气体和压力

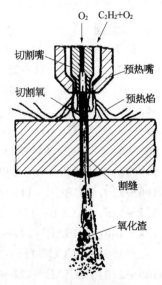

图 4-2　气割示意图

容器接触,同时又使用明火,如果焊接设备或安全装置有缺陷(故障),或者违反安全操作规程,就可能造成爆炸和火灾事故。

在气体火焰的作用下,尤其是气割时氧气射流的喷射,使火星、熔珠和铁渣四处飞溅,易造成烫伤事故。而且较大的熔珠和铁渣能飞溅到距离操作点 5 m 以外的地方,引燃易燃易爆物品,造成火灾和爆炸。

气焊与气割的火焰温度高达 3 000 ℃,被焊金属在高温下蒸发,冷凝形成烟尘,在焊接铅、镁、铜等有色金属及其他合金时,除了有毒金属蒸气外,焊粉还散放出氯盐和氟盐等燃烧产物。

黄铜的焊接过程中放出大量的锌蒸气,铅的焊接过程中放出铅和氧化铅等有毒蒸气。在焊补操作过程中,还会遇到其他有毒物质,尤其是在密闭容器、管道内的气焊操作,可能造成焊工中毒。

二、气焊与气割用气体

气焊、气割用气体分助燃气体(氧气)和可燃气体(乙炔、液化石油气等)。可燃气体和氧气以一定比例混合燃烧时,放出大量的热,可形成热量集中的高温火焰,将金属加热和熔化。

(一) 氧气

氧气是气焊与气割时必须使用的气体,尤其是气割各种形状复杂的钢板,更需要利用氧气的助燃和喷射能力来完成。

1. 氧气的性质

氧是自然界中的重要元素,在空气中比重约占 21%。氧气是一种无色无味无毒的气体,其分子式是 O_2。在标准状态下,氧气的质量密度是 1.43 kg/m³,比空气略重(空气为 1.29 kg/m³)。常压下,氧气在 −183 ℃时变为淡蓝色的液体,在 −218 ℃时变成雪花状的淡蓝色固体。工业上用的大量氧气主要采用液态空气分离法制取。就是把空气引入制氧机内,经过高压和冷却,使之凝结成液体,然后让它在低温下挥发,根据氧气与氮气的沸点不同,来制取氧气。

氧气本身不能燃烧,但能助燃,是强氧化剂,与乙炔混合燃烧时的温度可达 3 200 ℃以上。

2. 氧气的用途和纯度要求

由于具有助燃的特性,氧气在工业上的应用非常广泛。氧乙炔焰可以用来进行气焊、气割、钎焊、表面喷焊、喷涂和火焰矫正等。

气焊与气割对氧气的要求是纯度越高越好,因为氧气的纯度对气焊气割效率和质量有很大的影响。根据《工业氧》(GB/T 3863—2008)的规定,工业用的氧气可分为两个等级:一级纯度的氧含量不低于 99.5%(体积分数),二级纯度的氧含量不低于 99.2%(体积分数),且均无游离水。气焊、气割用氧的纯度应不低于 99.5%(体积分数)。

氧气用压缩机压进氧气瓶或各种管道,氧气瓶内工作压力为 15 MPa,输送管道内的压力为 0.5~15 MPa。

(二) 乙炔

1. 乙炔的性质

乙炔是一种无色而有特殊臭味的气体,在标准状态下,其密度是 1.179 kg/m³,乙炔比空气轻。乙炔是一种碳氢化合物,其分子式为 C_2H_2。

乙炔是一种可燃性气体,与空气混合燃烧时产生的火焰温度为 2 350 ℃,而与氧气混合燃烧时产生的火焰温度可达 $3\,000\sim3\,300\ ℃$，反应方式程式如下：

$$2C_2H_2+5O_2\Longrightarrow 4CO_2+2H_2O+Q(放热)$$

从反应式可以看出，1 体积的乙炔气完全燃烧需要 2.5 体积的氧气。

2. 乙炔的爆炸性及溶解性

乙炔是一种危险的易燃易爆气体，自燃点低（$305\ ℃$），点火能量小（$0.019\ mJ$）。在一定条件下，容易因分子的聚合、分解而发生着火、爆炸。

1）纯乙炔的自爆　所谓纯乙炔自爆，通常指乙炔气体并没有和其他气体混合而自行爆炸，形成乙炔自爆的条件是温度与压力。温度低于 $540\ ℃$、压力小于 $294\ kPa$ 表压时，主要进行聚合作用。聚合过程是放热反应，乙炔气温越高，其聚合速度越快，放出的热量越多，从而促使聚合过程加剧。当压力为 $147\ kPa$ 表压而温度超过 $580\ ℃$ 时，乙炔就爆炸分解。压力越高，聚合作用能够转化为乙炔爆炸分解所必需的温度越低。

2）乙炔与空气、氧气和其他气体混合气的爆炸性　乙炔及其他可燃气体与空气或氧气混合时就提高了爆炸危险性。乙炔和其他可燃气体与空气和氧气混合气的爆炸极限见表 4-1。

表 4-1　可燃气体与空气和氧气混合气的爆炸极限

可燃气体名称	可燃气体在混合气中含量（％容积）	
	空气中	氧气中
乙炔	2.2～81.0	2.8～93.0
氢气	3.3～81.5	4.6～93.9
一氧化碳	11.4～77.5	15.5～93.9
甲烷	4.8～16.7	5.0～59.2
天然气	4.8～14.0	
石油气	3.5～16.3	

（1）乙炔与空气混合气体爆炸。在空气中乙炔的含量（按体积计算）在 $2.2\%\sim81.0\%$（尤其是 $7\%\sim13\%$）时，遇静电火花、高温、明火或达到乙炔与空气混合气体的自燃温度 $305\ ℃$ 时就会发生爆炸。

（2）乙炔与氧气混合气体爆炸。当乙炔在氧气中的含量（按体积计算）在 $2.8\%\sim93.0\%$（尤其是 30%）形成的混合气体，就是在正常的大气压下达到自燃温度时也会发生爆炸。

（3）乙炔与其他物质反应爆炸。乙炔与铜或银长期接触后会产生一种爆炸性的化合物，即乙炔铜（Cu_2C_2）和乙炔银（Ag_2C_2），当它们受到剧烈振动或者加热到 $110\sim120\ ℃$ 时就会引起爆炸。所以凡与乙炔接触的器具设备禁止使用纯铜制造，只允许用铜的质量分数不超过 70% 的铜合金制造。

3）乙炔的溶解性　乙炔能够溶解在许多液体中，特别是有机液体中，如丙酮等。在 $15\ ℃$、$0.1\ MPa$ 时，1 体积丙酮能溶解 23 体积乙炔，在压力增大到 $1\,568\ kPa$ 时，1 体积丙酮能溶解约 360 体积的乙炔。因此加入丙酮能大幅度增加乙炔的存储量。同时乙炔压入气瓶后，便溶解于丙酮中，并被分布在多孔性填料的细孔内，乙炔分子被细孔壁所隔离。因此 1 个分子的分解不会扩散到邻近其他分子，一部分乙炔发生爆炸分解，也不会传及瓶内的全部气体。人们就是利用乙炔的这一特性,将乙炔装入乙炔瓶内来储存、运输和使用的。

3. 乙炔的制取

工业用乙炔,主要是用水分解电石而获得的。用水分解电石,按下列放热反应进行:

$$CaC_2 + 2H_2O \longrightarrow C_2H_2 + Ca(OH)_2 + 127 \text{ kJ/mol}$$

理论上分解 1 kg 电石,约需要 0.6 kg 水,并放出 1 989 kJ 的热量。这些热量如不能及时被吸收,会使乙炔温度上升造成过热。为避免上述现象,实际分解 1 kg 电石一般需加 5~15 kg 水。

当水量不足时,化学反应过程得不到良好的冷却,电石分解反应区的温度上升很高。如果温度超过 200 ℃,就可能按下列反应生成氧化钙(CaO)。

$$CaC_2 + Ca(OH)_2 \longrightarrow C_2H_2 + 2CaO$$

在这种情况下,电石因夺去熟石灰[Ca(OH)_2]中所含的水分而分解,熟石灰形成密实的外皮包围着电石块,使电石块淤积并剧烈地过热,当温度超过 300 ℃、压力超过 147 kPa,可能引起乙炔的燃烧爆炸。因此乙炔发生器必须按时换水和供给设计所定的水量。

(三) 液化石油气

液化石油气(简称石油气)是石油炼制工业的副产品,是一种多成分可燃气体的混合物。其主要成分是丙烷(C_3H_8),占 50%~80%,其余是丙烯(C_3H_6)、丁烷(C_4H_{10})、丁烯(C_4H_8)等碳氢化合物。因主要成分是丙烷,所以习惯上把液化石油气称为丙烷。

液化石油气的主要性质如下:

(1) 液化石油气极易汽化,从液态变为气态时,体积膨胀 250~300 倍,又因密度比空气高,泄漏的液化石油气会沿地面扩散,向低洼处沉积,当它与空气混合成一定比例时,一遇明火便会发生火灾和爆炸。

(2) 液化石油气的热值较高(发热量 88 760 kJ/m³),气态时的密度为 1.8~2.5 kg/m³,比空气重,但其液体的密度则比水、汽油小。

(3) 与乙炔一样,液化石油气也能与空气或氧气构成具有爆炸性的混合物,在空气中的液化石油气含量为 3.5%~16.3% 时,可能发生爆炸,但由于燃点比乙炔高(液化石油气燃点为 500 ℃左右,乙炔燃点为 305 ℃),因此使用时比乙炔安全。

(4) 液化石油气达到完全燃烧所需的氧气量比乙炔大。因此采用液化石油气代替乙炔,耗氧量要大些,对割炬结构也应做相应的改制。

(5) 液化石油气燃烧的火焰温度比乙炔火焰温度低,丙烷在氧气中燃烧的温度为 2 000~2 800 ℃,用于气割时,金属预热时间需稍长,但可减少切口边缘的过烧现象,切割质量较好,在切割多层叠板时,切割速度比乙炔快 20%~30%。

由于液化石油气具有热值较高、价格低廉、较安全的优点,目前,国内外已把液化石油气作为一种新的可燃气体,广泛地应用于钢材的切割和低熔点的有色金属焊接。

(四) 氢气

氢气是一种无色无味的气体,密度 0.07 kg/m³,为空气的 6.9%,是最轻的气体。氢气具有最大的扩散速度和很高的导热性,其导热效能比空气大 7 倍,极易泄漏,点火能力低,被公认为是一种极危险的易燃易爆气体。

氢气在空气中的自燃点为 560 ℃,在氧气中的自燃点为 450 ℃。氢燃烧火焰的温度可达 2 770 ℃。

氢具有很强的还原性,在高温下,它可以从金属氧化物中夺取氧而使金属还原。氢气被广泛应用于水下火焰切割,以及某些有色金属的焊接和氢原子焊等。氢气与空气混合可形成爆鸣气,其爆炸极限为 4%~80%(体积分数),氢气与氧气混合气的爆炸极限为 4.65%~93.9%(体积分数),氢气与氯气混合物的比例为 1:1 时,见光即爆炸,当温度达 240 ℃时即能自燃。氢与氟化合能发生爆炸,甚至在阴暗处也会发生爆炸,因此氢气是一种很不安全的气体。

第二节　气焊与气割设备、工具及安全操作技术

一、气焊与气割用设备

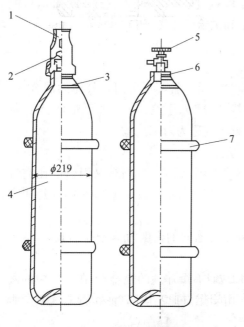

图 4-3　氧气瓶的构造

1—瓶帽；2—瓶阀；3—瓶箍；4—瓶体；
5—手轮；6—瓶头；7—防震圈

氧气瓶属于压缩气瓶,乙炔瓶属于溶解气瓶,石油气瓶属于液化气瓶。

(一)氧气瓶

1. 氧气瓶的构造

氧气瓶是储存和运输氧气的专用高压容器,由瓶体、瓶箍、瓶阀、瓶帽、防震圈、手轮、瓶头等组成,其构造如图 4-3 所示。瓶体表面为天蓝色,并用黑漆标明"氧气"字样,用以区别其他气瓶。为使氧气瓶平稳直立的放置,制造时把瓶底挤压成凹弧面形状。为了保护瓶阀在运输中免遭撞击,在瓶阀的外面套有瓶帽。氧气瓶在出厂前都要经过严格检验,并需对瓶体进行水压试验。试验压力应达到工作压力的 1.5 倍,即 14.7 MPa×1.5 = 22.05 MPa。

氧气瓶一般使用三年后应进行复验,复验内容有水压试验和检查瓶壁腐蚀情况。有关气瓶的容积、重量、出厂日期、制造厂名、工作压力以及复验情况等说明,都应在钢瓶收口处钢印中反映出来,如图 4-4、图 4-5 所示。

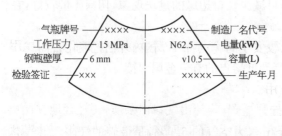

图 4-4　氧气瓶肩部标记

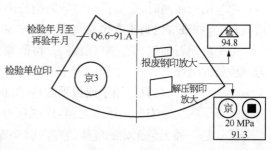

图 4-5　复验标记

目前,我国生产的氧气钢瓶规格见表4-2,氧气瓶的额定工作压力为14.7 MPa,最常见的容积为40 L,当瓶内压力为15 MPa(表压)时,该氧气瓶的氧气储存量为6 000 L。

表4-2 氧气瓶规格

颜色	工作压力 (MPa)	容积 (L)	外径尺寸 (mm)	瓶体高度 (mm)	质量 (kg)	水压试验压力 (MPa)	采用瓶阀规格
天蓝	14.7	33	φ219	1 150±20	45±2	22.05	QF-2型铜阀
		40		1 370±20	55±2		
		44		1 490±20	57±2		

2. 氧气瓶阀

氧气瓶阀是控制氧气瓶内氧气进出的阀门。氧气瓶阀门构造分为两种:活瓣式和隔膜式。隔膜式阀门气密性好,但容易损坏,使用寿命短。因此目前多采用活瓣式阀门,其结构如图4-6所示。

活瓣式氧气瓶阀结构主要由阀体、密封垫圈、手轮、压紧螺母、阀杆、开关片、活门及安全装置等组成。除手轮、开关片、密封垫圈外,其余都是由黄铜或青铜压制和机加工而成的。为使瓶口和瓶阀紧密结合,将阀体和氧气瓶口结合的一端加工成锥形管螺纹,以旋入气瓶口内;阀体的出气口处,加工成定型螺纹,用以连接减压器。阀体的出气口背面,装有安全装置。

使用氧气时,将手轮逆时针方向旋转,开启氧气阀门。旋转手轮时,阀杆也随之转动,再通过开关片

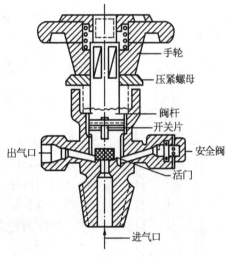

图4-6 活瓣式氧气瓶阀

使活门一起转动,造成活门向上或向下移动。活门向上移动,气门开启,瓶内的氧气从出气口喷出。活门向下压紧时,由于活门内嵌有用尼龙材料制成的气门垫,因此可以使活门密闭。瓶阀活门上下移动的范围为1.5~3 mm。

3. 氧气瓶安全使用技术

(1) 室内或室外使用氧气瓶时,都必须将氧气瓶妥善安放,以防倾倒。在露天使用时,氧气瓶必须安放在冷棚内,以避免阳光的强烈照射。

(2) 氧气瓶一般应该直立放置,只有在个别情况下才允许卧置,但此时应该把瓶颈稍微搁高一些,并且在瓶的两旁用木块等东西塞好,防止氧气瓶滚动而造成事故。

(3) 严禁氧气瓶阀、氧气减压器、焊炬、割炬、氧气胶管等沾上易燃物质和油脂等,以免引起火灾或爆炸。

(4) 取瓶帽时,只能用手或扳手旋转,禁止用铁锤等敲击。

(5) 在瓶阀上安装减压器之前,应缓慢地拧开瓶阀,吹掉出气口内杂质,再轻轻地关闭阀门。装上减压器后,要缓慢地开启阀门,不能开得太快,以防高压氧流速过高产生静电火花而

引起减压器燃烧或爆炸。

（6）在瓶阀上安装减压器时，与阀口连接的螺母要拧紧，以防止开气时脱落，人体要避开阀门喷出方向，并慢慢开启阀门。

（7）冬季要防止氧气瓶冻结，如已冻结，只能用热水和蒸汽解冻。严禁用明火直接加热，也不准敲打，以免造成瓶阀断裂。

（8）氧气瓶不可放置在焊割施工的钢板上及有电流通过的导体上。

（9）氧气瓶停止工作时，应先松开减压器上的调压螺钉，再关闭氧气阀门。

（10）当氧气瓶与乙炔瓶、氢气瓶、液化石油气瓶并排放置时，氧气瓶与可燃气瓶必须相距 5 m 以上。

（11）氧气瓶内的氧气不能全部用完，最后要留 0.1～0.2 MPa 的氧气，以便充氧时鉴别气体的性质和吹除瓶阀口的灰尘，以避免混进其他气体。

（12）氧气瓶在运送时必须戴上瓶帽，并避免相互碰撞。不能与可燃气体的气瓶、油料以及其他可燃物同车运输。在厂内运输要用专用小车，并固定牢固，不得将氧气瓶放在地上滚动。

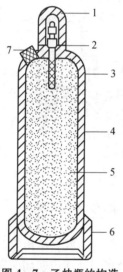

图 4-7　乙炔瓶的构造

1—瓶帽；2—瓶阀；
3—分解网；4—瓶体；
5—微孔填料（硅酸钙）；
6—底座；7—易熔塞

（二）乙炔瓶

1. 乙炔瓶的构造

乙炔瓶是储存和运输乙炔气的压力容器，其外形与氧气瓶相似，但比氧气瓶略短（1.12 m）、直径略大（250 mm），瓶体表面涂白漆，并印有"乙炔瓶""不可近火"等红色字样。因乙炔不能用高压压入瓶内储存，所以乙炔瓶的内部构造较氧气瓶要复杂得多。乙炔瓶内有微孔填料布满其中，而微孔填料中浸满丙酮，利用乙炔易溶解于丙酮的特点，使乙炔稳定、安全地储存在乙炔瓶中，具体构造如图 4-7 所示。

瓶阀下面中心连接一锥形不锈钢网，内装石棉或毛毡，其作用是帮助乙炔从丙酮溶液中分解出来。瓶内的填料要求多孔且轻质，目前广泛应用的是硅酸钙。

为使气瓶能平稳直立的放置，在瓶底部装有底座，瓶阀装有瓶帽。为了保证安全使用，在靠近收口处装有易熔塞，一旦气瓶温度达到 100 ℃ 左右，易熔塞即熔化，使瓶内气体外逸，起到泄压作用。另外瓶体装有两道防震胶圈。

乙炔瓶出厂前，需经严格检验，并做水压试验。乙炔瓶的设计压力为 3 MPa，试验压力应高出一倍。在靠近瓶口的部位，还应标注容量、重量、制造年月、最高工作压力、试验压力等内容。使用期间，要求每三年进行一次技术检验，发现有渗漏或填料空洞的现象，应报废或更换。

乙炔瓶的额定工作压力为 1 470 kPa，容量为 40 L，能溶解 6～7 kg 乙炔。使用乙炔时应控制排放量，否则会连同丙酮一起喷出，造成危险。

2. 乙炔瓶阀

乙炔瓶阀是控制乙炔瓶内乙炔进出的阀门，其构造如图 4-8 所示。

乙炔阀门主要包括阀体、阀杆、密封圈、压紧螺母、活门和过滤件等。乙炔瓶阀没有手轮，活门开启和关闭是靠方孔套筒扳手完成的。当方形套筒扳手按逆时针方向旋转阀杆上端的方形头时，活门向上移动开启阀门，反之则关闭阀门。乙炔瓶阀体是由低碳钢制成的，阀体下端加工成 $\phi27.8\times14$ 牙/in 螺纹的锥形尾，以使旋入瓶体上口。由于乙炔瓶阀的出气口处无螺纹，因此使用减压器时必须带有夹紧装置与瓶阀结合，减压器的出口处必须安装经技监部门认可的乙炔瓶专用回火保险器。回火保险器的作用是当焊（割）炬发生回火时，立即切断乙炔通路，防止继续燃烧。

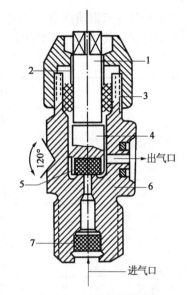

图 4 - 8　乙炔瓶阀的构造
1—阀杆；2—压紧螺母；3—密封圈；
4—活门；5—尼龙垫；6—阀体；
7—过滤件

3. 乙炔瓶安全使用技术

乙炔瓶内的最高压力是 1.5 MPa，由于乙炔是易燃易爆的危险气体，所以必须严格遵守下列安全使用要求：

（1）乙炔瓶应该直立放置，卧置会使丙酮随乙炔流出，甚至会通过减压器流入乙炔胶管和割炬内，引起燃烧和爆炸。

（2）乙炔瓶不应受到剧烈震动，以免瓶内多孔性填料下沉而形成空洞，影响乙炔的储存，引起乙炔瓶爆炸。

（3）乙炔瓶体温度不应超过 40 ℃，因为乙炔在丙酮中的溶解度随温度的升高而降低。

（4）当乙炔瓶阀冻结时，严禁用明火直接烘烤，必要时只能用低于 40 ℃温水解冻。

（5）乙炔瓶内的乙炔不能全部用完，最后要留 0.05～0.1 MPa 的乙炔气，并将气瓶阀门关紧。

（三）氢气瓶

氢气瓶是储存和运输氢气的高压容器，气瓶的承装压力为 15 MPa，其构造与氧气瓶相同。不同的是瓶体涂深绿色漆，并用红色漆标明"氢气"，瓶阀出气口处螺纹为倒旋。

由于氢气瓶是高压容器，氢气又是可燃气体，因此氢气瓶使用规则应参照氧气瓶和乙炔瓶的安全要求。

（四）液化石油气瓶

液化石油气瓶是储存液化石油气的专用容器，按用量及使用方式不同，气瓶储存量分别有 10 kg、15 kg、36 kg 等多种规格，如企业用量较大，还可以制造容量为 1 t、2 t 或更大的储气罐。气瓶材质选用 16 Mn 钢或优质碳素钢，气瓶的最大工作压力为 1.6 MPa，水压试验压力为 3 MPa。气瓶通过试验鉴定后，应将制造厂名、编号、重量、容量、制造日期、试验日期、工作压力、试验压力等项内容固定在气瓶的金属铭牌上，应标有制造厂检验部门的钢印。该种气瓶属焊接气瓶，气瓶外表涂银灰色，并有"液化石油气"红色字样。

二、常用气瓶的安全管理

（一）各种气瓶的鉴别

为了让使用者从气瓶外表便能区别出各种气体和危险程度，避免气瓶在充灌、运输、储存和使用时造成混淆而发生事故,各种气瓶应根据《气瓶安全监察规定》涂刷不同的颜色,并按规定颜色标写气体名称。焊接、气割中常用的各种气体,其气瓶外表的颜色标志见表4-3。

表4-3　各种气瓶的颜色标志

气瓶名称	涂漆颜色	字　样	字样颜色
氧气瓶	天蓝	氧	黑
乙炔瓶	白	乙炔	红
液化石油气瓶	银灰	液化石油气	红
丙烷气瓶	褐	液化丙烷	白
氢气瓶	深绿	氢	红
氩气瓶	灰	氩	绿
二氧化碳气瓶	铝白	液化二氧化碳	黑
氮气瓶	黑	氮	黄

(二) 各种气瓶的连接形式

氧气瓶、乙炔瓶、液化石油气瓶等为了使用安全并避免发生错误,因而采用不同的连接形式,见表4-4。

表4-4　各种气瓶的连接形式

气瓶名称	连接形式	气瓶名称	连接形式
氧气瓶	顺旋螺纹	液化石油气瓶	倒旋螺纹
乙炔瓶	夹紧	丙烷气瓶	倒旋螺纹

(三) 气瓶的储存及运输管理安全技术

气瓶使用单位的运输操作和管理人员必须严格遵守有关气瓶安全管理的规章制度。

(1) 放置整齐,并留有适当宽度的通道。

(2) 气瓶应直立放置,并设有栏杆或支架加以固定,防止倾倒,氧气瓶卧放时必须固定,瓶头都朝向一边,堆放整齐,高度不应超过5层。

(3) 运输(含装卸)时,气瓶必须佩戴好瓶帽(有防护罩的除外),并要拧紧。

(4) 不得靠近热源,不受日光暴晒。

(5) 不准与相互抵触的易燃易爆物品储存在一起。

(6) 充装、运输、储存气瓶的场所严禁动火和吸烟。

(7) 易燃物品、油脂和带有油污的物品不准与氧气瓶同车运输。

(8) 运输气瓶的车、船不得在繁华市区、重要机关附近停靠,车、船停靠时,驾驶员与押运人员不得同时离开。气瓶应按车厢横向装放。

(9) 装有气瓶的车辆应有"危险品"安全标志。

(10) 轻装轻卸、防止振动,装卸时禁止采用抛、摔及其他容易引起撞击的方法。

（11）储存氧气瓶、乙炔瓶、液化石油气瓶必须设置专用仓库，周围禁止堆放易燃物品，并禁绝火种。

（四）各类气瓶定期检查

气瓶在使用过程中必须根据《气瓶安全监察规定》要求进行定期技术检验。各类气瓶的检验周期，不得超过下列规定：

（1）盛装腐蚀性气体的气瓶，每 2 年检验一次。

（2）盛装一般气体的气瓶，每 3 年检验一次。

（3）液化石油气瓶，使用未超过 20 年的，每 5 年检验一次；超过 20 年的，每 2 年检验一次。

（4）盛装惰性气体的气瓶，每 5 年检验一次。

（5）气瓶在使用过程中，发现有严重腐蚀、损伤或对其安全可靠性有怀疑时，应提前进行检验。库存和停用时间超过一个检验周期的气瓶，启用前应进行检验。

三、乙炔发生器

乙炔发生器就是使水与电石进行化学反应产生一定压力乙炔气体的装置。乙炔发生器由于使用安全性不如乙炔瓶，已属于淘汰设备。

（一）电石的物理化学性质

电石是碳化钙的俗称，是钙与碳的化合物，其分子式为 CaC_2。从外表看，电石是坚硬的块状物体，断面呈现深灰色或棕色。电石的制造是将焦炭和氧化钙放在电炉中熔炼，其反应式如下：

$$CaO + 3C \rule[0.5ex]{1em}{0.4pt} CaC_2 + CO - 4\,500\ kJ$$

工业用电石平均含有 70% 的 CaC_2，杂质 CaO 约占 24%，其余碳、硅、铁、磷化钙和硫化钙等共占 6%。

电石属于遇水燃烧危险品。电石与水化合极为活跃，同时生成乙炔气和氢氧化钙（熟石灰），并放出大量的热，可以使乙炔燃烧引起火灾和爆炸。

（二）乙炔发生器的分类

（1）按安装方式分类，有移动式和固定式两种。

（2）按生产率分类，有 0.5 m^3/h、1 m^3/h、3 m^3/h、10 m^3/h、20～30 m^3/h 等几种。

（3）按乙炔压力的大小分类，有低压式（压力小于 0.006 9 MPa）和中式压（压力为 0.006 9～0.012 7 MPa）。目前，国内使用的主要是中压式乙炔发生器。

（4）按电石与水作用的方式分类，有电石入水式、水入电石式、排水式和联合式等。

（三）乙炔发生器的结构要求

由于乙炔是易燃易爆气体，而且乙炔发生器属压力容器，因此在设备的结构上必须有可靠的安全装置，并定期检查，同时在操作使用过程中，一定要严格遵守安全操作规程，这样才可防止意外事故。对乙炔发生器的制作和选用应符合下列条件：

（1）防止发生器内突然超压，其发生器应有与额定生产率相适应的泄压装置，如安全阀、安全膜等。

（2）发生器的移动结构上不允许有碰撞、摩擦、冲击而可能引起火花的零部件。

（3）发生器上所有铜制零件的铜含量不允许超过70%。

（4）发生器内电石的分解过程必须能够按照气体使用情况而自动调节，保持压力稳定，如果外界突然停止使用，其压力应仍能保持工作压力范围，不至于把过剩的乙炔排放在工作间内。

（5）发生器的电石篮，在额定装料情况下能保持分解均匀，并能及时清理电石渣浆。

（6）发生器应有满足生产量的足够水容量，使乙炔有良好的冷却条件。发生器内水的温度不允许超过60℃，气温不超过90℃。由导管进入焊割炬软管内的乙炔温度不超过周围环境温度10℃。

（7）为保证使用安全，防止回火倒袭，发生器应有回火保险器等安全装置。

（四）Q3-1型乙炔发生器

1. Q3-1型乙炔发生器的构造

Q3-1型乙炔发生器的构造如图4-9所示。筒体由上盖7、外壳8及筒底22三部分组成，在内层锥形罩气室6内，装有可提取的电石篮5。移位调节杆9与升降滑轮12组成一套升降机构，以控制电石篮的上下，起到调节电石接触水量的作用。筒体外壳装有指示发生器水位的溢流阀20。

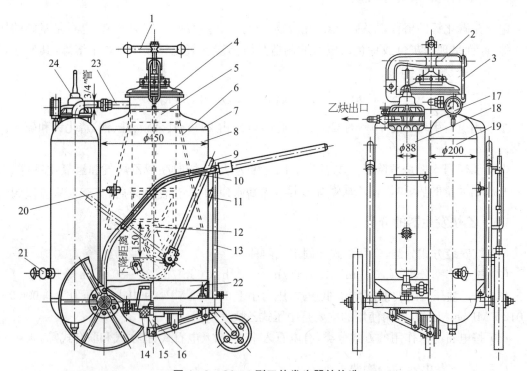

图4-9 Q3-1型乙炔发生器的构造

1—开盖手柄；2—压板；3—压板环；4—盖；5—电石篮；6—锥形罩气室；7—上盖；
8—外壳；9—调节杆；10—定位襻；11—排污开关；12—升降滑轮；13—小车；
14—出渣口；15—橡皮塞；16—轴；17—压力表；18—回火保险器；19—储气筒；
20—溢流阀；21—水位阀；22—筒底；23—导气管；24—泄压装置

在筒体底部装有出渣口 14,它利用排污开关 11 通过轴 16 使橡皮塞 15 开启进行出渣。

发生器的盖 4 上装有开盖手柄 1,压板 2 和压板环 3 统称封闭机构,是放置电石与加水的入口,在盖内装有安全膜片(0.1 mm 厚铝箔),当压力升到 176～274 kPa 时,安全膜片即自行爆破。

储气筒 19 的进气口通过管路 23 与筒体上口连接,顶部装有压力表 17,下部装有水位阀 21 控制筒内的水位。

乙炔经过回火保险器 18 内的逆止阀装置和滤清器后,从乙炔出口处送出。回火保险器必须保持一定水位,使乙炔经过水层防止回火,同时对乙炔进行降温及滤清。回火保险器顶部装有泄压装置 24,当乙炔压力超过 113 kPa 时,即自行泄压,以保证乙炔发生器的安全使用。

2. Q3-1 型乙炔发生器的工作原理

Q3-1 型乙炔发生器属于排水式乙炔发生器,其工作原理如图 4-10 所示。

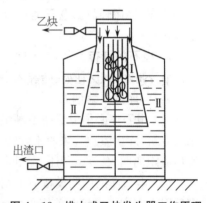

图 4-10 排水式乙炔发生器工作原理

开始工作时,只要推动发生器的移位调节杆,使电石篮下降与水接触,此时即产生乙炔并聚集在发生器内层 I 锥形罩气室内,然后经储气室、回火保险器送出,供给工作场地使用。

当乙炔输出量减少时,发气室内的乙炔压力就升高,就将水从内层 I 排到隔层 II,当乙炔压力增高到 0.075 MPa 后,发气室水位已降低到使电石不再与水接触,停止乙炔气的发生。

当乙炔消耗量增加时,发气室内压力降低,隔层 II 的水又自动回到内层 I,使发气室水位逐渐上升,这样水又重新与电石接触产生乙炔,如此循环,直至电石反应完毕。

3. Q3-1 型乙炔发生器安全操作技术

Q3-1 型乙炔发生器的操作人员必须经过专门训练,熟悉其结构和作用原理,并经安全技术考核合格。

1) 加料操作

(1) 旋开上盖封闭机构后,向发生器筒体灌清水,同时将溢流阀开启,直至水从溢流阀溢出后即关闭阀门。

(2) 储气筒的水可以从乙炔进气管加入,直至开启的水位阀满溢为止,并关闭水位阀。

(3) 回火保险器的水必须从水位阀加入。为使水容易加入,在加水时将出气阀开启,直至水加到水位线再关闭出气阀。

(4) 将电石篮提到最高一挡位置,使电石篮与水脱离,然后把颗粒度 25～80 mm 的电石放入篮中,禁止使用电石粉。

(5) 检查上盖封闭机构的安全膜和橡皮密封圈后即关闭上盖,然后将电石篮放入水中产生乙炔气。

(6) 开启 2～3 次泄压阀,排去乙炔-空气混合气体后即可供焊割用。

(7) 安全膜每月更换一次。

2) 排渣操作

(1) 电石用完,压力下降,将电石篮提升离开水位。

(2) 打开泄气阀,放掉发生器、储气筒内的乙炔余气。

(3) 开启发生器上的溢流阀,放掉发生器内的余气。

(4) 在发生器无压力的情况下才可开启上盖密封机构。

(5) 将排渣阀打开,排渣,并用清水冲洗干净。一般经三次装料用尽后应排渣及清洗一次。

(五) 电石运输、储存和使用安全技术

1. 电石的运输

搬运电石桶时,如发现电石桶桶盖密封不严等现象,应在室外打开桶盖放气后,再将桶盖盖严。严禁在雨天运输电石,电石桶上应贴上"防火防湿"的标签字样。进出库搬运电石时应使用小车,轻搬轻放。电石桶不得从滑板滑下或在地面滚动,防止撞击摩擦产生火花而引起爆炸。

2. 电石的储存

(1) 制好的电石应立即装入电石桶内。电石桶应放在木架上,不要放在潮湿的地方。桶盖要盖严,库内严禁烟火。

(2) 电石库必须设置在不潮湿、不漏雨、不易于浸水的地面上,仓库的房屋必须是一、二级耐火建筑,库房屋顶应采取不燃烧的材料。库房应有良好的通风设置,一般可采用自然通风。库房应距离明火 10 m 以上,禁止将地下室作为电石库。

(3) 电石库的照明设备应采用防爆灯。如无防爆灯,则应将电灯装在室外,让灯光从玻璃窗反射入室内。电灯开关应采用封闭式,并装在库房外面。

(4) 电石库内及其附近应备有干砂、二氧化碳、干粉灭火器具等。

如电石仓库着火,不能使用含有水分的灭火器(如泡沫灭火器等)救火。

3. 电石的使用

(1) 禁止使用火焰或可能引起火星的工具开电石桶。使用铜制的工具时,铜含量的质量分数低于70%。空电石桶在未经安全处理之前不能接触明火,更不能直接焊接,否则是很危险的。

(2) 电石桶内的碎电石和粉末不要随意倾倒,应有专人负责,并随时处理掉。最好集中倒在电石渣坑内,并用水彻底分解以妥善处理。电石渣坑上口应是敞开的,渣坑内的灰浆和灰水不得排入暗沟。出渣时应防止铁制工具、器件碰撞而产生局部火花。

四、气焊与气割工具

(一) 减压器

将高压气体降为低压气体的调节装置称为减压器。

1. 减压器的作用

减压器又称压力调节器,有两个作用:减压与稳压。

2. 减压器的分类

(1) 按用途不同,可分为集中式和岗位式。

(2) 按构造不同,可分为单级式和双级式。

(3) 按工作原理不同,可分为正作用式和反作用式。

目前国内生产的减压器主要是单级反作用式和双级混合式两类(目前使用 QD - 2A 型单级氧气减压器,其安全阀泄气压力为 1.72~1.568 MPa)。

3. 减压器安全使用技术

(1) 安装氧气减压器之前,先打开氧气瓶阀门吹除污物,以防灰尘和水分带入减压器内,然后关闭氧气瓶阀门再装上减压器。在开启气瓶阀时,操作者不应站在瓶阀出气口前面,以防止高压气体突然冲击伤人。

(2) 应预先将减压器调压螺钉旋松后才能打开氧气瓶阀,开启氧气瓶阀时要缓慢进行,不要用力过猛,以防高压气体损坏减压器及高压表。

(3) 减压器不得附有油脂,如有油脂,应擦洗干净后再使用。

(4) 调节工作压力时,应缓缓地旋转调压螺钉,以防高压气体冲坏弹性薄膜装置或使低压表损坏。

(5) 用于氧气的减压器应涂蓝色,乙炔减压器应涂白色,不得相互换用。

(6) 减压器冻结时,可用热水或蒸汽解冻,不可用火烤。冬天使用时,可在适当距离安装红外线灯加温减压器,以防冻结。

(7) 减压器停止使用时,必须先将调节螺钉旋松再关闭氧气瓶阀,并把减压器内的气体全部放掉,直到低、高压表的指针指向零值为止。

(8) 开启氧气瓶阀后,检查各部位有无漏气现象,压力表是否工作正常,待检查完毕后再接氧气橡皮管。

(9) 减压器必须定期检修,压力表必须定期校验,以确保调压可靠和读数准确。

4. 减压器故障排除

减压器由于使用不当或其他因素会产生各种故障,现将故障特征、可能产生的原因及消除方法列于表 4 - 5。

表 4 - 5　减压器的常见故障及消除方法

故 障 特 征	可能产生的原因	消 除 方 法
减压器连接部分漏气	(1) 螺纹配合松动; (2) 垫圈损坏	(1) 把螺母扳紧; (2) 调换垫圈
安全阀漏气	活门垫料与弹簧产生变形	调整弹簧或更换活门垫料
减压器罩壳漏气	弹性薄膜装置的膜片损坏	应拆开更换膜片
调压螺钉虽已旋松,但低压表有缓慢上升的自流现象(或称直风)	(1) 减压活门或活门座上有垃圾; (2) 减压活门或活门座损坏; (3) 副弹簧损坏	(1) 去除垃圾; (2) 调换减压活门; (3) 调换副弹簧
减压器使用时,遇到压力下降过大	减压活门副密封不良或有垃圾	去除垃圾或调换密封垫料
工作过程中,发现气体供应不上或压力表指针有较大摇动	(1) 减压活门产生了冻结现象; (2) 氧气瓶阀开启不足	(1) 用热水或蒸汽加热方法消除,切不可用明火加温,以免发生事故; (2) 加大瓶阀开启程度
高、低压力表指针不回到零值	压力表损坏	修理或者调换后再使用

（二）焊炬、割炬

1. 焊炬

气焊及软、硬钎焊时，用于控制火焰进行焊接的工具称为焊炬。焊炬的作用是将可燃气体和氧气按一定比例混合，并以一定的速度喷出燃烧，生成具有一定能量、成分和形状的稳定火焰。

焊炬的好坏直接影响焊接质量。因此，要求焊炬能很好地调节和保持氧气与可燃气体比例以及火焰大小，并使混合气体喷出速度等于燃烧速度，以形成稳定的燃烧；同时焊炬本身的质量要轻，气密性要好，还要耐腐蚀和耐高温。

气焊炬按气体的混合方式分为射吸式焊炬和等压式焊炬两类，按可燃气体的种类分为乙炔用、氢气用、汽油用等，按使用方法分为手工和机械两类。

1）射吸式焊炬　射吸式焊炬是可燃气体靠喷射氧流的射吸作用与氧气混合的焊炬。乙炔靠氧气的射吸作用吸入射吸管，因此它适用于低压及中压乙炔气（$0.001\sim0.1$ MPa）。射吸式焊炬的结构如图 4-11 所示。

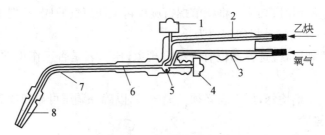

图 4-11　射吸式焊炬

1—乙炔阀；2—乙炔导管；3—氧气导管；4—氧气阀；
5—喷嘴；6—射吸管；7—混合室气管；8—焊嘴

2）等压式焊炬　等压式焊炬是指燃烧气体和氧气两种气体具有相等或接近于相等的压力，燃烧气依靠自己的压力与氧混合的焊炬。

等压式焊炬结构十分简单，只要保证进入焊炬的压力正常，火焰就能稳定燃烧。焊炬在施焊使用时，发生回火的可能性很低。但这种焊炬不能使用低压乙炔发生器，只能使用乙炔瓶或中压乙炔发生器。

等压式焊炬主要结构如图 4-12 所示。

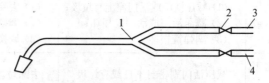

图 4-12　等压式焊炬

1—混合室；2—调节阀；3—氧气导管；4—乙炔导管

2. 割炬

割炬是气割的主要工具，可以安装或更换割嘴，调节预热火焰气体流量和控制切割氧流量。

割炬按可燃气体与氧气混合方式的不同可分为射吸式割炬和等压式割炬两种,割炬的型号及主要技术数据见表4-6。目前射吸式割炬使用较多,按用途不同可分为普通割炬、重型割炬和焊割两用炬等。

表4-6　割炬的型号及主要技术数据

割炬型号	G01-30			G01-100			G01-300				G02-100				
结构形式	射吸式										等压式				
割嘴型号	1	2	3	1	2	3	1	2	3	4	1	2	3	4	5
割嘴切割氧孔径（mm）	0.7	0.9	1.1	1.0	1.3	1.6	1.8	2.2	2.6	3.0	0.7	0.9	1.1	1.3	1.6
切割低碳钢厚度（mm）	3～30			10～100			100～300				3～300				
氧气工作压力（MPa）	0.2	0.25	0.3	0.3	0.4	0.5	0.5	0.65	0.8	1.0	0.2	0.25	0.3	0.4	0.5
乙炔工作压力（MPa）	0.001～0.1										0.04	0.04	0.05	0.05	0.06
可换割嘴个数	3						4				—				
可见切割氧流长度（mm）	≥60	≥70	≥80	≥80	≥90	≥100	≥110	≥130	≥150	≥170	≥60	≥70	≥80	≥90	≥100
割炬总长度（mm）	500			550			650				550				

注：割炬型号含义：G—割炬;0—手工;1—射吸式;2—等压式;30、100、300—切割低碳钢的最大厚度分别为30 mm、100 mm、300 mm。

割嘴的构造与焊嘴不同,如图4-13所示,焊嘴上的喷射孔是小圆孔,所以火焰呈圆锥形;而割嘴上的混合气体喷射孔是环形或梅花形的,因此作为气割预热火焰的外形呈环状分布。

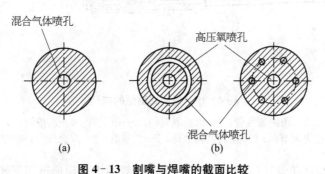

图4-13　割嘴与焊嘴的截面比较
（a）焊嘴；（b）割嘴

1）射吸式割炬的工作原理　气割时,先逆时针方向稍微开启预热氧调节阀,再打开乙炔调节阀,使氧气与乙炔在喷嘴内混合后,经过混合气体通道从割嘴喷出,并立即点火,经适当调节后形成所需的环形预热火焰,对割件进行预热。待割件预热至燃点时,即逆时针方向开启高压氧调节阀,此时高速氧气流将割缝处的金属氧化并吹除,随着割炬的不断移动即在割件上形成割缝。射吸式割炬工作原理如图4-14所示。

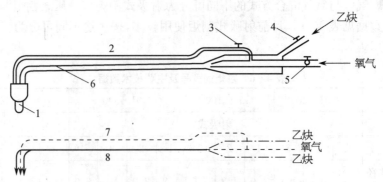

图 4-14　射吸式割炬工作原理

1—割嘴；2—切割氧通道；3—切割氧开关；4—乙炔调节阀；
5—预热氧调节阀；6—混合气体通道；7—高压氧；8—混合气体

2）割炬安全使用要求

（1）焊炬和割炬应分别符合《射吸式焊炬》(JB/T 6969—1993)和《射吸式割炬》(JB/T 6970—1993)的要求。

（2）由于割炬内通有高压氧气，因此割嘴的各个部分和各处接头的紧密性要特别注意，以免漏气。割炬的每个连接部位应具备良好的气密性。

（3）切割时，飞溅出来的金属微粒与熔渣微粒较多，喷孔易堵塞，孔道内易黏附飞溅物，因此要经常用通针通，以免发生回火。射吸式割炬的构造如图 4-15 所示。

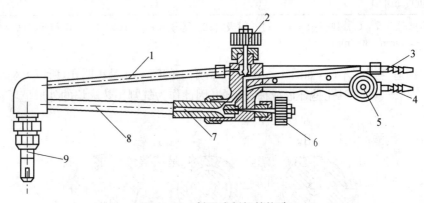

图 4-15　射吸式割炬的构造

1—切割氧气管；2—切割氧气阀；3—氧气管；4—乙炔管；
5—乙炔调节阀；6—预热氧调节阀；7—射吸管；8—混合气管；9—割嘴

（4）内嘴必须与高压氧通道紧密连接，以免高压氧漏入环形通道而把预热火焰吹熄。

（5）装配割嘴时，必须使内嘴与外嘴严格保持同心，这样才能保证切割用的纯氧射流位于环形预热火焰的中心。

（6）发生回火时，应立即关闭切割氧气阀和乙炔调节阀，然后关闭预热氧调节阀。

3. 气焊火焰

采用乙炔与氧混合燃烧所形成的火焰，称为氧乙炔火焰。氧和乙炔气体混合燃烧发生化学反应的方程式为：

$$2C_2H_2 + 5O_2 \Longrightarrow 4CO_2 + 2H_2O$$

通过调节氧气阀门和乙炔阀门,可改变氧气和乙炔的混合比例,得到三种不同的火焰:中性焰、碳化焰和氧化焰。其构造和形状如图 4-16 所示。

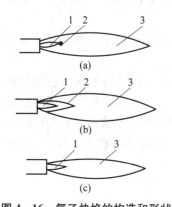

图 4-16　氧乙炔焰的构造和形状

(a) 中性焰；(b) 碳化焰；(c) 氧化焰
1—焰芯；2—内焰；3—外焰

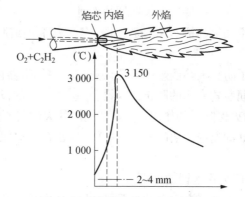

图 4-17　中性焰的温度分布情况

1) 中性焰　气焊时一般采用中性焰,由焰芯、内焰和外焰三部分组成。中性焰的温度是沿着火焰轴线变化的,如图 4-17 所示。

(1) 焰芯是火焰中靠近焊炬(或割炬)喷嘴孔的呈锥状而发亮的部分,其长度随混合气体的喷射速度加大而增长,在此区域主要是乙炔加热分解为游离碳和氢,是为乙炔燃烧做准备的阶段。炽热的游离碳使焰芯发出明亮的白光,但温度不是很高。

(2) 内焰是火焰中含碳气体过剩时,在焰芯周围明显可见的富碳区,只在碳化焰中有内焰。颜色较暗,在此区域碳和氧剧烈燃烧后产生一氧化碳,是乙炔(氧与乙炔混合比值小于1)的不完全燃烧阶段,它的温度范围在 2 800~3 200 ℃,离芯焰尖端 2~4 mm 处温度最高,可达 3 100~3 200 ℃。内焰中是还原性气体,故一氧化碳体积占 60%~66%,氢气体积占 34%~40%,对焊接熔池能起保护作用。

(3) 外焰是火焰中围绕焰芯或内焰燃烧的火焰,呈淡蓝色,在此区域吸取了空气中的氧,使乙炔达到完全燃烧,生成物为二氧化碳和水蒸气,并有周围空气中的氧和氮混入,故具有一定的氧化性,温度也比较低。

2) 碳化焰　当氧与乙炔的混合比值小于 1 时(一般在 0.85~0.95),得到的火焰是碳化焰。它燃烧后的气体中尚有部分乙炔未曾燃烧。碳化焰的最高温度为 2 700~3 000 ℃。由于火焰中存在过剩乙炔,焊接时易分解为氢气和碳,容易增加焊缝的碳含量,影响焊缝的力学性能。过多的氢进入熔池会使焊缝产生气孔及裂纹,因此,碳化焰只适用于焊接高碳钢、铸铁、硬质合金等。

3) 氧化焰　氧与乙炔的混合比值大于 1.2 时,燃烧所形成的火焰称为氧化焰。氧化焰中有过量的氧,在尖形焰芯外面形成了一个有氧化性的富氧区。氧化焰的最高温度可达 3 100~3 300 ℃,由于氧气的供应量较多,整个火焰具有氧化性,所以,焊接一般碳素钢时,会造成金属的氧化和合金元素的烧损,降低了焊缝的质量。这种火焰较少采用,只有在焊接黄铜和锡青铜时采用。

（三）回火保险器

1. 回火保险器的作用

在气焊气割过程中,气体火焰伴有爆鸣声进入焊(割)炬,并熄灭或在喷嘴重新点燃的现象称回火。回火有持续回火和回烧两种。

发生回火的根本原因是:混合气体从焊炬或割炬的喷射孔内喷出的速度小于混合气体燃烧速度。

为了防止火焰倒燃进入乙炔瓶或乙炔发生器内,就必须在乙炔软管与乙炔瓶或乙炔发生器的中间装置专门的防止回火设备,这个专门的设备就是回火保险器。当焊炬或割炬发生回火时,回火保险器的作用:一是把倒燃的火焰与乙炔发生器(或乙炔瓶)隔绝开来;二是在回火发生后立即断绝乙炔的来路,这样待残留在回火保险器内的乙炔烧完后,倒燃的火焰也就自行熄灭了。

2. 回火保险器的分类

(1) 按通过的乙炔压力不同,可分为低压式(0.01 MPa 以下)和中压式(0.01~0.05 MPa)两种。

(2) 按作用原理不同,可分为水封式和干式两种。

(3) 按构造不同,可分为开式和闭式两种。

(4) 按装置的部位不同,可分为集中式和岗位式两种。

目前国内常用的水封式回火保险器有低压开式和中压闭式两种类型,常用的干式回火保险器主要有中压防爆膜式和中压干式等类型。

3. 回火保险器安全使用技术

(1) 安装在乙炔发生器上的回火保险器,其流量、压力必须与该发生器的乙炔生产率、压力相适应。

(2) 多人使用一个乙炔发生器时,除在发生器附近安置一个总的回火保险器外,应在每个工作岗位上再安装一个回火保险器。每个岗位上的回火保险器只允许接一把焊炬或割炬。

(3) 使用期满一年应对泄压阀(用压缩空气)进行泄压值调试,确保气密性。

(4) 严禁使用漏气及泄压装置失灵的回火保险器。

(5) 回火保险器的防爆膜在回火爆破后,必须及时更换符合安全规定的防爆膜。

(6) 使用时,若发现流量小、阻力增加,可能是过滤器被水或某物堵塞,应旋下端盖,取出过滤器,浸于丙酮中清洗,并用压缩空气吹干后方可装配,再经阻火性能试验合格后方可继续使用。

(7) 弹簧、复位拉簧、O形密封圈等应每年更换一次。

（四）辅助工具

1. 护目镜

焊工应根据材质和需要选择镜片颜色和深浅。护目镜的作用是:

(1) 保护焊工眼睛不受火焰亮光的刺激。

(2) 防止金属微粒的飞溅而损伤眼睛。

2. 点火枪

使用手枪式点火枪最为安全方便。

3. 胶管

氧气瓶和乙炔瓶中的气体须用胶管输送到焊炬和割炬中。胶管按照《气体焊接设备 焊接、切割和类似作业用橡胶软管》(GB/T 2550—2007)规定,氧气胶管为蓝色,允许工作压力为1.5 MPa;乙炔胶管为红色,允许工作压力为 0.3 MPa。

通常,氧气管的内径为 8 mm,乙炔管的内径为 10 mm。氧气管和乙炔管均要耐磨、耐高温。连接焊炬、割炬胶管长度不能短于 10 m,一般以 10~15 m 为佳,太长则会增加气体流动阻力、消耗气体。焊炬、割炬用胶管禁止接触油污及漏气,并且严禁互换使用。

4. 气体胶管快速接头

目前主要使用 JYJ 型氧气胶管快速接头、JRJ 型燃气胶管快速接头。

五、输气管道

(一) 输气管道安全使用技术

1. 管道材质的选择

氧气管道的管材一般应选用无缝钢管、铜管(如黄铜管),不论架空、地沟敷设或埋设,一般工作压力在 3 MPa 以下者,多采用无缝钢管;工作压力在 3 MPa 以上者,多采用铜管(如黄铜管)。乙炔管道应选用无缝钢管。管道附件如阀门、法兰、垫片等也应根据有关规定选用。按《工业管道的基本识别色、识别符号和安全标识》(GB 7231—2016)规定,氧气管道为蓝色,乙炔管道为白色。

2. 输气管道中气体的流速

1) 碳素钢管中氧气的最大流速　不应超过表 4-7 的规定。

表 4-7　碳素钢管中氧气的最大流速

氧气工作压力(MPa)	≤0.1	0.6~1.6	1.6~3	≥10
氧气最大流速(m/s)	20	10	8	4

2) 乙炔在管中的最大流速　不应超过下列规定:
(1) 厂区和车间乙炔管道,乙炔的工作压力为 0.007~1.5 MPa 时,其最大流速为 8 m/s。
(2) 乙炔站内的乙炔管道,乙炔的工作压力为 2.5 MPa 及其以下时,其最大流速为 4 m/s。

(二) 输气管道发生燃烧爆炸的原因

(1) 气体在管内流动时,会与管道发生摩擦,超过一定的流速就会产生静电积聚而放电。静电电压在 300 V 时,由于静电放电,足以引起汽油、煤油以及煤气、乙炔等可燃气与空气的混合气发生燃烧或爆炸。由于雷击产生巨大的电磁热和静电作用也常使管道发生火灾爆炸事故。

(2) 外部明火导入管道内部,如管道附近明火的导入以及与管线相连的焊接工具因回火导入管内。

(3) 由于漏气,在管道外围形成爆炸性气体停滞的空间,遇明火而发生燃烧爆炸。

(4) 氧气管道阀门在有油脂存在的条件下,极易引起燃烧和爆炸。乙炔及其他可燃气体与管道内部或外部的油脂混合后,会增加燃烧爆炸的危险性。

(5) 管道过分靠近热源,使管内气体过热而引起燃烧爆炸。

(6) 管道内的铁锈等金属微粒随气体高速流动时的摩擦热和碰撞热(尤其在管道拐弯处),也会引起管道燃烧爆炸。

第三节 其他热切割

其他热切割包括碳弧气刨、氧熔剂切割、等离子弧切割和激光切割等。

一、碳弧气刨

(一) 碳弧气刨概述

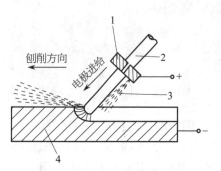

图 4-18 碳弧气刨工作原理

1—刨钳;2—电极;
3—压缩空气;4—工件

碳弧气刨工作原理如图 4-18 所示。在工作时,利用石墨棒或碳棒与工件间产生的电弧将金属熔化,并用压缩空气将其吹掉,实现在金属表面加工沟槽的方法。

碳弧气刨过程中,压缩空气的主要作用是把碳极电弧高温加热而熔化的金属吹掉,还可以对碳棒电极起冷却作用,这样可以相应地减少碳棒的烧损。但是,压缩空气的流量过大时,将会使被熔化的金属温度降低,而不利于对所要切割的金属进行加工。

碳弧刨割条的外形与普通焊条相同,是利用药皮在电弧高温下产生的喷射气流,吹除熔化金属,达到刨割的目的。工作时只需交、直流弧焊机,不用空气压缩机。操作时其电弧必须达到一定的喷射能力,才能除去熔化金属。

(二) 碳弧气刨的特点

碳弧气刨设备、工具简单,只需要一台直流电焊机、压缩空气和专用的刨钳及碳棒。使用方便,操作灵活,对处于窄小空间位置的焊缝,只要轻巧的刨枪能伸进去的地方,就可以进行切割作业。与氧乙炔切割、风铲相比,操作使用安全、噪声降低、劳动强度轻,易实现机械化。碳弧气刨具有效率高、价格低廉和适用性广等优点,目前已广泛应用于铸造、锅炉、造船、化工等行业。

碳弧气刨一般用来加工焊缝坡口,特别适用于开 U 形坡口;碳弧气刨还用来对焊缝进行清根,也可以清除不合格焊缝中的缺陷,然后进行修复,效率高;清理铸件的毛边、飞边、浇铸冒口及铸件中的缺陷;用碳弧气刨的方法可加工多种不能用气割加工的金属,如铸铁、不锈钢、铜、铝等。

(三) 碳弧气刨的操作

1) 准备刨削前操作 要检查电缆及气管是否完好,电源极性是否正确(一般采用直流反接,即碳棒接正极),根据碳棒直径选择并调节好电流,调节碳棒伸出长度为 70~100 mm。调节好出风口,使出风口对准刨槽。

2) 起弧之前操作　必须打开气阀,先送压缩空气,随后引燃电弧,以免产生夹碳缺陷。在垂直位置刨削时,应由上向下切削。

3) 切割操作　碳棒与刨槽夹角一般为 45°左右。夹角大,刨槽深;夹角小,刨槽浅。起弧后应将气刨枪手柄慢慢按下,等切削到一定深度时,再平稳前进。在刨削的过程中,碳棒既不能横向摆动,也不能前后摆动,否则切出的槽就不整齐光滑。如果一次刨削不够宽,可增大碳棒直径或重复刨削。对碳棒移动的要求是:准、平、正。准,是深浅准和刨削槽的路线准,在进行厚钢板的深坡口刨削时,宜采用分段多层刨削法,即先刨一浅槽,然后沿槽再深削切。平,是碳棒移动要平稳,若在操作中稍有上下波动,则刨削槽表面就会凹凸不平。正,是碳棒要端正,要求碳棒中心线应与刨削槽中心线重合,否则会使切刨削槽的形状不对称。

4) 排渣方向的操作　由于压缩空气是从电弧后面吹来的,所以在操作时,压缩空气的方向一旦偏一点,渣就会偏向槽的一侧,压缩空气吹得正,那么渣都被吹到电弧的前部,而且一直往前,直到刨削完为止。这样刨削出来的槽两侧渣最少,可节省很多清理工作。但是这种方法由于前面的准线被渣覆盖住而妨碍操作,所以较难掌握。通常的方法是使压缩空气稍微吹偏一点,把一部分渣翻到槽的外侧,但不能吹向操作位置的一侧,不然,吹起来的铁水会落到操作者身上,严重时还会引起烧伤。若压缩空气集中吹向槽的一侧,则造成熔渣集中在一侧,熔渣多而厚,散热就慢,同时引起粘渣。

5) 刨削尺寸的要求　要获得所需刨槽尺寸,除了选择好合理的刨削工艺参数外,还必须靠操作去控制同样直径的碳棒。当采用不同的工作方法或不同的电流和刨削速度时,可以刨出不同宽度和深度的槽。例如,对 12~20 mm 厚的低碳钢板,用直径 8 mm 碳棒,最深可刨削到 7.5 mm,最宽可刨削到 13 mm。

6) 收弧操作　碳弧气刨收弧时,不允许熔化的铁水留在刨削槽内。这是因为在熔化的铁水中,碳和氧都比较多,而且碳弧气刨的熄弧处往往也是后来焊接的收弧坑。而在收弧坑处一般比较容易出现裂缝和气孔。如果让铁水留下来,就会导致焊接时在收弧坑出现缺陷。因此,在气刨完毕时应先断弧,待碳棒冷却后再关闭压缩空气。

(四) 碳弧气刨安全操作技术

碳弧气刨时,由于镀铜碳棒的烧损,使烟尘中除了含有大量的氧化铁外,还含有 1%~1.5% 的铜,并且含有碳棒黏结剂——沥青,以致带有一定的毒性;同时,压缩空气吹渣时还会产生火量的熔融金属及烟尘。因此,除遵守焊条电弧焊的有关规定外,还应注意以下几点:

(1) 碳弧气刨的弧光较强,操作人员应戴深色的护目镜。

(2) 碳弧气刨时大量高温液态金属及氧化物从电弧下被吹出,操作时应尽可能顺风向操作,并注意防止铁水及熔渣烧损工作服及烫伤身体。

(3) 气刨时使用的电流较大,应注意防止焊机过载和长时间使用而过热。

(4) 碳弧气刨时烟尘大,操作者应佩戴送风式面罩。

(5) 在容器或狭小部位操作时,作业场地必须采取排烟除尘措施,还应注意场地防火。

(6) 刨削时碳棒伸出长度不得小于 20~30 mm。

(7) 碳弧气刨时噪声较大,操作者应戴耳塞。

(8) 未切断电源前,碳弧气刨枪铜头不准与工件接触。

二、氧熔剂切割

(一)氧熔剂切割概述

氧熔剂切割是在切割氧流中加入纯铁粉或其他熔剂,利用它们的燃烧热和造渣作用实现气割的方法,主要用于切割不锈钢铸件和铸铁件的浇冒口。

氧熔剂是利用粉末火焰切割原理进行切割的。当用一般氧乙炔焰切割不锈钢铸件时,刀口表面会形成一层熔点很高(大于被切割金属材料的熔点)、流动性很差的氧化铬薄膜,而氧乙炔焰的温度又较低,使得切割难以进行。用氧熔剂切割器切割不锈钢时,在进行切割的氧乙炔焰气流内不断地加入粉末状的氧熔剂。氧熔剂在氧乙炔焰中的燃烧,使乙炔焰温度提高,同时又与熔融的不锈钢一起形成熔点较低、流动性较好的熔渣,在氧乙炔焰的冲力推动下熔渣不断地流走,从而使切割顺利进行。

(二)氧熔剂分类

目前常用的氧熔剂有两种:一种是细铁粉(如粉末冶金用的氧化铁粉),为增加冲击氧熔剂力,可混入30%的细粒石英粉,这种细铁粉制造较困难;另一种由70%的氧化铁皮加上30%的石英砂组成。氧化铁皮最好选用轧制低碳钢时脱下的氧化铁皮,块度大小在0.25~0.5 mm,氧化铁质量分数应不低于50%,并经300 ℃、2 h以上的焙烘处理。当氧熔剂配置好后,应再经150~200 ℃干燥处理,然后封存,禁止受潮。

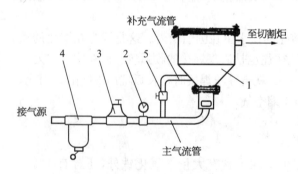

图4-19 氧熔剂切割装置系统

1—氧熔剂罐;2—压力表;3—减压阀;
4—空气过滤器;5—节气阀

(三)氧熔剂切割设备

氧熔剂切割器主要是在氧乙炔焰切割器基础上分别增设一个盛放氧熔剂的罐体(也称配料器)、压缩空气过滤器和调压器,而且对原氧乙炔焰切割炬的结构做了些改造。图4-19所示为氧熔剂切割装置系统,为了移动方便,可将该系统安放在小车上。

(四)氧熔剂切割安全操作技术

(1)氧熔剂切割不仅能用于切割不锈钢,也能用于切割铸铁件、铜及铜合金铸件,其切割厚度在60 mm以上,国外最大达800 mm。

(2)整个设备结构简单,操作使用方便。

(3)有时氧熔剂会在切割炬的嘴芯中烧结成块,堵塞通道,并且氧熔剂使切割炬管道磨损很快。

(4)在狭窄和通风不良的地沟、坑道、检查井、管段、容器、半封闭地段等处进行气焊、气割工作,应在地面上调试焊炬、割炬混合气,并点好火,禁止在工作地点调试和点火,焊炬、割炬都应随人进出。

(5)由于熔渣飞溅,燃烧的铁粉灰尘污染工作环境,切割现场的劳动条件变差,故应加强通风防尘措施,操作者应戴口罩或防尘面具等,以防危害人体健康。

（6）直接在水泥地面上切割金属材料可能发生爆炸,应有防火花喷射造成烫伤的措施。

（7）切割工作完毕应及时清理现场,彻底消除火种,经专人检查确认完全消除危险后,方可离开现场。

习题四

一、判断题(A 表示正确;B 表示错误)

1. 减压器冻结时,可用火烤的方法解冻。

2. 液化气瓶的连接形式为倒旋螺纹。

3. 通常氧气胶管的内径为 8 mm。

4. 充装液化石油气瓶时,瓶内不能全部充满液体,应留出 10%～15% 的汽化空间。

5. 当焊、割嘴端面黏附了许多飞溅出来的熔化金属微粒,阻塞喷射孔,会产生回火。

6. 根据国家标准规定,氧气胶管为蓝色,乙炔胶管为红色。

7. 根据国家标准规定,乙炔胶管允许工作压力为 0.15 MPa。

8. 乙炔瓶在使用、运输和储存时,环境温度不得超过 60 ℃。

9. 氧气瓶取瓶帽时,只能用手或扳手旋转,禁止用铁锤等敲击。

10. 为了节约能源,应尽量将氧气瓶内氧气用尽。

11. 氧气瓶在冬季冻结时,只能用热水和蒸汽解冻。

12. 氧气瓶在厂内运输要用专用小车,不得放在地上滚动。

13. 回火保险器的防爆膜在回火爆破后,必须及时更换符合安全规定的防爆膜。

14. 氧气是助燃气体,乙炔是可燃气体。

15. 减压器在工作过程中,发现气体供应不上或压力表指针有较大摇动的原因之一是减压活门产生了冻结现象。

16. H01 - 6 型焊炬可焊接的最大厚度为 6 mm。

17. 焊炬型号 H01 - 6 中,"01"是表示换嘴式。

18. 碳弧气刨所用的碳棒一般是实心镀铜碳棒。

19. 氧气是可燃气体。

20. 乙炔是助燃气体。

21. 乙炔是一种没有危险性的气体。

22. 碳弧气刨在容器或舱室内操作时,应加强通风、除尘措施。

23. 氧气瓶在使用过程中,要定期技术检验,应每年检验一次。

24. 焊炬、割炬应用铜的质量分数不超过 70% 的铜合金制造。

25. 氧气瓶在使用过程中,应每隔三年定期技术检验一次。

26. 乙炔胶管的内径为 10 mm。

27. 液化石油气瓶应直立放置,防止瓶内液化气的液体流出而发生事故。

28. 减压器在调节工作压力时,应缓缓地旋转调压螺钉进行调压。

29. 在开启气瓶阀时,操作者不应站在瓶阀出气口前面,以防高压气体突然冲击伤人。

30. 氧气管道应涂天蓝色。

31. 乙炔管道应涂白色。

32. 气瓶与明火操作处距离应大于 10 m。

33. 液化石油气瓶的涂漆颜色为银灰色,乙炔瓶为白色。

34. 乙炔发生器可不装回火保险器。

35. 严禁氧气瓶阀氧气减压器、焊炬、割炬、氧气胶管等沾上易燃物质和油脂等。

36. 1 体积的乙炔气完全燃烧需要 2.5 体积的氧气。

37. 氧气瓶可与乙炔瓶同车运输。

38. 根据国家标准规定,氧气胶管允许工作压力为 1.5 MPa。

39. 乙炔瓶的连接形式为夹紧。

40. 气焊、切割时使用胶管最适宜的长度是 10～15 m。

二、单选题

1. 根据国家标准规定,氧气胶管允许工作压力为( )。
   A. 1 MPa   B. 1.5 MPa   C. 2 MPa

2. 割炬型号 G01 - 30 中,G 表示( )。
   A. 焊炬   B. 割炬   C. 焊钳

3. 乙炔瓶的工作压力是( )。
   A. 1 470 kPa   B. 147 kPa   C. 180 kPa

4. 氧气是一种( )。
   A. 惰性气体   B. 可燃气体   C. 助燃气体

5. 乙炔瓶内气体严禁用尽,必须留有剩余压力为( )。
   A. 0.3～0.4 MPa   B. 0.2～0.3 MPa   C. 0.05～0.1 MPa

6. 氧气瓶的涂漆颜色为( )。
   A. 深绿色   B. 天蓝色   C. 银灰色

7. 根据国家标准规定,乙炔胶管允许工作压力为( )。
   A. 1.5 MPa   B. 0.3 MPa   C. 0.1 MPa

8. 在空气中,乙炔含量在( )时,遇静电火花,高温就会发生爆炸。
   A. 2.2%～81%   B. 2.8%～90%   C. 2.8%～93%

9. 乙炔瓶与明火的距离一般不小于( )。
   A. 5 m   B. 10 m   C. 15 m

10. 乙炔与空气混合燃烧时,产生的火焰温度为( )。
    A. 2 000 ℃   B. 2 350 ℃   C. 2 800 ℃

11. 碳弧气刨在露天作业时,操作方向应( )。
    A. 顺风向   B. 逆风向   C. 任意

12. 碳弧气刨使用石墨棒或碳棒与工件间产生的电弧将金属熔化,并用( )将其吹掉,实现在金属表面上加工沟槽的方法。
    A. CO_2 B. 压缩空气   C. 氢气

13. 碳弧气刨的切割操作时,碳棒与刨槽夹角一般为( )。
    A. 30°   B. 45°   C. 60°

14. 乙炔是( )的气体。
    A. 无色无味   B. 有爆炸危险   C. 安全性

15. 氧熔剂切割主要用于切割( )。

A. 不锈钢铸件　　　　　　B. 碳钢　　　　　　　　C. 铝合金

16. 氧气瓶的连接形式为(　　)。

A. 倒旋螺纹　　　　　　　B. 顺旋螺纹　　　　　　C. 夹紧

17. 液化石油气瓶的连接形式为(　　)。

A. 倒旋螺纹　　　　　　　B. 顺旋螺纹　　　　　　C. 夹紧

18. 连接焊炬、割炬的胶管长度不能短于(　　)。

A. 5 m　　　　　　　　　　B. 8 m　　　　　　　　C. 10 m

19. 氧气瓶不可放置在(　　)。

A. 木板上　　　　　　　　B. 泥土地上　　　　　　C. 焊割施工的钢板上

20. 乙炔瓶的涂漆颜色为(　　)。

A. 白色　　　　　　　　　B. 灰色　　　　　　　　C. 黑色

参考答案

一、判断题

1～5：BAAAA　6～10：ABBAB　11～15：AAAAA

16～20：AAABB　21～25：BABAA　26～30：AAAAA

31～35：AAABA　36～40：ABAAA

二、单选题

1～5：BBACC　6～10：BBABB　11～15：ABBBA

16～20：BACCA

第五章　金属焊接与热切割安全用电

第一节　金属焊接与热切割作业用电基本知识

一、电流对人体的伤害

电流对人体的伤害有电击伤、电灼伤和电磁场生理伤害三种形式。

（一）电击伤

电击伤是由于电流通过人体而造成的内部器官在生理上的反应和病变，如刺痛、灼热感、痉挛、麻痹、昏迷、心室颤动或停跳、呼吸困难或停止等现象。电流对人体造成的死亡绝大部分是电击伤所致。

（二）电灼伤

电灼伤（电伤）是电流对人体造成的外伤，如接触灼伤、电弧灼伤、电烙伤等。

1. 接触灼伤

接触灼伤是发生在高压触电事故时，电流通过人体皮肤的进出口处造成的灼伤，一般进口处比出口处灼伤严重。接触灼伤面积虽较小，但深度可达三度。灼伤处皮肤呈黄褐色，可波及皮下组织、肌肉、神经和血管，甚至使骨骼炭化，由于伤及人体组织深层，因此伤口难以愈合，有的甚至需要几年才能结痂。

2. 电弧灼伤

电弧灼伤发生在错误操作或人体过分接近高压带电体而产生电弧放电，这时高温电弧如同火焰一样将皮肤烧伤，被烧伤的皮肤将发红、起泡、烧焦、坏死，电弧还会使眼睛受到严重伤害。

3. 电烙伤

电烙伤发生在人体与带电体有接触的情况下，在皮肤表面将留下和被接触带电体形状相似的肿块痕迹。有时在触电后并不立即出现，而是相隔一段时间后才出现，电烙伤一般不发炎或化脓，但往往造成局部麻木和失去知觉。

（三）电磁场生理伤害

电磁场生理伤害是指在高频电磁场的作用下，器官组织及其功能将受到损伤，主要表现为神经系统功能失调，如头晕、头痛、失眠、健忘、多汗、心悸、厌食等症状，有些人还会有脱发、颤抖、弱视、性功能减退、月经失调等异常症状；其次是出现较明显的心血管症状，如心律失常、血压变化、心区疼痛等。如果伤害严重，还可能在短时间内失去知觉。

电磁场对人体的伤害作用是功能性的，并具有滞后性特点，即伤害是逐渐积累的，脱离接触后症状会逐渐消失。但在高强度电磁场作用下长期工作，一些症状可能持续成痼疾，甚至遗传给后代。

二、触电时影响电流对人体伤害程度的因素

(一) 电弧焊接时触电事故的种类

1. 单相触电

单相触电指人体触及带电体时,电流由带电体经人体、大地形成回路,从而导致人体遭电击。单相触电事故多发生在夏季,因为夏季人体出汗多,降低了人体电阻,使触电电流增大。

2. 双相触电

双相触电指人体因操作不慎而触及两相电源,这类事故在电弧焊接中虽不易发生,但发生双相触电是很危险的。

(二) 触电时电流对人体伤害程度的因素

触电时,电流对人体伤害程度与通过人体的电流强度、电流通电持续时间、电压、电流种类、人体电阻、电流通过人体的途径、人体健康状况等多种因素有关。

1. 电流强度

通过人体的电流越大,人体生理反应就越明显,感觉也越强烈,从而引起心室颤动所需的时间越短,致命的危险性就越大。

按不同电流通过人体时的生理反应,可将触电电流分为以下三种:

1) 感觉电流　使人体有感觉的最小电流称为感觉电流。

实验表明,平均感觉电流,成年男性为 1.1 mA(工频),成年女性约为 0.7 mA(工频)。感觉电流一般不会对人体造成伤害,当电流增大时,感觉增强,反应变大,可能导致坠落等二次事故。

由于感觉电流在 1 mA 左右,所以建议小型携带式电气设备的最大泄漏电流为 0.5 mA,重型移动式电气设备的最大泄漏电流为 0.7 mA。

2) 摆脱电流　人体能自主摆脱的最大电流称为摆脱电流。

对不同的人摆脱电流不同,一般成年男性平均摆脱电流为 16 mA(工频),成年女性为 10.5 mA(工频)。

3) 致命电流　在较短时间内,危及人体生命的最小电流,即引起心室颤动或窒息的最小电流,称为致命电流。

一般情况下,通过人体的电流超过 50 mA 时,使人呼吸麻痹,心脏开始颤动,发生昏迷,并出现致命的电灼伤。当工频 100 mA 的电流通过人体时,可使人致命。

心室颤动的程度与通过电流的强度有关,现将不同电流强度对人体的影响列于表 5-1。

表 5-1　电流强度对人体的影响

电流强度(mA)	对人体的影响	
	交流电(50 Hz)	直流电
0.6~1.5	开始有感觉,手指麻刺	无感觉
2~3	手指强烈麻刺,颤抖	无感觉

（续表）

电流强度(mA)	对人体的影响	
	交流电(50 Hz)	直流电
5～7	手部痉挛	热感
8～10	手部剧痛,勉强可以摆脱电源	热感增多
20～25	手迅速麻痹,不能自主,呼吸困难	手部轻微痉挛
50～80	呼吸麻痹,心室开始颤动	手部痉挛,呼吸困难
90～100	呼吸麻痹,心室经2 s颤动即发生麻痹,心脏停止跳动	呼吸麻痹

2. 电流通电持续时间

电流对人体的伤害与电流作用于人体时间的长短有密切关系。触电致死的生理现象是心室颤动,电流通过人体的持续时间越长,越容易引起心室颤动,触电的后果也越严重。人的心脏每收缩扩张一次,中间约有0.1 s的间隙,在这0.1 s过程中心脏对电流最敏感。通电时间一长,重合这段时间间隙的可能性就越大,即使电流很小也会引起心脏颤动。另外,电流通过人体时间越长,由于人体出汗发热,电流对人体组织的电解作用,使人体电阻逐渐降低,在电压一定的情况下,会使电流增大,对人体组织破坏更厉害,后果更严重。

3. 电压

当人体电阻一定时,作用于人体的电压越高,通过人体的电流就越大。随着作用于人体的电压升高,人体电阻急剧下降,致命电流迅速增加,对人体伤害更为严重。当220～1 000 V工频电压作用于人体时,通过人体的电流可同时影响心脏和呼吸中枢,引起呼吸中枢麻痹,使呼吸和心脏跳动停止。更高的电压还可能引起心肌纤维透明性变,甚至引起心肌纤维断裂和凝固性变。因此,电压越高,对人体生命威胁越大。

4. 电流种类

人体对不同频率电流的生理敏感性是不同的,因而不同种类的电流对人体的伤害程度也有区别。常用的50～60 Hz工频交流电对人体的伤害最为严重;直流电对人体的伤害程度则比交流电轻,高频电流对人体的伤害程度也不及工频交流电严重。但电压过高的高频电流对人体依然是十分危险的。

5. 人体电阻

(1) 人体触电时,通过人体的电流大小与人体电阻的大小有关(当接触电压一定时)。人体的电阻越小,流过人体的电流越大,伤害程度也越大。

(2) 人体电阻不是固定不变的,它的数值随着接触电压的升高而下降,并且和皮肤有关。

(3) 人体电阻主要包括人体内部电阻和皮肤电阻。人体内部电阻是固定不变的,与接触电压和外界条件无关;皮肤电阻(一般是指手和脚的表面电阻)则随皮肤表面干湿程度及接触电压而变化。

(4) 影响人体电阻的因素较多,除皮肤厚薄有影响外,潮湿、多汗、表面伤痕或有导电的粉尘等,都会降低电阻。另外,接触面积增大、压力增大也会降低人体电阻。不同条件下人体电阻值的变化情况见表5-2。

表 5－2　不同条件下的人体电阻值

接触电压(V)	人体电阻(Ω)			
	皮肤干燥	皮肤潮湿	皮肤湿润	皮肤浸入水中
10	7 000	3 500	1 200	600
25	5 000	2 500	1 000	500
50	4 000	2 000	875	440
100	3 000	1 500	770	375
250	1 500	1 000	650	325

6. 电流通过人体的途径

(1) 电流通过头部,立即昏迷,甚至导致死亡。

(2) 电流通过脊髓,会使人半身瘫痪。

(3) 电流通过中枢神经或有关部位,会引起中枢神经系统强烈失调而导致死亡。

(4) 电流通过心脏,会引起心室颤动,致使心脏停止跳动,造成死亡。

实践证明,电流从左手到脚是最危险的途径。因为在这种情况下电流通过心脏、肺部等重要器官,因此,电流通过心脏、呼吸系统和中枢神经时,危险性最大。

7. 人体健康状况

经常参加锻炼和劳动的人身体较健康,触电后反应快,可迅速摆脱电源,伤害较轻。相反,患有高血压、心脏病、肺病、神经系统疾病的人触电后,由于其自身抵抗力差、反应慢,除不易立即摆脱电源外,还可诱发病源,造成伤害较重。

(三) 人体触电的方式

人体触电的方式多种多样,一般可分为直接触电和间接触电两种主要触电方式。

预防直接触电和间接触电的主要措施详见表 5－3。

表 5－3　预防直接触电和间接触电的措施

直 接 触 电	间 接 触 电
(1) 采取远离(间距)防护;	(1) 自动切断供电电源(接地故障保护);
(2) 采取屏护(障碍)防护;	(2) 采用双重绝缘或加强绝缘的电气设备(即Ⅱ级电工产品);
(3) 绝缘防护;	(3) 将有触电危险的场所绝缘,构成不导电环境;
(4) 采用安全特低电压;	(4) 采用不接地的局部等电位连接保护,或采取等电位均压措施;
(5) 装漏电保护装置(如剩余电流动作保护器或漏电开关等);	(5) 采用安全特低电压;
(6) 电气联锁防护;	(6) 实行电气隔离
(7) 限制能耗防护	

第二节　金属焊接与热切割作业的安全用电要求

金属焊接与热切割设备在运行时,空载电压一般都在 $50\sim90$ V,有的甚至高达 300 V 以上。焊接现场存在大量的金属材料,特别是在金属容器或金属管道内施焊,金属焊接与热切割设备的绝缘损坏或电源线碰壳,设备外壳就会带电。焊接作业人员如果不重视安全用电,就有可能造成触电事故。因此,本节详细介绍了金属焊接与热切割设备的安全用电要求。

一、金属焊接与热切割设备电源的安全要求

(1) 焊接电源的空载电压在满足焊接工艺要求的同时,应考虑对焊工操作安全有利。

(2) 焊接电源必须有足够的容量和单独的控制装置,如熔断器或自动断电装置。控制装置应能可靠地切断设备的危险电流,并安置在操作方便的地方,周围留有通道。

(3) 焊机所有外露带电部分必须有完好隔离防护装置,如防护罩、绝缘隔离板等。

(4) 焊机各个带电部分之间,及其外壳对地之间必须符合绝缘标准的要求,其电阻值均不小于 1 MΩ。

(5) 焊机的结构要合理,便于维修,各接触点和连接件应牢靠。

(6) 焊机不带电的金属外壳,必须采用保护接零或保护接地的防护措施。

二、金属焊接与热切割设备保护接零和保护接地的安全要求

在电源为三相三线制或单相制系统中,应安设保护接地线(图 5-1);在电源为三相四线制中性点接地系统中,应安设保护接零线(图 5-2)。

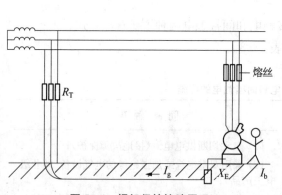

图 5-1　焊机保护接地原理

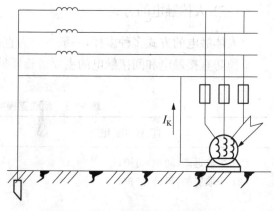

图 5-2　焊机保护接零原理

应该指出,接地电阻不得超过 4 Ω,用于接地或接零的导线要有足够的截面积,禁用氧气、乙炔等易燃易爆气体管道作为自然接地线。

金属焊接与热切割设备保护接零和保护接地的安全要求如下:

(1) 在低压系统中,焊机的接地电阻不得大于 4 Ω。

(2) 焊机的接地电阻可用打入地下深度不小于 1 m、电阻不大于 4 Ω 的铜棒或铜管作接地线。

（3）焊接变压器的二次线圈与焊件相连的一端必须接零（或接地）。注意：与焊钳相连的一端不能接零（或接地）。

（4）用于接地和接零的导线，必须满足容量的要求，中间不得有接头，不得装设熔断器，连接时必须牢固。

（5）几台设备的接零线（或接地线），不得串联接入零线或接地线，应采用并联方法接零线（或接地体）。

（6）接线时，先接零线或接地线，后接设备外壳，拆除时则相反。

第三节　触电事故产生的原因和预防措施

一、金属焊接与热切割产生触电事故的原因

电弧焊是利用电弧把电能转换成金属焊接过程所需要的热能和机械能。电弧焊机的空载电压较高，大多超过安全电压，国产焊条电弧焊焊机空载电压在 50～90 V，等离子弧焊接与切割电源的电压为 300～450 V，氢原子焊电压为 300 V，电子束焊焊机电压高达 80～150 kV，故需采取特殊防护措施。国产焊接电源为输入电压 220/380 V、频率 50 Hz 的工频交流电，都大大超过安全电压。同时，电弧焊接时采用的弧焊机等电气设备及焊钳、焊件均是带电体，因而电弧焊作业要严格遵守安全操作规程，否则会造成触电事故。

电弧焊接时的触电事故分为直接电击和间接电击两种。

（1）直接电击：触及电弧焊设备正常运行的带电体、接线柱等，或靠近高压电网及电气设备所发生的触电事故。

（2）间接电击：触及意外带电体所发生的电击。意外带电体是指正常时不带电，由于绝缘损坏或电气线路发生故障而意外带电的导体，如漏电的焊机外壳、绝缘破损的电缆等。

（一）电弧焊时发生直接电击事故的原因

（1）操作时，手或身体某部位接触到焊条、电极、焊钳或焊枪的带电部分，而脚或身体其他部位对地和金属结构之间又无绝缘防护。特别是在金属容器、管道或锅炉内，或在阴雨天、潮湿地以及身上大量出汗时，容易发生这种电击事故。

（2）在接线或调节电弧焊设备时，手或身体某部位碰到接线柱、极板等带电体而触电。

（3）在登高焊接时，触及或靠近高压电路网引起的触电事故。

（二）电弧焊时发生间接电击事故的原因

1. 人体触及漏电的焊机

造成焊机漏电的原因有：

（1）焊机受潮使绝缘损坏。

（2）焊机长期超负荷运行或短路发热使绝缘损坏。

（3）焊机安装的地点和方法不符合安全要求。

（4）焊机遭受振动、撞击。振动或撞击后使线圈或引线的绝缘造成机械损伤，并且破损的线圈或导线与铁芯和外壳相连。

2. 焊机的保护接地或保护接零(中线)系统不牢

把电气设备的金属外壳接地或接到电路系统的中性点上称为保护接地或保护接零。

如果电器的绝缘损坏,使金属外壳带电,若保护接地或保护接零不牢,人体触到带电外壳时,不能使流经人体的电流减小到安全范围或及时使保险装置动作切断电源,失去保护作用,从而使人体触电。

3. 接线错误

误将弧焊变压器的二次绕组接到电网上去,或将采用 220 V 的弧焊变压器接到 380 V 电源上,手或身体某一部分触及二次回路或裸导体而造成触电。

4. 绝缘损坏

弧焊变压器的一次绕组与二次绕组之间的绝缘损坏,使一次电压直接加在二次侧上,手或身体触及二次回路或裸导体而发生触电。

操作时触及绝缘破损的电缆、胶木闸盒、破损的开关等造成触电。

5. 用金属物体代替焊接电缆

由于利用厂房的金属结构、管道、轨道、行车、吊钩或其他金属物搭接作为焊接回路而发生触电。

二、金属焊接与热切割作业触电事故的安全措施

(一) 良好的隔离防护装置

弧焊设备应有良好的隔离防护装置,避免人与带电导体接触。焊机的接线端应在防护罩内。有插销孔接头的设备,插销孔的导体应隐蔽在绝缘板平面内。弧焊机的电源线应设置在靠墙壁不易接触处,且电源线长一般不应超过 2~3 m。如临时需要使用较长的电源线时,应架空 2.5 m 以上,不应将其拖在地面。各弧焊机、设备间及弧焊机与墙间至少应留 1 m 宽的通道。

(二) 设置保护接地或保护接零装置

金属焊接与热切割设备外壳、电气控制箱外壳等应设保护接地或保护接零装置。在电源为三相三线制或单相制系统时,焊机外壳和二次绕组引出线的一端应安放保护接地线。接地装置应广泛应用自然接地极,如与大地有可靠连接的建筑物的金属结构、铺设于地下的金属管道等。但氧气与乙炔等易燃易爆气体及液体管道严禁作为自然接地极。接地电阻不得超过 4 Ω,自然接地电阻超过此数值时,应采用人工接地极。接地导线应具有良好的导电性,其截面积不得小于 12 mm²,接地线应用螺母拧紧,接地线不准串联接入。

(三) 安装自动断电装置

金属焊接与热切割设备应设有独立的电气控制箱,箱内应装有熔断器、过载保护开关、漏电保护装置和空载自动断电装置。

(四) 绝缘符合安全标准

弧焊设备和线路带电导体,对地、对外壳间,或相与相、线与线间,都必须有良好的符合标准的绝缘,绝缘电阻不得小于 1 MΩ。

(五) 学习安全知识、加强个人防护意识

(1) 做好金属焊接与热切割作业人员的培训,做到持证上岗,杜绝无证人员进行金属焊接与热切割作业。

(2) 改变金属焊接与热切割设备接头、更换焊件需改接二次回路时,转移工作地点、更换熔丝以及金属焊接与热切割设备发生故障需检修时,必须在切断电源后方可进行。推拉刀开关时,必须戴绝缘手套,同时头部需偏斜。

(3) 更换焊条或焊丝时,焊工必须戴焊工手套,要求焊工手套应保持干燥、绝缘可靠。对于空载电压和焊接电压较高的焊接操作和在潮湿环境操作时,焊工应使用绝缘橡胶衬垫确保焊工与焊件绝缘。特别是在夏天炎热天气由于身体出汗后衣服潮湿,不得靠在焊件、工作台上。

(4) 在金属容器内或狭小工作场地焊接金属结构时,必须采用专门防护,如采用绝缘橡胶衬垫、穿绝缘鞋、戴绝缘手套,以保障焊工身体与带电体绝缘。

(5) 在光线不足的较暗环境工作,必须使用手提工作行灯,一般环境使用的照明行灯电压不超过 36 V。在潮湿、金属容器等危险环境,照明行灯电压不得超过 12 V。

(6) 焊工在操作时不应穿有铁钉的鞋或布鞋。绝缘手套不得短于 300 mm,制作材料应为柔软的皮革或帆布。焊条电弧焊工作服为帆布工作服,氩弧焊工作服为毛料或皮工作服。

(7) 金属焊接与热切割设备的安装、检查和修理必须由持证电工来完成,焊工不得自行检查和修理金属焊接与热切割设备。

第四节　触电的现场急救

触电的现场急救是整个触电急救工作的关键。当一定电流或电能量(静电)通过人体引起机体损伤、功能障碍甚至死亡,称为电击,俗称触电。轻度电击者可出现短暂的面色苍白、呆滞、对周围失去反应,自觉精神紧张,四肢软弱,全身无力。严重者可出现昏迷、心室纤颤、瞳孔放大、呼吸心跳停止而立即处于"临床死亡"状态。此时,如处理不当,后果会极其严重。因此,必须在现场开展心肺复苏工作,以挽救生命。有报道指出,在 4 min 内进行复苏初期处理,在 8 min 内得到复苏二期处理,其复苏成功率最大为 43%,而在 8~16 min 内得到二期复苏处理者,其复苏成功率仅为 10%,要是在 8 min 以后才得到复苏初期处理,则其复苏成功率几乎为"0"。因此,一旦发生触电事故,必须在 4 min 内进行复苏初期处理,而在 8 min 内进行复苏二期处理。否则,生命极有可能无法挽救。

复苏初期处理的任务是:迅速识别触电者当前状况,用人工方法维持触电者的血液循环和呼吸。

发生触电事故时,现场处理的第一步是使触电者迅速脱离电源,第二步是现场心肺复苏术,同时应向当地急救医疗部门求援(拨打"120"急救电话)。

一、迅速脱离电源

发生触电事故后,首先要使触电者脱离电源,这是对触电者进行急救最为重要的第一步。使触电者脱离电源一般有以下几种方法:

(1) 切断事故发生场所电源开关或拔下电源插头。但切断单极开关不能作为切断电源的

可靠措施,即必须做到彻底断电。

(2) 当电源开关离触电事故现场较远时,用绝缘工具切断电源线路,但必须切断电源侧线路。

(3) 用绝缘物移去落在触电者身上的带电导线。若触电者衣服是干燥的,救护者可用具有一定绝缘性能的随身物品(如干燥的衣服、围巾)严格包裹手掌,然后去拉拽触电者的衣服,使其脱离电源。

上述方法仅适用于 220/380 V 低压线路触电者。对于高压触电事故,应及时通知供电部门,采取相应的急救措施,以免事故扩大。解脱电源时需注意以下几点:

(1) 如果在架空线上或高空作业时触电,一旦断开电源,触电者因脱离电源肌肉会突然放松,有可能会引起高处坠落造成严重外伤。故必须辅以相应措施防止发生二次事故而造成更严重的后果。

(2) 解脱电源时动作要迅速,耗时多会影响整个抢救工作。

(3) 脱离电源时除注意自身安全外,还需防止误伤他人,扩大事故。

二、现场心肺复苏

触电者脱离电源后,应尽快迅速在现场抢救。现场的心肺复苏是用人工的方法来维持人体内的血液循环和肺内的气体交换。通常采用人工呼吸法和体外心脏按压来达到复苏目的。

(一) 呼吸停止的急救

如果触电者呼吸停止,应立即采取口对口人工呼吸法施救。人工呼吸的目的是用人工的方法术替代肺的自主呼吸活动,使空气有节律地进入和排出肺脏,以供给体内足够的氧气,充分排出二氧化碳,维持正常的气体交换。口对口人工呼吸法是最简单有效的现场急救方法,其整个动作示意如图 5 - 3 所示。其操作方法如下:

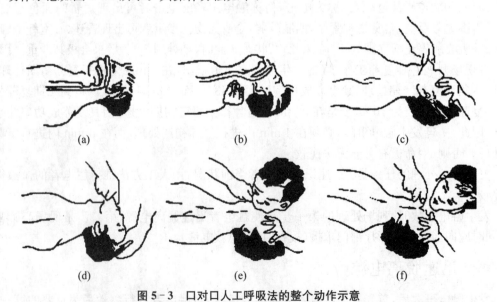

图 5 - 3　口对口人工呼吸法的整个动作示意

(a) 呼吸道阻塞;(b) 呼吸道畅通;(c) 清理口腔防阻塞;
(d) 头部仰起,鼻孔朝天,呼吸道通畅;(e) 贴嘴吹气胸扩张;(f) 放开嘴鼻好换气

（1）触电者保持仰卧位，即头、额、躯干平直无扭曲，双手放于躯干两侧，仰卧于硬地上。解开衣领，松开紧身衣着，放松裤带，避免影响呼吸时胸廓的自然扩张及腹壁的上下运动，如有呕吐物、黏液等必须先清除。

（2）保持开放气道状态，使呼吸道通畅。用按在触电者前额上的手的大拇指和食指捏紧鼻翼使其紧闭，以防气体从鼻孔逸出。

（3）抢救者做一深吸气后，用双唇包绕封住触电者嘴外部，形成不透气的密闭状态，然后全力吹气，持续 $1\sim1.5\,s$，此时进气量为 $800\sim1\,200\,ml$。进气适当的体征是：看到胸部或腹部隆起。若进气量过大和吹入气流过速反而可使气体进入胃内引起胃膨胀。

（4）吹气完毕后，抢救者头稍侧转，再做深吸气，吸入新鲜空气。在头转动时，应即放松捏紧鼻翼的手指，让气体从触电者肺部经鼻、嘴排出体外。此时，应注意腹部复原情况，倾听呼气声，观察有无呼吸道梗阻。

（5）反复进行(3)、(4)两步骤，频度掌握在每分钟 $12\sim16$ 次。

(二) 心跳停止的急救

心脏停止跳动的触电者必须立即进行体外心脏按压，以争取生存的机会。体外心脏按压法是指有节律地按压胸骨下半部，用人工的方法代替心脏的自然收缩，从而达到维持血液循环的目的，操作的整个动作示意如图 5-4 所示。体外心脏按压操作步骤如下：

（1）因为按压时用力较大，触电者必须仰卧于硬板上或地上。另外即使最佳的操作到达脑组织的血流也大为减少，如果头部比心脏位置稍高，将导致脑部血流量明显减少。

（2）抢救者位于触电者一侧的肩部，按压手掌的掌根应放置于按压的正确位置——压区。图 5-4 所示即为压区位置。

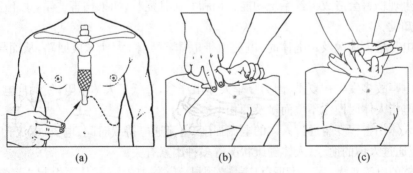

(a) (b) (c)

图 5-4　压区位置

（3）抢救者两手掌相叠，两手手指抬起，使手指脱离胸壁，两肘关节伸直，双肩位于双手的正上方。然后依靠上半身的体重和臂部、肩部肌肉的力量，垂直于触电者脊柱方向按压。

（4）对正常身材的成人，按压时，胸骨应下陷 $4\sim5\,cm$，即充分压迫心脏，使心脏血液搏出。

（5）停止按压，使胸部恢复正常形态，心脏内形成负压，让血液回流心脏。停止用力时，双手不能离开胸壁，以保持下一次按压时的正确位置。

（6）每分钟需按压 $80\sim100$ 次。

(三) 双人操作复苏术

双人操作复苏术是由两名抢救者相互配合进行口对口人工呼吸和体外心脏按压。操作时,一人位于触电者头旁保持气道开放,进行口对口人工呼吸,测试颈动脉有否搏动以判断体外心脏按压是否有效,在抢救一段时间后判断触电者是否恢复自主呼吸和心跳。另一位抢救者位于触电者一侧进行体外心脏按压(即开放气道后,口对口吹气 1 次,再进行体外心脏按压 5 次,反复进行)。

(四) 单人操作复苏术

当触电者心跳、呼吸均停止时,现场仅有一名抢救者,此时需同时进行口对口人工呼吸和体外心脏按压。其操作步骤如下:

(1) 开放气道后,连续吹气 2 次。

(2) 立即进行体外心脏按压 15 次(频率为 80～100 次/分)。

(3) 以后,每做 15 次心脏按压后,就连续吹气 2 次,反复交替进行。同时每隔 5 min 应检查一次心肺复苏效果,每次检查时心肺复苏术不得中断 5 s 以上。单人心肺复苏术易学、易记,能有效地维持血液循环和气体交换,因此现场作业人员均应学会单人心肺复苏术。

习题五

一、判断题(A 表示正确;B 表示错误)

1. 电流对人体造成的死亡绝大部分是电击伤所致。

2. 由于接触灼伤伤及人体组织深层,因此伤口难以愈合,有的甚至需要几年才能结痂。

3. 电烙伤有时在触电后并不立即出现,而是相隔一段时间后才出现,电烙伤一般不发炎或化脓,但往往不会造成局部麻木和失去知觉。

4. 电磁场生理伤害会造成神经系统功能失调和心血管症状,如果伤害严重,也不会在短时间内失去知觉。

5. 单相触电是指人体触及带电体时,电流由带电体经人体、大地形成回路,从而导致人体遭电击。

6. 单相触电事故多发生在夏季,因为夏季人体出汗多,降低了人体电阻,使触电电流增大。

7. 双相触电指人体因操作不慎而触及两相电源。

8. 电流对人体伤害程度与通过人体的电流强度、电流通电持续时间、电压、电流种类、人体电阻、电流通过人体的途径、人体健康状况等多种因素有关。

9. 通过人体的电流越大,人体生理反应就越明显,感觉也越强烈,从而引起心室颤动所需的时间越短,致命的危险性就越小。

10. 人体的平均感觉电流,成年男性为 1.1 mA(工频),成年女性约为 0.7 mA(工频)。

11. 对不同的人摆脱电流不同,一般成年男性平均摆脱电流为 16 mA(工频),成年女性为 10.5 mA(工频)。

12. 在较短时间内,危及人体生命的最小电流,即引起心室颤动或窒息的最小电流,称为感觉电流。

13. 当工频 100 mA 的电流通过人体时,可使人致命。

14. 触电致死的生理现象是心室颤动,电流通过人体的持续时间越短,越容易引起心室颤动,触电的后果也越严重。

15. 当人体电阻一定时,作用于人体的电压越高,通过人体的电流就越小。

16. 人体的电阻越小,流过人体的电流越大,伤害程度也越大。

17. 人体内部电阻是固定不变的,与接触电压和外界条件无关,而皮肤电阻(一般是指手和脚的表面电阻)却随皮肤表面干湿程度及接触电压而变化。

18. 一个人在皮肤干燥状态下,接触的电压越高,人体电阻越小。

19. 金属焊接与热切割设备在运行时,空载电压一般都在 50～90 V,有的甚至高达 300 V 以上。

20. 目前,我国生产的直流弧焊机的空载电压不高于 90 V。

21. 目前,我国生产的交流弧焊机的空载电压不高于 90 V。

22. 焊机所有外露带电部分必须有完好隔离防护装置,如防护罩、绝缘隔离板等。

23. 焊机不带电的金属外壳,无须采用保护接零或保护接地的防护措施。

24. 在低压系统中,焊机的接地电阻不得大于 4 Ω。

25. 焊机的接地电阻可用打入地下深度不小于 1 m、电阻不大于 4 Ω 的铜棒或铜管作接地线。

26. 用于接地和接零的导线,必须满足容量的要求,中间不得有接头,不得装设熔断器,连接时必须牢固。

27. 几台设备的接零线(或接地线),不得串联接入零线或接地线,应采用并联方法接零线(或接地体)。

28. 直接电击是触及电弧焊设备正常运行的带电体、接线柱等,或靠近高压电网及电气设备所发生的触电事故。

29. 间接电击是触及意外带电体所发生的电击。

30. 焊机长期超负荷运行或短路发热会使绝缘损坏而造成焊机漏电。

31. 利用厂房的金属结构、轨道、管道或其他金属物搭接作为焊接回路而发生触电事故,属于间接电击。

32. 弧焊机的电源线应设置在靠墙壁不易接触处,且电源线长一般不应超过 2～3 m。如临时需要使用较长的电源线时,应架空 2.5 m 以上。

33. 接地导线应具有良好的导电性,其截面积不得小于 11 mm²,接地线应用螺母拧紧,接地线不准串联接入。

34. 在夏天炎热天气由于身体出汗后衣服潮湿,不得靠在焊件、工作台上。

35. 在容器内部作业时,应做好绝缘防护工作,防止触电事故。

36. 在金属容器内或狭小工作场地焊接金属结构时,必须采用专门防护,如采用绝缘橡胶衬垫、穿绝缘鞋、戴绝缘手套,以保障焊工身体与带电体绝缘。

37. 一旦发生触电事故,受害者在 8 min 以后才得到复苏初期处理,则其复苏的成功率几乎为"0"。

38. 发生触电事故后,首先应拨打"120",以便等医务人员迅速到场进行抢救。

39. 在拉拽触电者脱离电源的过程中,救护人应双手迅速将触电者拉离电源。

40. 触电时,口对口人工呼吸抢救,应掌握每分钟吹气 8～10 次。

二、单选题

1. 利用厂房的金属结构、管道等或其他金属物搭接作为焊接回路而发生的触电事故属于（　　）。

    A. 直接电击　　　　　　B. 间接电击　　　　　　C. 双相触电

2. 电流对人体造成的外伤称为（　　　）。

　　A．电击伤　　　　　　　　B．电磁生理伤害　　　　　C．电灼伤

3. 人体触及带电体时,电流由带电体经人体、大地形成回路,从而导致人体遭电击的触电是（　　　）。

　　A．单相触电　　　　　　　B．双相触电　　　　　　　C．直接电击

4. 通过人体的电流越大,致命危险性（　　　）。

　　A．就越小　　　　　　　　B．就越大　　　　　　　　C．与电流大小无关

5. 当工频电流通过人体时,可使人致死的电流值为（　　　）。

　　A．10 mA　　　　　　　　B．50 mA　　　　　　　　C．100 mA

6. 触电时,使人麻痹、心脏开始颤动、昏迷,并出现致命的电灼伤的电流为（　　　）。

　　A．8～10 mA　　　　　　　B．20～25 mA　　　　　　C．>50 mA

7. 电流从左手到脚的途径是（　　　）。

　　A．危险性较小的　　　　　B．最危险的　　　　　　　C．安全的

8. 国产手弧焊机的空载电压在（　　　）。

　　A．50～90 V　　　　　　　B．70～110 V　　　　　　C．110～220 V

9. 目前,我国生产的交流弧焊机的空载电压不高于（　　　）。

　　A．70 V　　　　　　　　　B．85 V　　　　　　　　　C．90 V

10. 目前,我国生产的直流弧焊机的空载电压不高于（　　　）。

　　A．70 V　　　　　　　　　B．85 V　　　　　　　　　C．90 V

11. 各弧焊机、设备间及弧焊机与墙间、通道的宽度至少应留（　　　）。

　　A．0.5 m　　　　　　　　B．1 m　　　　　　　　　　C．2 m

12. 为确保零线回路不中断,在接零线上（　　　）。

　　A．应设置熔断器　　　　　B．应设置开关　　　　　　C．不准设置熔断器或开关

13. 弧焊机的接地电阻不得大于（　　　）。

　　A．3 Ω　　　　　　　　　B．4 Ω　　　　　　　　　　C．5 Ω

14. 触及电弧焊设备正常运行的带电体、接线柱等发生的触电事故称为（　　　）。

　　A．直接电击　　　　　　　B．间接电击　　　　　　　C．单相触电

15. 在阴雨天、潮湿地焊接所发生的触电事故,称为（　　　）。

　　A．一般电击　　　　　　　B．直接电击　　　　　　　C．间接电击

16. 在弧焊机的供电线路上都应接有合乎规定的（　　　）。

　　A．泄压装置　　　　　　　B．熔断保险器　　　　　　C．安全膜

17. 接地导线应具有良好的导电性,其截面积不得小于（　　　）,接地线应用螺母拧紧,接地线不准串联接入。

　　A．10 mm²　　　　　　　B．11 mm²　　　　　　　　C．12 mm²

18. 在潮湿、金属容器等危险环境,照明行灯电压不得超过（　　　）。

　　A．11 V　　　　　　　　　B．12 V　　　　　　　　　C．13 V

19. 发生触电事故时,对触电者进行急救最为重要的第一步是（　　　）。

　　A．首先使触电者脱离电源

　　B．进行口对口人工呼吸

　　C．进行体外心脏按压

20. 一旦发生触电事故,进行二期复苏处理的时间必须在(　　　)。

A．20 min 内　　　　　　　　B．16 min 内　　　　　　　C．8 min 内

参考答案

一、判断题

1～5：AABBA　6～10：AAABA　11～15：ABABB

16～20：AABAA　21～25：BABAA　26～30：AAAAA

31～35：AABAA　36～40：AABBB

二、单选题

1～5：BCABC　6～10：CBABC　11～15：BCBAB

16～20：BCBAC

第六章 金属焊接与热切割防火技术

第一节 燃烧的原因和防火基本措施

燃烧是指可燃物与助燃物（氧化剂）作用发生的放热反应，通常伴有火焰、发光与发烟现象。

燃烧具有三个特征：化学反应、放热和发光。例如，铜与硝酸反应生成硝酸铜是化学反应，但是没有放出大量的热量并同时发光，故不属于燃烧反应。钨丝灯泡通电后发出光并有发热，但是没有发生化学反应，也不属于燃烧。

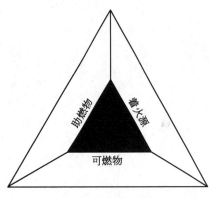

图 6-1 燃烧三角形

一、燃烧的基本条件

发生燃烧必须具备三个必要条件：可燃物、助燃物和着火源（温度），即燃烧三要素，如图 6-1 所示。只有在三个条件同时具备的情况下，可燃物质才能发生燃烧，三个条件中无论缺少哪一个燃烧都不能发生。

二、燃烧的产物

燃烧产物是燃烧时生成的气体、蒸气、液体和固体物质。燃烧产物的成分取决于可燃物质的化学组成和燃烧条件。燃烧产物主要有二氧化碳、一氧化碳、水蒸气、二氧化硫、五氧化二磷以及灰粉等。空气不足的条件下燃烧时，还生成炭粒等。火灾时的烟雾实际上就是不完全燃烧时的产物。空气中的氧在燃烧时大部分消耗了，剩下的氮和燃烧产物混合在一起。燃烧产物一般有窒息性和一定毒性，人在火场中有引起窒息中毒的危险；火场中烟雾会影响视线，妨碍消防人员行动；灼热的燃烧产物和不完全燃烧产物能使人烫伤或造成新的火源，甚至能与空气形成爆炸混合物。

燃烧产物在一定条件下（密闭的场所）有阻碍继续燃烧的作用，还可从燃烧产物的颜色、气味和烟雾气流的温度、浓度和流动方向，帮助判断火灾原因、火势蔓延及发展情况。

三、燃烧的类型和特征参数

按照瞬间发生的特点及要素构成的条件，燃烧可分为着火、闪燃、自燃三种类型。

（一）着火和燃点

可燃物质在与空气共存的情况下，当达到某一程度时，受到外界火源直接作用而发生持续燃烧的现象称为着火。着火是日常生活中最常见的一种燃烧现象，通常以出现火焰为特征。

可燃物质开始持续燃烧所需的最低温度称为该物质的燃点（也称着火点）。例如木材的燃点为250～300℃。燃点不是物质固定的物理常数,而是随着一些外界条件变化而变化,如测试方式、物质物理状态、环境条件等。

(二) 闪燃与闪点

任何液体表面都有蒸气存在,其浓度取决于液体的温度。可燃液体表面的蒸气与空气形成的混合可燃气体,遇明火发生瞬间火苗或闪火的现象称为闪燃。闪燃是由于液体表面的蒸气瞬间燃烧后,新的蒸气来不及补充,故燃烧瞬间熄灭,它是引发火灾事故的先兆之一。

闪点是评价可燃液体燃烧危险性大小的重要参数。可燃液体发生闪燃时液体的最低温度称为闪点。液体的温度达到闪点时只发生瞬间燃烧,当温度升高时可能发生持续燃烧,液体能发生持续燃烧的最低温度称为燃点,故液体的燃点高于其闪点。常见的几种易燃(可燃)液体的闪点见表6-1。

表6-1 常见的几种易燃(可燃)液体的闪点

名　称	闪点(℃)	名　称	闪点(℃)
汽油	-50	甲醇	11
煤油	38～74	丙酮	-18
酒精	13	乙醛	-38
苯	-14	松节油	35
乙醚	-45	樟脑油	47
二硫化碳	-30	桐油	121

(三) 自燃和自燃点

可燃物质在无外界火源的直接作用下,由于受热或自行发热而引起持续燃烧的现象称为自燃。由于热源的不同可分为受热自燃和自热自燃两种。

1. 受热自燃

可燃物质虽未与火源直接接触,但在外部作用下,由于传热而使温度升高,当热量积蓄,温度升高达到一定值而着火燃烧的现象称为受热自燃。例如可燃物质接触高温设备、烘烤过度、熬炼油料、机械转动部件润滑不良摩擦生热、电气设备过载而引起温度升高等,都可能引发自燃。

2. 自热自燃

某些物质在没有任何外界热源作用下,由于其内部发生的物理、化学或生化反应过程放出热量,这些热量在适当条件下逐渐积累,温度升高,当达到一定温度而自行燃烧的现象称为自热自燃。自燃物质都是指这一类。

可燃物质发生自燃的最低温度称为该物质的自燃点,也称引燃温度。能发生自燃的物质,其自燃点越低,越易引起自燃,火灾危险性越大。但自燃点不是一个恒定的物理常数,随压力、组成、催化剂、固体物料的粉碎度、点火延迟时间等因素的变化而变化。

四、爆炸

物质由一种状态迅速地转变成另一种状态,并在瞬间以机械能形式释放出巨大的能量,或是气体、蒸气在瞬间发生的剧烈膨胀等现象称为爆炸。

(一)爆炸的分类

按爆炸的性质不同,可分为物理爆炸、化学爆炸和核爆炸三类。最为常见的是物理爆炸和化学爆炸。

1. 物理爆炸

物理爆炸是由物理变化而引起的爆炸,爆炸前后的物质都未发生变化,而变化的是物质的状态或压力。如锅炉或容器内的液体过热汽化引起的爆炸,压缩气体、液化气体超压而发生的爆炸都属于这一类。

2. 化学爆炸

化学爆炸是由化学变化引起的爆炸,爆炸前后物质的化学成分和性质都发生了根本的变化。化学爆炸是物质急剧氧化或分解促使其温度、压力增加或两者同时增加而形成的爆炸现象。例如,炸药的爆炸,可燃气体、液体蒸气及粉尘与空气混合后形成的爆炸。

3. 核爆炸

核爆炸是以核裂变、核聚变所释放出的核能形成的爆炸。

(二)爆炸极限

爆炸极限可从爆炸浓度极限与爆炸温度极限两个方面加以分析。

1. 爆炸浓度极限

爆炸浓度极限是指可燃气体、液体蒸气和粉尘与空气混合后,遇火源会发生爆炸的最高或最低的浓度范围,简称爆炸极限。

爆炸极限实际上是一个浓度范围,能引起爆炸的最高浓度称为爆炸上限,能引起爆炸的最低浓度称为爆炸下限,上限和下限之间的间隔称为爆炸范围。

可燃气体、液体蒸气和粉尘与空气混合后形成的混合物遇火源不一定都会发生爆炸,只有其浓度处在爆炸极限范围内,才发生爆炸。浓度高于上限,助燃物数量太少,不会发生爆炸,也不会燃烧;浓度低于下限,可燃物的数量不够,也不会发生爆炸或燃烧。但是,若浓度高于上限的混合物离开密闭的空间或混合物遇到新鲜空气,遇火源则有发生燃烧或爆炸的危险。常见的一些可燃液体和气体的爆炸极限见表6-2。

表6-2 常见的一些可燃液体和气体的爆炸极限

爆炸浓度极限(%)		气体、液体名称	爆炸温度极限(℃)	
下限	上限		下限	上限
3.5	18	酒精	11	40
1.2	7	甲苯	1	31
0.8	62	松节油	32	53
0.79	5.16	车用汽油	-39	-8

（续表）

爆炸浓度极限（%）		气体、液体名称	爆炸温度极限（℃）	
下限	上限		下限	上限
1.85	36.5	乙醚	−45	13
1.5	9.5	苯	−14	12
4	75	氢	—	—
2.2	81	乙炔	—	—

常见可燃物粉尘的爆炸特性见表 6-3。

表 6-3　常见可燃物粉尘的爆炸特性

粉尘名称	自燃点（℃）	爆炸下限（g/m³）	最大爆炸压力（MPa）
铝	470～645	40	0.61
镁	600～650	10	0.49
锰	450	210	0.18
铁	316	120	0.25
煤	610	35～45	0.31
锌	860	500	0.68

2. 爆炸温度极限

由于液体的蒸气浓度是受温度的变化而变化的，故液体除有爆炸浓度极限外，还有一个爆炸温度极限。爆炸温度极限是指可燃性液体受热蒸发出的蒸气浓度等于爆炸浓度极限时的温度范围。

爆炸温度下限是指液体在该温度下蒸发出等于爆炸浓度下限的蒸气浓度。液体的爆炸温度下限就是该液体的闪点。爆炸温度上限是指液体在该温度下蒸发出等于爆炸浓度上限的蒸气浓度。

五、金属焊接与热切割作业中发生火灾、爆炸事故的原因

（1）焊接、切割作业时，尤其是气体切割时，由于使用压缩空气或氧气流的喷射，使火星、熔滴和铁渣四处飞溅（较大的熔滴和熔渣能飞溅到距操作点 5 m 以外的地方），当作业环境中存在易燃易爆物品或气体时，就可能会发生火灾和爆炸事故。

（2）在高空焊接、切割作业时，对火星所及范围内的易燃易爆物品未清理干净，作业人员在工作过程中乱扔焊条头，作业结束后未认真检查是否留有火种。

（3）气焊、气割的工作过程中未按规定的要求放置乙炔发生器，工作前未按要求检查焊（割）炬、橡胶管路和乙炔发生器的安全装置。

（4）气瓶存在制作方面的不足，气瓶的保管、充灌、运输、使用等方面存在不足；违反安全操作规程等。

（5）乙炔、氧气等管道的制定、安装有缺陷，使用中未及时发现和整改其不足。

（6）在焊补燃料容器和管道时，未按要求采取相应措施。在实施置换焊补时，置换不彻底，在实施带压不置换焊补时压力不够致使外部明火导入等。

六、金属焊接与热切割作业中发生火灾、爆炸事故的防范措施

（1）焊接、切割作业时，将作业环境 10 m 范围内所有易燃易爆物品清理干净，应注意作业环境的地沟、下水道内有无可燃液体和可燃气体，以及是否有可燃易爆物质可能泄漏到地沟和下水道内，以免由于焊渣、金属火星引起灾害事故。

（2）高空焊接、切割时，禁止乱扔焊条头，对焊接、切割作业下方应进行隔离，作业完毕应做到认真细致检查，确认无火灾隐患后方可离开现场。

（3）应使用符合国家有关标准、规程要求的气瓶，在气瓶的储存、运输、使用等环节应严格遵守安全操作规程。

（4）对输送可燃气体和助燃气体的管道应按规定安装、使用和管理，对操作人员和检查人员应进行专门的安全技术培训。

（5）焊补燃料容器和管道时，应结合实际情况确定焊补方法。实施置换法时，置换应彻底，工作中应严格控制可燃物质的含量。实施带压不置换法时，应按要求保持一定的电压。工作中应严格控制其氧含量。要加强检测，注意监护，要有安全组织措施。

第二节　常用灭火器材及使用方法

一、常用化学品

（一）工业常用酸碱的基本化学性质

工业中最常用的酸碱为俗称的"三酸两碱"，即盐酸、硫酸、硝酸、氢氧化钠和碳酸钠。常用的有机溶剂可以分为五大类：烃类溶剂、卤代烃溶剂、醇类溶剂、酮类溶剂和酚类溶剂。

1. 盐酸

盐酸（HCl）是氯化氢气体的水溶液，是一种强酸。纯净的盐酸是无色透明的溶液，工业盐酸因含杂质（一般含铁离子）而呈黄色。市售盐酸的浓度为 31%～37%（质量分数），相对密度 1.19。浓盐酸有强烈的挥发性和刺激性气味，使用时应注意防护或加入抑雾剂。盐酸是清除水垢、锈垢最常用的溶液。化学清洗时，采用的盐酸浓度是 5%～15%（质量分数），一般不宜超过 25%，否则腐蚀速度加快，对设备、车辆不利。由于盐酸的清洗能力强、速度快，而且价格适宜，所以被广泛应用，特别是对清除含钙的氧化铁垢有特效。

2. 硫酸

纯净的浓硫酸（H_2SO_4）是无色油状液体，浓度一般为 98.3%（质量分数），相对密度 1.84，是一种二元活泼强酸。工业硫酸含有杂质而呈浅褐色。浓硫酸有强烈的吸水和氧化作用，没有气味，能以任何比例溶于水。市售浓硫酸浓度为 98%（质量分数）。工业清洗中硫酸的浓度为 5%～15%（质量分数），它可有效地去除铁垢，但由于其挥发性低，必须加热到一定温度才能有效地除垢。另外，浓度 98%（质量分数）的硫酸有时还与硝酸等其他酸一起使用，可去除焦炭垢和海藻类生物等生物垢。硫酸对人体和设备有危害，稀释时要向水中加酸，并搅拌，不

能向酸中加水,以防飞溅。

一般情况下是没有纯硫酸的,因此人们把浓度低于 98%(质量分数)而高于 70% 的称为浓硫酸,而浓度低于 70%(质量分数)的称为稀硫酸。浓硫酸具有三大特性:吸水性、脱水性和氧化性。稀硫酸具有如下特性:可与多数金属(比铜活泼)氧化物反应,生成相应的硫酸盐和水;可与所含酸根离子对应酸(酸性比硫酸根离子弱)的盐反应,生成相应的硫酸盐和弱酸;可与碱反应生成相应的硫酸盐和水;可与氢前金属在一定条件下反应,生成相应的硫酸盐和氢气;加热条件下可催化蛋白质、二糖和多糖的水解。

3. 硝酸

硝酸(HNO_3)是一种重要的强酸,别名硝镪水,具有强氧化性和腐蚀性。除了性质较稳定的金、铂、钛、铌、钽、钌、铑、锇、铱以外,其他金属都能被它溶解。通常情况下人们把浓度 69%(质量分数)以上的硝酸溶液称为浓硝酸,把浓度 98%(质量分数)以上的硝酸溶液称为发烟硝酸。纯硝酸是无色液体,相对密度 1.50。工业用浓硝酸常带有黄色,在空气中猛烈发烟并吸水,一般浓度为 66%~70%(质量分数)。浓硝酸溶于水,可稀释为不同浓度。常用的缓蚀剂、去垢剂和其他添加剂在硝酸中不够稳定。它对铁有钝化作用,能减缓腐蚀。

4. 氢氧化钠

氢氧化钠(NaOH)的密度 2.13 g/cm^3,熔点 318 ℃,沸点 1 390 ℃;溶于水、乙醇时或溶液与酸混合时剧烈放热;有强烈的腐蚀性和吸水性,在空气中易潮解,可用作干燥剂,但是不能干燥二氧化硫、二氧化碳、二氧化氮和氯化氢等酸性气体;能使酚酞变红,使紫色石蕊试液变蓝,属于强碱,能腐蚀铝性物质,但不腐蚀塑料。除溶于水之外,氢氧化钠还易溶于乙醇、甘油,但不溶于乙醚、丙酮、液氨。

5. 碳酸钠

碳酸钠(Na_2CO_3)又名纯碱、块碱、苏打、口碱、碱面,无结晶水的工业名称为轻质碱,有一个结晶水的工业名称为重质碱。碳酸钠不是碱,而是强碱性盐,外观呈白色粉末或颗粒状,有刺激性,无气味,有碱性,有吸湿性。400 ℃时开始失去二氧化碳,遇酸分解并泡腾。溶于水和甘油,不溶于乙醇,水溶液呈强碱性,密度 2.53 g/cm^3,熔点 851 ℃。

(二)工业常用酸碱在运输、存储和使用过程中的安全措施

工业常用酸碱在使用过程中要密闭操作,注意通风,操作尽可能机械化、自动化。操作人员必须经过专门培训,严格遵守操作规程;建议操作人员佩戴自吸过滤式防毒面具(全面罩),穿橡胶耐酸碱服,戴橡胶耐酸碱手套;远离易燃、可燃物品;防止蒸气泄漏到工作场所空气中;搬运时要轻装轻卸,防止包装及容器损坏;配备泄漏应急处理设备。倒空的容器可能残留有害物。

当发生酸碱泄漏时,应迅速撤离泄漏污染区人员至安全区,并进行隔离,严格限制出入。建议应急处理人员戴正压自给式呼吸器,穿防酸碱工作服,不要直接接触泄漏物。尽可能切断泄漏源,防止进入下水道、排洪沟等限制性空间。少量泄漏只需用砂土、可与酸碱中和的物质混合,也可用大量水冲洗,水稀释后放入废水系统。大量泄漏需构筑围堤或挖坑收容;用泵转移至槽车或专用收集器内,回收或运至废物处理场所处置。

二、常用灭火剂

灭火剂是能够有效地破坏燃烧条件,使燃烧终止的物质。灭火剂的种类很多,有水、泡沫、卤代烷、二氧化碳、干粉等。

(一) 水

水是不燃液体,用水灭火,取用方便,器材简单,价格低,而且灭火效果好,因此,水仍是目前国内外普遍使用的主要灭火剂。

水不能用于扑救以下物质的火灾:

(1) 与水反应能产生可燃气体,容易引起爆炸的物质。例如轻金属遇水生成氢气、电石遇水生成乙炔,同时放出大量的热,且氢气和乙炔与空气混合容易发生爆炸等。

(2) 非水溶性可燃、易燃液体火灾,不能用直流水扑救,但原油、重油可用雾状水扑救。

(3) 直流水(密集水)不能用于扑救带电设备火灾,也不能扑救可燃粉尘聚集处的火灾。

(4) 储存大量浓硫酸、浓硝酸的场所发生火灾,不能用直流水扑救,以免酸液发热飞溅。

(二) 泡沫灭火剂

泡沫灭火剂指能够与水混溶,并可通过机械或化学反应产生灭火泡沫的灭火剂,可用于扑救 A 类(可燃固体物质)火灾和 B 类(液体和熔化的固体物质)火灾。泡沫的灭火机理主要是隔离,也有一定冷却作用。多数泡沫灭火剂是以浓缩液(泡沫液)的形式储存,以水溶液(混合液)的形式使用。泡沫液通过比例混合装置与压力水按规定的比例混合,形成泡沫溶液,然后通过泡沫产生器形成泡沫。

泡沫灭火剂按泡沫的生成机理可分为机械泡沫和化学泡沫两种类型。机械泡沫按其生成泡沫的发泡倍数可以分为低倍数、中倍数和高倍数泡沫灭火剂三种类型。发泡倍数小于 20 的泡沫称为低倍数泡沫,发泡倍数在 20~200 的泡沫称为中倍数泡沫,发泡倍数大于 200 的泡沫称为高倍数泡沫。

泡沫灭火剂按其灭火的适用范围,可分为普通型和抗溶型。普通型主要用于扑救 B 类火灾中的非极性液体火灾。抗溶泡沫灭火剂又称多功能泡沫灭火剂,其适用范围除了与普通泡沫相同外,主要特点是适用于扑救 B 类火灾中的极性液体火灾。

(三) 常用灭火器的主要性能

常用灭火器的主要性能见表 6-4。

表 6-4　常用灭火器的主要性能

灭火器种类	二氧化碳灭火器	干粉灭火器	1211 灭火器	泡沫灭火器
规格	<2 kg 2~3 kg 5~7 kg	8 kg 50 kg	1 kg 2 kg 3 kg	10 L 65~130 L
药剂	瓶内装有压缩成液态的二氧化碳	筒内装有钾盐或钠盐干粉并备有盛装压缩气体的小钢瓶	钢筒内装有二氟一氯一溴甲烷,并充填压缩氮气	筒内装有碳酸氢钠、发泡剂和硫酸铝溶液
用途	不导电,扑救电气、精密仪器、油类和酸类火灾,不能扑救钾、钠、锰、铝等物质火灾	不导电,可扑救电气设备火灾,但不宜扑救旋转电机火灾,可扑救石油、油产品、油漆、有机溶剂、天然气和天然气设备火灾	不导电,扑救油类、电气设备、化工、化纤原料等初起火灾	有一定导电性,可扑救油类或其他易燃液体火灾,不能扑救忌水和带电物体火灾

（续表）

灭火器种类	二氧化碳灭火器	干粉灭火器	1211灭火器	泡沫灭火器
效能	接近着火地点,保持3 m远	8 kg喷射时间14～18 s,射程4.5 m;50 kg喷射时间50～55 s,射程6～8 m	1 kg、2 kg、3 kg喷射时间≥8 s,其中,1 kg射程≥3.0 m,2 kg射程≥3.5 m,3 kg射程≥4.0 m	10 L喷射时间60 s,射程8 m;65 L喷射时间170 s,射程13.5 m
使用方法	一只手拿好喇叭筒对着火源,另一只手打开开关即可	提起圈环干粉即可喷出	拔下铅封或横锁,用力压下压把即可	倒过来稍加摇动或打开开关,药剂即喷出
保管和检查方法	保管:(1) 置于取用方便的地方;(2) 注意使用期限;(3) 防止喷嘴堵塞;(4) 冬季防冻,夏季防晒。检查:每月测量一次,当低于原重量1/10时,应充气	置于干燥通风处,防受潮日晒。每年抽查一次,检查干粉是否受潮或结块。小钢瓶内的气体压力,每半年检查一次,如重量减少1/10,应充气	置于干燥处,勿摔碰,每年检查一次重量	一年检查一次,发泡倍数低于4时,应换药

焊割作业由于电气、电石及乙炔发生火灾时,相应采用的灭火器材见表6-5。

表6-5 焊割发生火灾采用的灭火材料

火 灾 种 类	采用的灭火材料
电气	二氧化碳、干粉、干沙
电石	干粉、干沙
乙炔气	干粉、干沙、二氧化碳

三、灭火的基本方法

根据物质燃烧原理,燃烧必须同时具备可燃物、助燃物和着火源三个条件,缺一不可。而一切灭火措施都是为了破坏已经产生的燃烧条件,或使燃烧反应中的游离基消失而终止燃烧。灭火的基本方法有四种:减少空气中的氧含量——窒息灭火法;降低燃烧物的温度——冷却灭火法;隔离与火源相近的可燃物——隔离灭火法;消除燃烧中的游离基——抑制灭火法。

(一) 窒息灭火法

窒息灭火法,就是阻止空气流入燃烧区,或用不燃物质冲淡空气,使燃烧物质断绝氧气的助燃而熄灭。这种灭火方法适于扑救一些封闭式的空间和生产设备装置的火灾。

采取窒息灭火的方法扑救火灾,必须注意以下几个问题:

(1) 燃烧的部位较小,容易堵塞封闭,在燃烧区域内没有氧化剂时,才能采用这种方法。

(2) 采用水淹没(罐注)方法灭火时,必须考虑到火场物质被水浸泡后是否会产生不良后果。

（3）采取窒息方法灭火后，必须在确认火已熄灭时，方可打开孔洞进行检查，严防因过早地打开封闭的房间或生产装置的设备孔洞等，而使新鲜空气流入，造成复燃或爆炸。

（4）采取惰性气体灭火时，一定要将大量的惰性气体充入燃烧区，以迅速降低空气中氧的含量，窒息灭火。

（二）冷却灭火法

冷却灭火法，就是将灭火剂直接喷洒在燃烧着的物体上，将可燃物的温度降低至燃点以下，从而使燃烧终止，这是扑救火灾最常用的方法。冷却的方法主要是喷水或喷射二氧化碳等其他灭火剂，将燃烧物的温度降到燃点以下。灭火剂在灭火过程中不参与燃烧过程中的化学反应，属于物理灭火法。

（三）隔离灭火法

隔离灭火法，就是将燃烧物体与附近的可燃物质隔离或疏散开，使燃烧停止。这种方法适用扑救各种固体、液体和气体火灾。

采取隔离灭火法的具体措施有：将火源附近的可燃、易燃、易爆和助燃物质，从燃烧区内转移到安全地点；关闭阀门，阻止气体、液体流入燃烧区；排除生产装置、设备容器内的可燃气体或液体；设法阻拦流散的易燃、可燃液体或扩散的可燃气体；拆除与火源相毗连的易燃建筑结构，造成防止火势蔓延的空间地带；用水流封闭或用爆炸等方法扑救油气井喷火灾；采用泥土、黄沙筑堤等方法，阻止流淌的可燃液体流向燃烧点。

（四）抑制灭火法

抑制灭火法，就是将化学灭火剂喷入燃烧区使之参与燃烧的化学反应，从而使燃烧反应停止。采用这种方法可使用的灭火剂有干粉和卤代烷灭火剂及替代产品。灭火时，一定要将足够数量的灭火剂准确地喷在燃烧区内，使灭火剂参与和阻断燃烧反应。否则将起不到抑制燃烧反应的作用，达不到灭火的目的。同时还要采取必要的冷却降温措施，以防止复燃。

四、禁火区的动火管理

火灾和爆炸是金属焊接与热切割工作中容易发生的事故。动火管理是为防止火灾和爆炸事故发生，确保人民生命和国家财产安全而制定的规章制度，使防火安全管理工作落到实处。

（1）建立各项管理人员防火岗位责任制。企业各级领导应在各自职责范围内，严格贯彻执行动火管理制度。企业安全消防部门应认真督促检查动火管理制度，真正做到"预防为主，防消结合"。

（2）企业可根据生产特性，原料、产品危险程度及仓库车间布局，划定禁火区域。在禁火区内需要动火，必须办理动火申请手续，采取有效防范措施，经过审核批准，才可动火。

（3）企业在禁火区内动火，一般实行三级审批制。

一级动火，包括禁火区内以及大型油罐、油箱、油槽车和可燃液体及相连接的辅助设备、受压容器、密封器、地下室，还有与大量可燃易燃物品相邻的场所施焊等。

二级动火是指具有一定危险因素的非动火区域，或小型油箱、油桶、小型容器以及高处施焊作业等。

三级动火是指凡属于非固定动火区域,没有明显危险因素的场所,必须进行临时施焊时。

(4)申请动火的车间或部门在申请动火前,必须负责组织和落实对要动火的设备、管线、场地、仓库及周围环境采取必要的安全措施,才能提出申请。

(5)动火前必须详细核对动火批准范围,在动火时动火执行人必须严格遵守安全操作规程,检查动火工具,确保其符合安全要求。未经申请动火,没有动火证,超越动火范围或超过规定的动火时间,动火执行人应拒绝动火。动火时发现情况变化或不符合安全要求,有权暂停动火,及时报告领导研究处理。

(6)企业领导批准的动火,要由安全、消防部门派现场监护人。车间或部门领导批准的动火(包括经安全消防部门审核同意的),由车间或部门指派现场监护人。监护人员在动火期间不得离开动火现场。监护人应由责任心强、熟悉安全生产的人担任,动火完毕后,应及时清理现场。

(7)一般检修动火,动火时间一次都不得超过一天,特殊情况可适当延长,隔日动火的,申请部门一定要复查(如基建、大修等较长时间的动火),施工主管部门应办理动火计划书(确定动火范围、时间及措施),按有关规定分级审批。

(8)动火安全措施应由申请动火的车间或部门负责完成,如需施工部门解决,施工部门有责任配合。

(9)动火地点如对邻近车间、其他部门有影响的,应由申请动火车间或部门负责人与这些车间或部门联系,做好相应的配合工作,确保安全。关系大的应在动火证上会签意见。

五、火灾、爆炸事故的紧急处理方法和应急救护知识

在焊接、切割作业中如果发生火灾、爆炸事故,应采取以下方法进行紧急处理:

(1)当气体导管漏气着火时,首先应将焊炬的火焰熄灭,并立即关闭阀门,切断可燃气体源,用灭火器、湿布、石棉布等扑灭燃烧气体。

(2)乙炔瓶口着火时,设法立即关闭瓶阀,防止气体流出,火即熄灭。

(3)当电石桶或乙炔发生器内电石发生燃烧时,应停止供水或与水脱离,再用干粉灭火器等灭火,禁止用水灭火。

(4)乙炔气着火可用二氧化碳、干粉灭火器扑灭;乙炔瓶内丙酮流出燃烧,可用泡沫、干粉、二氧化碳灭火器扑灭。如气瓶库发生火灾或邻近发生火灾威胁气瓶库时,应采取安全措施,将气瓶转移到安全场所。

(5)一般可燃物着火,可用酸碱灭火器或清水灭火。油类着火用泡沫、二氧化碳或干粉灭火器扑灭。

(6)焊机着火首先应拉闸断电,然后再灭火。在未断电前不能用水或泡沫灭火器灭火,只能用二氧化碳、干粉灭火器。因为水和泡沫灭火液体能够导电,容易发生触电伤人。

(7)氧气瓶阀门着火,只要操作者将阀门关闭,断绝氧气,火会自行熄灭。

(8)判明火灾、爆炸的部位和引起火灾和爆炸的物质特性,迅速拨打"119"报警。

(9)在消防队员未到达前,现场人员应根据起火或爆炸物质特点,采取有效的方法控制事故的蔓延,如切断电源,撤离事故现场氧气瓶、乙炔瓶等受热易爆设备,正确使用灭火器材。

(10)在事故紧急处理时必须由专人负责,统一指挥,防止造成混乱。

(11)灭火时,应采取防中毒、倒塌、坠落伤人等措施。

(12)为了便于查明起火原因,灭火过程中要尽可能地注意观察起火部位、蔓延方向等,灭

火后应保护好现场。

（13）发生火警或爆炸事故，必须立即向当地公安消防部门报警，根据"四不放过"的要求，认真查清事故原因，严肃处理事故责任者。即事故原因分析不清不放过；事故责任者没有处理不放过；事故责任人没有受到教育不放过；没有落实防范措施不放过。

习题六

一、判断题（A 表示正确；B 表示错误）

1. 燃烧必须具备的条件是可燃物和着火源。

2. 一切防火措施都是为了防止燃烧的三个条件同时出现在一起，即设法消除燃烧三个条件的其中一个。

3. 可燃性液体的闪点越低，其火灾危险性越小。

4. 可燃物的温度没有达到燃点时，是不会着火的。物质的燃点越低，越不易着火。

5. 当可燃物的温度达到自燃点时，与空气接触不需着火源的作用，就能发生燃烧。

6. 可燃气体、液体蒸气和粉尘与空气混合后形成的混合物，遇火都能发生爆炸。

7. 爆炸极限是评定可燃气体火灾危险性大小的依据。爆炸范围越大，下限越低，火灾危险性就越大。

8. 电石库着火，不能用水和泡沫、酸碱灭火器灭火。

9. 在禁火区内需要动火，必须办理动火申请手续，采取有效防范措施，经过审核批准后才能动火。

10. 对危险性较大、重点要害部门动火，由申请动火车间或部门领导批准，即可动火。

11. 企业领导批准的动火，要由安全、消防部门派现场监护人。

12. 弧焊机着火首先拉闸断电，然后再用灭火器灭火。

13. 乙炔气燃烧可用二氧化碳、干粉灭火器扑灭。

14. 一般可燃物着火，可用酸碱灭火器或清水扑灭。

15. 燃烧具有三个特征，即化学反应、放热和发光。

16. 一切灭火措施，都是为了破坏已经产生燃烧的条件。

17. 燃烧产物一般有窒息性和一定毒性，人在火场中有引起窒息中毒的危险，因此在救火时要引起重视。

18. 焊接作业处应离易燃易爆物品 10 m 以外。

19. 操作过程中乱扔焊条头，会造成火灾、爆炸事故。

20. 高空作业完毕时，应认真细致检查，确认无火灾隐患后方可离开现场。

21. 在既无明火又无外来热源的情况下，物质本身自行发热、燃烧起火，称为自燃。

22. 工业常用酸碱在使用过程中要密闭操作，注意通风。

23. 灭火的基本方法是隔离、窒息、冷却等。

24. 在空气中可燃物与着火源接触后发生燃烧，并在着火源移去后仍能继续燃烧的现象称为闪燃。

25. 可燃物质的燃点越低，越易着火。

26. 大量酸碱泄漏只需用砂土，可与酸碱中和的物质混合，也可用大量水冲洗，水稀释后放入废水系统。

27. 闪点是判断液体火灾危险性大小的主要依据。

28. 可燃性液体的闪点越低,其火灾危险性就越大。

29. 可燃物发生自燃的最低温度称为自燃点。

30. 蒸汽锅炉、压缩气体钢瓶、油桶等超压后的爆炸属于物理爆炸。

31. 化学爆炸是指物质急剧氧化或分解促使其温度、压力增加或两者同时增加而形成的爆炸现象。

32. 各种气体、液体蒸气及粉尘与空气混合后形成的爆炸属于物理爆炸。

33. 火灾报警电话是"119"。

34. 发泡倍数在 20～200 的泡沫称为中倍数泡沫。

35. 灭火剂是能够有效地破坏燃烧条件,使燃烧终止的物质。

36. 企业在禁火区内动火,一般实行三级审批制。

37. 油类着火可用泡沫、二氧化碳或干粉灭火器。

38. 泡沫灭火器的喷射时间是 60 s,射程 8 m。

39. 盐酸是清除水垢、锈垢最常用的溶液。

40. 硫酸对人体和设备有危害,稀释时要向水中加酸,并搅拌,不能向酸中加水,以防飞溅。

二、单选题

1. 为防止火灾、爆炸事故,焊接作业处(　　)内不得有可燃、易燃易爆物品。

   A. 5 m　　　　　　　　　　B. 10 m　　　　　　　　　C. 15 m

2. 一切灭火措施,都是对已经产生燃烧的条件进行(　　)。

   A. 稳定　　　　　　　　　　B. 破坏　　　　　　　　　C. 继续

3. 在空气中可燃物与着火源接触后发生燃烧,并且在着火源移去后仍能保持燃烧的现象称为(　　)。

   A. 自燃　　　　　　　　　　B. 着火　　　　　　　　　C. 闪燃

4. 可燃物发生自燃的最低温度是(　　)。

   A. 闪点　　　　　　　　　　B. 自燃点　　　　　　　　C. 沸点

5. 在容器内的液体或气体体积迅速膨胀,使其压力急剧增加,由于超压力和应力变化使容器发生爆炸的现象称为(　　)。

   A. 物理爆炸　　　　　　　　B. 化学爆炸　　　　　　　C. 核爆炸

6. 物质急剧氧化或分解促使其温度、压力增加或两者同时增加而形成的爆炸现象称为(　　)。

   A. 物理爆炸　　　　　　　　B. 化学爆炸　　　　　　　C. 核爆炸

7. 一般检修动火,动火时间一次都不得超过(　　)。

   A. 半天　　　　　　　　　　B. 1 天　　　　　　　　　C. 2 天

8. 将灭火剂直接喷洒在燃烧着的物体上,使可燃物的温度降低到燃点以下,从而使燃烧终止的方法称为(　　)。

   A. 冷却灭火法　　　　　　　B. 隔离灭火法　　　　　　C. 窒息灭火法

9. 将燃烧物体与附近的可燃物质隔离或疏散开,使燃烧停止的方法称为(　　)。

   A. 冷却灭火法　　　　　　　B. 隔离灭火法　　　　　　C. 窒息灭火法

10. 阻止空气流入燃烧区,或用不燃物质冲淡空气,使燃烧物质断绝氧气的助燃而熄灭的方法称为（　　）。

  A．隔离灭火法   B．窒息灭火法   C．抑制灭火法

11. 将化学灭火剂喷入燃烧区使之参与燃烧的化学反应，从而使燃烧反应停止的方法称为（　　）。

  A．隔离灭火法   B．窒息灭火法   C．抑制灭火法

12. 工业盐酸因含杂质（一般含铁离子）而呈（　　）。

  A．红色   B．黄色   C．粉色

13. 氢氧化钠不溶于（　　）。

  A．甘油   B．乙醇   C．丙酮

14. 碳酸钠不溶于（　　）。

  A．水   B．甘油   C．乙醇

15. 乙醇与（　　）混合能产生剧烈放热。

  A．碳酸钠   B．硝酸   C．氢氧化钠

16. 低倍数泡沫的发泡倍数小于（　　）。

  A．20   B．30   C．40

17. 焊机着火首先应拉闸断电，然后再灭火，在未断电前能使用（　　）灭火。

  A．水   B．泡沫灭火器   C．干粉灭火器

18. 动火执行人员拒绝动火的原因不包括（　　）。

  A．超越动火范围   B．未经申请动火   C．有动火证

19. 焊补燃料容器和管道的常用安全措施有（　　）。

  A．置换焊补、带压置换焊补

  B．大电流焊补、带料焊补

  C．置换焊补、带压不置换焊补

20. 常用的有机溶剂不包括（　　）。

  A．卤代烃溶剂   B．烯类溶剂   C．烃类溶剂

参考答案

一、判断题

1～5：BABBA 6～10：BAAAB 11～15：AAAAA

16～20：AAAAA 21～25：AAABA 26～30：BAAAA

31～35：ABAAA 36～40：AAAAA

二、单选题

1～5：BBBBA 6～10：BBABB 11～15：CBBCC

16～20：ACCCB

第七章 金属焊接与热切割现场安全作业劳动卫生与防护

第一节 金属焊接与热切割现场安全作业基本知识

一、焊割作业前的准备工作

(一) 弄清情况,保持联系

工程无论大小,焊工在检修前必须弄清楚设备的结构及设备内储存物品的性能,明确检修要求和安全注意事项,对于需要动火的部位(凡利用电弧和火焰进行焊接或切割作业的,均为动火),除了在动火证上详细说明外,还应同有关人员在现场交代清楚,防止弄错。特别是在复杂的管道结构上或在边生产边检修的情况下,更应注意。在参加大修之前,还要细心听取现场指挥人员的情况介绍,随时保持联系,了解现场变化情况和其他工种相互协作等事项。

(二) 观察环境,加强防范

明确任务后,要进一步观察环境,估计可能出现的不安全因素,加强防范。如果需动火的设备处于禁火区内,必须按禁火区的动火管理规定申请动火证。操作人员按动火证上规定的部位、时间动火,不准超越规定的范围和时间,发现问题应停止操作,研究处理。

二、焊割作业前的检查和安全措施

(一) 检查污染物

凡被化学物质或油脂污染的设备都应清洗后再动用明火。如果是易燃易爆或者有毒的污染物,更应彻底清洗,应经有关部门检查,并填写动火证后,才能动火。

一般在动火前采用一嗅、二看、三测爆的检查方法。

(1) 一嗅,就是嗅气味。危险物品大部分有气味,这要求对实际工作经验加以总结。遇到有气味的物品,应重新清洗。

(2) 二看,就是查看清洁程度,特别是塑料,如四氟乙烯等,这类物品必须清除干净,因为塑料不但易燃,而且遇高温会裂解产生剧毒气体。

(3) 三测爆,就是在容器内部抽取试样用测爆仪测定爆炸极限,大型容器的抽样应从上、中、下容易积聚的部位进行,确认没有危险,方可动火作业。

一嗅、二看、三测爆是常用的检查方法,虽然不是最完善的检查方法,但比起盲目动火,安全性更好些。

(二) 严防三种类型的爆炸

(1) 严禁带压设备动用明火,带压设备动火前一定要先解除压力(卸压),并且焊割前必须敞开所有孔盖。未卸压的设备严禁动火,常压而密闭的设备也不许动火。

(2) 设备零件内部被污染了,从外面不易检查到爆炸物,虽然数量不多,但遇到焊割火焰而发生爆炸的威力却不小,因此必须清洗无把握的设备,未清洗前不应随便动火。

(3) 混合气体或粉尘的爆炸。即动火时遇到了易燃气体(如乙炔、煤气等)与空气的混合物,或遇到可燃粉尘(如铝尘、锌尘)和空气的混合物,在爆炸极限范围内,也会发生爆炸。

上述三种类型爆炸的发生均在瞬息间,且有很大的破坏力。

(三) 一般动火的安全措施

1) 拆迁　在存放有易燃易爆物品的场所,应尽量将工件拆下来搬移到安全地带动火。

2) 隔离　是把需要动火的设备和其他易燃易爆的物品及设备隔离开。

3) 置换　是把惰性气体(氮气、二氧化碳)或水注入有可燃气体的设备和管道中,把里面的可燃气体置换出来。所谓"扫阀",也就是以惰性气体驱除管道中的可燃气体的一种安全措施。

4) 清洗　用热水、蒸气或酸液、碱液及溶剂清洗设备的污染物。对于无法溶解或溶化的污染物,另应采取措施清除。

5) 移去危险品　将可以引火的物品移到安全处。

6) 敞开设备、卸压通风　开启全部入孔阀门。

7) 加强通风　在有易燃易爆气体或有毒气体的室内焊接,应加强室内通风,在焊割时可能放出有毒有害气体和烟尘,要采取局部抽风。

8) 准备灭火器材　按要求选取灭火器,并应了解灭火器的使用性能。

9) 为防止意外事故发生,焊工应做到焊割"十不烧"　有下列情况之一的,焊工有权拒绝焊割,各级领导都应支持,不违章作业。

(1) 无焊工操作证,又没有正式焊工在场指导,不能焊割。

(2) 凡属一、二、三级动火范围的作业,未经审批,不得擅自焊割。

(3) 不了解作业现场及周围情况,不能盲目焊割。

(4) 不了解焊、割内部是否安全,不能盲目焊割。

(5) 盛装过易燃易爆、有毒物品的各种容器,未经彻底清洗,不能焊割。

(6) 用可燃材料作保温层的部位及设备,未采取可靠的安全措施,不能焊割。

(7) 有压力或密封的容器、管道不能焊割。

(8) 附近堆有易燃易爆物品,在未彻底清理或采取有效的安全措施前,不能焊割。

(9) 作业部位与外部位相接触,在未弄清对外部位有否影响,或明知危险而未采取有效的安全措施,不能焊割。

(10) 作业场所附近有与明火相抵触的工种,不能焊割。

三、焊割时的安全作业

(一) 高处(登高)焊割作业安全措施

焊工在高度基准面 2 m 以上(包括 2 m)有坠落可能的高处进行焊接与切割作业的称为高处(或称登高)焊接与热切割作业。

高处焊接与热切割作业时,容易发生触电、坠落、火灾、爆炸和物体打击等事故。所以,高

处焊接与热切割作业除应严格遵守一般焊接与热切割的安全要求外,还应注意下列安全事项:

（1）在登高接近高压线或裸导线排,或距离低压线小于 2.5 m 时,必须停电并采取安全防范措施,检查确认无触电危险,经批准后方准焊接与热切割作业。电源切断后,应在电闸上挂"有人工作,严禁合闸"的警告牌。高空焊割近旁应设有监护人,遇有危险征象时立即拉闸,并进行抢救。在登高作业时不得使用带有高频振荡器的焊机,以防万一触电,失足摔落。

（2）凡登高进行焊割操作和进入登高作业区域,必须戴好安全帽,使用标准的防火安全带,使用前应仔细检查,并将安全带紧固牢靠。安全绳长度不可超过 2 m,不得使用耐热性差的材料（如尼龙等）。登高应穿胶底鞋。

（3）登高作业时,应使用符合安全的梯子。梯脚需包橡皮防滑,与地面夹角不应大于 60°,上下端均应放置牢靠。使用人字梯时应将单梯用限跨铁钩挂住,使其夹角以 40°±5° 为宜。不准两人在一个梯子上（或人字梯的同一侧）同时作业,不得在梯子顶挡工作。

登高作业的脚手板应事先经过检查,不得使用有腐蚀或机械损伤的木板或铁木混合板。脚手板单人道宽度不得小于 0.6 m,双人道宽度不得小于 1.2 m,上下坡度不得大于 1:3,板面要钉防滑条和装扶手。

（4）登高作业时的焊条、工具和小零件等必须装于牢固无洞的工具袋内,工作过程中和工作结束后,应随时将作业点周围的一切物件清理干净,防止坠落伤人。焊条头不得随意往下扔,否则不仅砸伤、烫伤地面人员,甚至会造成火灾事故。

（5）登高焊割作业时,为防止火花或飞溅引起燃烧和爆炸事故,应把动火点下部的易燃易爆物移至安全地点,对确实无法移动的可燃物品要采取可靠的防护措施,例如用石棉板覆盖遮严,在允许的情况下,喷水淋湿以增强耐火性能。高处焊割作业火星飞得远,散落面大,应注意风力风向,对下风方向的安全距离应根据实际情况增大,以确保安全。焊割结束后必须仔细检查是否留下火种,确认安全后才能离开现场。例如某化工厂一座新建车间,房顶在进行电弧焊,地面上在铺沥青,并堆有油毡等,电弧焊火星落下引燃油毡,造成火灾,烧毁了整个车间建筑物。

（6）登高焊割时,焊工应将焊钳及焊接电缆线或切割用的割炬及橡皮管等扎紧在固定地方,严禁缠绕在身上或搭在背上操作。

（7）氧气瓶、乙炔瓶、电弧焊机等焊接设备器具应尽量留在地面。

（8）登高人员必须经过健康检查合格。患有高血压、心脏病、精神病、癫痫等及酒后人员,一律不准登高作业。

（9）6 级以上的大风、雨雪和雾天等禁止登高焊割作业。

（10）其他事项参看电弧焊、气焊与气割的安全操作技术。

（二）进入设备内部动火安全措施

（1）进入设备内部前,先要弄清设备内部的情况。

（2）对该设备和外界联系的部位,都要进行隔离和切断,如电源和附带在设备上的水管、料管、蒸气管、压力管等均要切断并挂告示牌。有污染物的设备应按前述要求进行清洗后才能进入内部焊割。

（3）进入容器内部焊割要实行监护制,派专人进行监护。监护人不能随便离开现场,并与容器内部的人员时刻取得联系。

（4）设备内部要通风良好,这不仅要驱除内部的有害气体,而且要向内部送入新鲜空气。

但是,严禁使用氧气作为通风气源。在未进行良好的通风之前,禁止人员进入设备内部。

（5）氧乙炔焊割炬要随人进出,不得随意放在容器内。

（6）在内部作业时,做好绝缘防护工作,防止触电等事故。

（7）做好个人防护,减少烟尘对人体的侵害,目前多采用静电口罩。

(三) 焊修一般燃料容器安全措施

燃料容器内即使有极少量残液,在焊割过程中也会蒸发成蒸气,并且与空气混合后会引起强烈爆炸,因此必须进行彻底清洗。

（1）施焊前须打开容器的孔盖,卸除压力。

（2）有条件移动和拆卸的容器,应放在固定动火区焊补。

（3）对盛装过易燃物的容器,应做彻底的置换和清洗。清洗方法有以下几种:

① 一般燃烧容器,可用 1 L 水加 100 g 苛性钠或磷酸钠水溶液仔细清洗,时间可视容器的大小而定,一般为 15～30 min,洗后再用强烈水蒸气吹刷一遍方可施焊。

② 当洗刷装有不溶于碱液的矿物油的容器时,可采用 1 L 水加 2～3 g 肥皂粉,用水蒸气加热吹刷,吹刷时间视容器大小而定,一般为 2～24 h。

如清洗不易进行时,可把容器装满水,以减少可能产生爆炸混合气体的空间,但必须使容器上部的口敞开,防止容器内部压力增高。

（4）容器上的聚四氟乙烯、聚丙烯等填料填圈,在焊前必须拆除,防止在高温下分解成易燃易爆或剧毒气体。

（5）操作者应站立于出气口的侧后方,禁止坐在容器上焊接。

四、焊割作业后的安全检查

（1）仔细检查有无漏焊、假焊,一旦发现立即补焊。

（2）对加热的结构部分,必须待完全冷却后,才能进料或进气,因为焊后炽热处遇到易燃物品也会引起燃烧或爆炸。若炽热部分因快冷使金属强度降低,可能使设备受压能力减弱而引起爆炸。

（3）检查火种。对作业区周围及邻近房屋进行检查,凡是经过加热、烘烤,发生烟雾或蒸气处,应彻底检查确保安全。

（4）彻底清理现场,在确认安全、可靠后才能离开现场。

第二节　特殊焊接与热切割作业安全技术

一、化工燃料容器和管道焊补安全技术

化工燃料容器和管道在使用中因受内部介质压力、温度、腐蚀的作用,或因结构、材料、焊接工艺等存在的缺陷,所以要定期检验。有时在生产中需要抢修,时间紧,任务重,且要在易燃、易爆、易中毒的环境下进行,稍不小心就会引起火灾、中毒和爆炸事故。因此,在进行化工燃料容器和管道的焊割作业时,必须采取可靠的防爆、防火、防毒等技术措施。

(一) 发生火灾、爆炸事故原因

(1) 焊接动火前对容器或管道内气体的取样分析不准确，或取样部位不适当，结果在容器、管道内或动火点周围存在爆炸性混合物。

(2) 在焊补过程中，周围条件发生了变化。

(3) 正在检修的容器与正在生产的系统未隔离，发生易爆气体互相串通，进入焊补区域，或是生产系统放料排气遇到火花。

(4) 在具有燃烧和爆炸危险的车间、仓库等室内进行焊补作业。

(5) 焊补未经安全处理或未打开孔洞的密封容器。

(二) 焊补方法

化工燃料容器和管道的焊补，目前主要有置换动火和带压不置换动火两种方法。

1. 置换动火

置换动火是指在焊补前用水和不燃气体置换容器或管道中的可燃气体，或用空气置换容器或管道中的有毒有害气体，使容器或管道中的有害气体降到规定的要求，从而保证焊补的安全。

置换动火是一种比较安全妥善的办法，在容器、管道的生产检修工作中被广泛采用。但是采用置换法时，容器、管道需要暂停使用，而且要用其他介质进行置换。在置换过程中要不断取样分析，直至合格后才能动火，动火后还需要置换，显得费时麻烦。另外，如果管道中弯头死角多，则往往不易置换干净而留下隐患。

2. 带压不置换动火

带压不置换动火是指严格控制氧含量，使可燃气体的浓度大大超过爆炸浓度上限，然后让它以稳定的速度从管道口向外喷出，并点燃燃烧，使其与周围空气形成一个燃烧系统，并保持稳定地连续燃烧。然后，即可进行焊补作业。

带压不置换法不需要置换原有的气体，有时可以在设备运转的情况下进行，手续少，作业时间短，有利于生产。这种方法主要适用于可燃气体的容器与管道的外部焊补。由于这种方法只能在连续保持一定正压的情况下才能进行，控制难度较大，而且没有一定的压力就不能使用，有较大的局限性，因此，目前应用不广泛。

(三) 置换动火焊补安全技术措施

1. 固定动火区

为使焊补工作集中，便于加强管理，厂里和车间内可划定固定动火区。凡可拆卸并有条件移动到固定动火区焊补的物件，必须移至固定动火区内焊补，从而减少在防爆车间或厂房内的动火工作。

固定动火区必须符合下列要求：

(1) 无可燃气管道和设备，并且周围距易燃易爆设备管道 10 m 以上。

(2) 室内的固定动火区与防爆的生产现场要隔开，不能有门、窗、地沟等串通。

(3) 生产中的设备在正常放空或发生事故时，可燃气体或蒸气不能扩散到动火区。

(4) 要常备足够数量的灭火工具和设备。

(5) 固定动火区内禁止使用各种易燃物品。

(6) 作业区周围要划定界限,悬挂防火安全标志。

2. 实行可靠隔绝

现场检修,要先停止待检修设备或管道的工作,然后采取可靠的隔绝措施,使要检修、焊补的设备与其他设备(特别是生产部分的设备)完全隔绝,以保证可燃物料等不能扩散到焊补设备及其周围。可靠的隔绝方法是安装盲板或拆除一段连接管线。盲板的材料、规格和加工精度等技术条件一定要符合国家标准,不可滥用,并正确装配,必须保证盲板有足够的强度,能承受管道的工作压力,同时严密不漏。在盲板与阀门之间应加设放空管或压力表,并派专人看守,对拆除管路的,注意在生产系统或存有物料的一侧上好堵板。堵板同样要符合国家标准的技术条件。同时,还应注意常压敞口设备的空间隔绝,保证火星不能与容器口逸散出来的可燃物接触。对有些短时间的焊补检修,可用水封切断气源,但必须有专人在现场看守水封溢流管的溢流情况,防止水封失效。总之,认真做好隔绝工作,否则不得动火。

3. 实行彻底置换

做好隔绝工作之后,设备本身必须排尽物料,把容器及管道内的可燃性或有毒性介质彻底置换。在置换过程中要不断地取样分析,直至容器管道内的可燃、有毒物质含量符合安全要求。

常用的置换介质有氮气、水蒸气或水等。置换的方法要视被置换介质与置换介质的密度而定,当置换介质比被置换介质密度大时,应由容器或管道的最低点送进置换介质,由最高点向外排放。以气体为置换介质时的需用量一般为被置换介质容积的 3 倍以上。某些被置换的可燃气体有滞留的性质,或者同置换气体的密度相差不大,此时应注意避免置换不彻底或两者相互混合。因此,置换的彻底性不能仅看置换介质的用量,而要以气体成分的化验分析结果为准。以水为置换介质时,将设备管道灌满即可。

4. 正确清洗容器

容器及管道置换处理后,其内外都必须仔细清洗。因为有些可燃易爆介质被吸附在设备及管道内壁的积垢或外表面的保温材料中,液体可燃物会附着在容器及管道的内壁上,如不彻底清洗,由于温度和压力变化的影响,可燃物会逐渐释放出来,使本来合格的动火条件变成不合格,从而导致火灾、爆炸事故。

清洗可用热水蒸煮、酸洗、碱洗或用溶剂清洗,使设备及管道内壁上的结垢物等软化溶解而去除。采用何种方法清洗应根据具体情况确定。碱洗是用氢氧化钠(烧碱)水溶液进行清洗的,其清洗过程是:先在容器中加入所需数量的清水,然后把定量的碱片分批逐渐加入,同时缓慢搅动,待全部碱片均加入溶解后,方可通入水蒸气煮沸。蒸汽管的末端必须伸至液体的底部,以防通入水蒸气后有碱液泡沫溅出。禁止先放碱片后加清水(尤其是热水),因为烧碱溶解时会产生大量的热,涌出容器管道会灼伤操作者。

对于用清洗法不能除尽的垢物,由操作人员穿戴防护用品,进入设备内部用不发火的工具铲除,如用木质、黄铜(含铜 70% 以下)或锅质的刀、刷等,也可用水力、风动和电动机械以及喷砂等方法清除。置换和清洗必须注意不能留死角。

5. 空气分析和监视

动火分析就是对设备和管道以及周围环境的气体进行取样分析。动火分析不但能保证开始动火时符合动火条件,而且可以掌握焊补过程中动火条件的变化情况。在置换作业过程中和动火作业前,应不断从容器及管道内外的不同部位取气体样品进行分析,检查易燃易爆气体及有毒有害气体的含量。检查合格后,应尽快实施焊补,动火前半小时内的分析数据是有效的,否则应重新取样分析。取样要注意取样的代表性,以使数据准确可靠。焊补开始后每隔一定时间仍需对作业现场环境做分析,动火分析的时间间隔则根据现场情况来确定。若有关气体含量超过规定要求,应立即停止焊补,再次清洗并取样分析,直至合格为止。

气体分析的合格要求是:

(1) 可燃气体或可燃蒸气的含量:爆炸浓度下限大于 4% 的,浓度应小于 0.5%;爆炸浓度下限小于 4% 的,浓度则应小于 0.2%。

(2) 有毒有害气体的含量应符合《工业企业设计卫生标准》(GBZ 1—2010)的规定。

(3) 操作者需进入内部进行焊补的设备及管道,其氧气含量应为 18%~21%。

6. 严禁焊补未开孔洞的密封容器

焊补前应打开容器的入孔、手孔、清洁孔等,并应保持良好的通风。严禁焊补未开孔洞的密封容器。

在容器及管道内需采用气焊或气割时,焊炬、割炬的点火与熄火应在容器外部进行,以防过多的乙炔气聚集在容器及管道内。

7. 安全组织措施

(1) 必须按照规定的要求和程序办理动火审批手续。目的是制定安全措施,明确领导者的责任。承担焊补工作的焊工应经专门培训,并经考核取得相应的资格证书。

(2) 工作前要制定详细的切实可行的方案,包括焊接作业程序和规范、安全措施及施工图等,并通知有关消防队、急救站、生产车间等各方面做好应急安排。

(3) 在作业点周围 10 m 以内应停止其他动火工作,易燃易爆物品应移到安全场所。

(4) 工作场所应有足够的照明,手提行灯应采用 12 V 安全电压,并有完好的保护罩。

(5) 在禁火区内动火作业以及在容器与管道内进行焊补作业时,必须设监护人。监护的目的是保证安全措施的认真执行。监护人应由有经验的人员担任,并应明确职责、坚守岗位。

(6) 进入容器或管道进行焊补作业时,触电的危险性最大,必须严格执行有关安全用电的规定,采取必要的防护措施。

二、水下焊接与热切割安全技术

水下焊接与热切割是水下工程结构的安装、维修施工中不可缺少的重要工艺手段。它们常被用于海上救捞、海洋能源、海洋平台、舰船修造、海洋采矿等海洋工程和大型水下设施的施工过程中。

(一) 水下焊接

水下焊接有干法、局部干法和湿法三种。

1. 干法焊接

采用大型气室罩住焊件,焊工在气室内施焊的方法。由于是在干燥气相中焊接,其安全性较好。在深度超过空气的潜入范围时,由于增加了空气环境中局部氧气的压力,容易产生火星,因此应在气室内使用惰性或半惰性气体。干法焊接时,焊工应穿戴特制防火、耐高温的防护服。

与湿法和局部干法焊接相比,干法焊接安全性最好,但使用局限性很大,应用不普遍。

2. 局部干法焊接

焊工在水中施焊,但人为地将焊接区周围的水排开的水下焊接方法,其安全措施与湿法焊接相似。

由于局部干法焊接方法还处于研究之中,应用尚不普遍。

3. 湿法焊接

焊工在水下直接施焊,而不是人为地将焊接区周围的水排开的水下焊接方法。电弧在水下燃烧与埋弧焊相似,是在气泡中燃烧的。焊条燃烧时焊条上的涂料形成套筒使气泡稳定存在,因而使电弧稳定。要使焊条在水下稳定燃烧,必须在焊条芯上涂一层一定厚度的涂药,并用石蜡或其他防水物质浸渍的方法,使焊条具有防水性。气泡由氢、氧、水蒸气和由焊条药皮燃烧产生的气体组成。暗褐色的浑浊烟雾系氧化铁和在焊接过程中产生的其他氧化物。为克服水的冷却和压力作用造成的引弧及稳弧困难,其引弧电压要高于大气中的引弧电压,其电流较大气中焊接电流大 15%～20%。

水下湿法焊接与干法和局部干法焊接相比,应用最多,但安全性最差。由于水具有导电性,因此防触电成为湿法焊接的主要安全问题之一。

(二) 水下热切割

水下热切割主要有水下气割、氧-弧水下热切割和金属-电弧水下热切割等,这些方法均属热切割方法。

1. 水下气割

水下气割又称水下氧-可燃气热切割。水下气割的原理与陆上气割相同。水下气割的火焰是在气泡中燃烧的,常用的可燃气体有氢、乙炔和液化石油气。为了将气体压送至水下,需要保持一定的压力。由于乙炔对压力敏感,高压下会发生爆炸,因此,只能在深度小于 5 m 的浅水中使用。水下气割一般采用氧-氢混合气体火焰。

在水下进行气割需特别强调安全问题,因为使用易燃易爆的气体本来就具有危险性,而水下条件特殊,危险性更大。

2. 氧-弧水下热切割

氧-弧水下热切割的原理是:首先用管状空心电极与工件之间产生的电弧预热工件,然后从管电极中喷出氧气射流,使工件燃烧,建立氧化放热反应,并将熔渣吹掉形成割缝。使用的特殊管状焊条是由直径 6～8 mm 或 8～10 mm 的钢管制成的,其表面涂药使之与水隔离。它用特殊的电极夹钳,把压力为 0.15～0.35 MPa 的氧气通入管中。当电弧加热金属时,氧气像平常的气割一样使金属氧化。由于这种方法简单且经济效果好,在水下热切割中应用最普遍。其主要安全问题是防触电、防回火。

3. 金属-电弧水下热切割

金属-电弧水下热切割又称水下电弧熔割,其原理就是利用电弧热使被割金属熔化而被切割。这种方法的设备、电极与湿法焊接相同。它是靠割炬的缓慢拉锯运动将熔融金属推开,形成割缝。因其电流密度大于湿法焊接,应更加注意绝缘问题。

(三) 水下焊接与热切割的事故原因

水下焊接与热切割作业致险因素的特点在于电弧或气体火焰在水下使用,与在大气中焊接或一般的潜水作业相比,它的危险性更大。

水下焊接与热切割作业常见事故有触电、爆炸、烧伤、烫伤、溺水、砸伤、潜水病或窒息伤亡。事故原因大致有以下几种:

（1）沉到水下的船或其他物件中常有弹药、燃料容器和化学危险品，焊割前未查明情况贸然作业，在焊割过程中就可能发生爆炸。

（2）由于回火和炽热金属熔滴烧伤、烫伤操作者，或烧坏供气管、潜水服等潜水装具而造成事故。

（3）由于绝缘损坏或操作不当引起触电。

（4）水下构件倒塌，导致砸伤、压伤、挤伤甚至死亡事故。

（5）由于供气管、潜水服烧坏，触电或海上风浪等引起溺水事故。

（四）水下焊接与热切割安全作业技术

1. 准备工作

水下焊接与热切割作业安全工作的显著特点是有系统的准备工作，一般包括下述几个方面：

（1）调查作业区气象、水深、水温、流速等环境情况。当水面风力小于 6 级、作业点水流流速小于 $0.1\sim0.3\ \text{m/s}$，方可进行作业。

（2）水下焊割前应查明被焊割件的性质和结构特点，弄清作业对象内是否存有易燃、易爆和有毒物品。对可能坠落、倒塌的物体要适当固定，水下热切割时应特别注意，防止砸伤或损伤供气管及电缆。

（3）下潜前，在水上应对焊割设备及工具、潜水装具、供气管和电缆、通信联络工具的绝缘、水密、工艺性能进行检查试验。氧气胶管要用 1.5 倍工作压力的蒸汽或热水清洗，胶管内外不得黏附油脂。气管与电缆应每隔 0.5 m 捆扎牢固，以免相互绞缠。潜入水下后，应及时整理好供气管、电缆和信号绳等，使其处于安全位置，以免损坏。

（4）在作业点上方，半径相当于水深的区域内，不得同时进行其他作业。因水下操作过程中会有未燃尽气体或有毒气体逸出并上浮至水面，水上人员应有防火准备措施，并应将供气泵置于上风处，以防着火或水下人员吸入有毒气体中毒。

（5）操作前，操作人员应对作业地点进行安全处理，移去周围的障碍物。水下焊割不得悬浮在水中作业，应事先安装操作平台，或在物件上选择安全的操作位置，避免使自身、潜水装具、供气管和电缆等处于熔渣喷溅或流动范围内。

（6）潜水焊割人员与水面支持人员之间要有通信装置，当一切准备工作就绪，在取得支持人员同意后，焊割人员方可开始作业。

（7）从事水下焊接与热切割工作，必须由经过专门培训并持有此类工作许可证的人员进行。

2. 防火防爆安全技术

（1）对储油罐、油管、储气罐和密闭容器等进行水下焊割时，必须遵守燃料容器焊补的安全技术要求。其他物件在焊割前也要彻底检查，并清除内部的可燃易爆物品。

（2）要慎重考虑切割位置和方向，最好先从距离水面最近的部位着手，向下割。这是由于水下热切割是利用氧气与氢气或石油气燃烧火焰进行的，在水下很难调整好它们之间的比例。有未完全燃烧的剩余气体逸出水面，遇到阻碍就会在金属构件内积聚形成可燃气穴。凡在水下进行立割，均应从上向下移，避免火焰经过未燃气体聚集处，引起燃爆。

（3）严禁利用油管、船体、缆索和海水作为电焊机回路的导电体。

（4）在水下操作时，如焊工不慎跌倒或气瓶用完更换新瓶时，常因供气压力低于割炬所在处的水压力而失去平衡，这时极易发生回火。因此，除了在供气总管处安装回火保险器外，还应在割炬柄与供气管之间安装防爆阀。防爆阀由逆止阀与火焰消除器组成，前者阻止可燃气的回流,以免在气管内形成爆炸性混合气;后者能防止火焰流过逆止阀时引燃气管中的可燃气。

换气瓶时,如不能保证压力不变,应将割炬熄灭,换好后再点燃,或将割炬送出水面,等气瓶换好后再送下水。

(5) 使用氢气作为可燃气时,应特别注意防爆、防泄漏。

(6) 割炬点火可以在水上点燃带入水下,或带点火器在水下点火。前者带火下沉时,特别在越过障碍时,一不留神有被火焰烧伤或烧坏潜水装具的危险;后者在水下点火易发生回火和未燃气体数量增多,同样有爆炸的危险,应引起注意。

(7) 为防止高温熔滴落进潜水服的折叠处或供气管,尽量避免仰焊和仰割。

(8) 不要将气割用软管夹在腋下或两腿之间,防止因回火爆炸、击穿或烧坏潜水服。割炬不要放在泥土上,防止堵塞,每日工作完后用清水冲洗割炬并晾干。

3. 防触电安全技术

(1) 焊接电源须用直流电,禁用交流电。因为在相同电压下通过潜水员身体的交流电流大于直流电流。并且与直流电相比,交流稳弧性差,易造成较大飞溅,增加烧损潜水装具的危险。

(2) 所有设备、工具要有良好的绝缘和防水性能,绝缘电阻不得小于 $1 M\Omega$。为了防海水、大气烟雾的腐蚀,需包敷具有可靠水密性能的绝缘护套,且应有良好的接地。

(3) 焊工要穿不透水的潜水服,戴干燥的橡皮手套,用橡皮包裹潜水头盔下颌部的金属纽扣。潜水头盔上的滤光镜铰接在盔外面,可以开合,滤光镜涂色深度应较陆地上浅。水下装具的所有金属件,均应采取防水绝缘保护措施,以防被电解腐蚀或出现电火花。

(4) 更换焊条时,必须先发出断电信号,断电后才能去掉残余的焊条,换新焊条,或安装自动开关箱。焊条应彻底绝缘和防水,只在形成电弧的端面保证电接触。

(5) 焊工工作时,电流一旦接通,切勿背向工件的接地点,把自己置于工作点与接地点之间,而应面向接地点,把工作点置于自己与接地点之间,这样才可避免潜水头盔与金属用具受到电解作用而损坏。焊工切忌把电极尖端指向自己的潜水头盔,任何时候都要注意不可使身体或工具的任何部分接入电路。

第三节　金属焊接与热切割的危害及防护

金属材料在焊接与热切割过程中的有害因素有压缩气体和液化气体、焊接过程产生的有害物质、电弧辐射、焊接噪声与振动、机械性伤害、电磁场、放射性物质等几类。出现哪类因素主要与焊接方法、被焊材料和保护气体有关,其强烈程度与焊接规范有很大关系。

一、压缩气体和液化气体

压缩气体和液化气体是指压缩、液化或加压溶解的气体。

为了便于储运和使用,常将气体用降温加压法压缩或液化后储存于钢瓶内。由于各种气体的性质不同,有的气体在室温下,无论对它加多大的压力也不会变为液体,而必须在加压的同时使温度降低至一定值才能使其液化(该温度称为临界温度),在临界温度下,使气体液化所必需的最低压力称为临界压力。有的气体较易液化,在室温下,单纯加压就能使它呈液态,例如氯气、氨气、二氧化碳。有的气体较难液化,如氦气、氢气、氮气、氧气。因此,有的气体容易加压成液态,有的仍为气态,在钢瓶中处于气体状态的称为压缩气体,处于液体状态的称为液化气体。此外,本类还包括加压溶解的气体,如乙炔。

压缩气体和液化气体特性如下:

(1)储于钢瓶内的压缩气体、液化气体或加压溶解的气体受热膨胀、压力升高,能使钢瓶爆裂。液化气体装的太满时尤其危险,应严禁超量灌装,并防止钢瓶受热。

(2)压缩气体和液化气体不允许泄漏。其原因除有些气体有毒、易燃外,还因有些气体相互接触后会发生化学反应引起燃烧爆炸。例如氢和氯、氢和氧、乙炔和氯、乙炔和氧均能发生爆炸。因此,凡内容物为禁忌物的钢瓶应分别存放。

(3)压缩气体和液化气体除具有爆炸性外,有的还具有易燃性(如氢气、甲烷、液化石油气等)、助燃性(如氧气、压缩空气等)、毒害性(如氧化氢、二氧化硫、氯气等)、窒息性(如二氧化碳、氮等),在高浓度时亦具有导致人畜窒息死亡等性质。

二、焊接过程产生的有害物质

焊接过程产生的有害物质指有害于健康的气态和颗粒状态的物质。在焊接及有关工艺过程中产生的有害物质来自填充材料、母材、保护气体,药皮涂层在周围的空气及电弧或火焰的高温下发生物理或者化学过程,如蒸发、凝聚、氧化、燃烧、分解等。焊接过程中常产生有害烟尘,包括气态、烟和粉尘。直径小于 $0.1~\mu m$ 的微粒称为烟,直径在 $0.1\sim10~\mu m$ 的微粒称为粉尘。当这些物质超过允许浓度时,就会危害人体健康,因此有必要对操作人员采取保护措施,并对工作场所进行改善,以避免人员在工作环境中受到有害物质的侵害。有害物质的存在形式及影响见表7-1。

表7-1　有害物质的存在形式及影响

存在形式		影响		
		对肺产生作用	有毒	有害
颗粒状态 (可吸入人体,可进入呼吸系统)	氧化铝、氧化铁、氧化镁	✓		
	钡化物、氧化铅、氟化物		✓	
	氧化铜、氧化锰、氧化钼		✓	
	五氧化钒、氧化锌		✓	
	六价铬化物、氧化镍			✓
	氧化钴			✓
	氧化镉、氧化铍			✓
气态	氧化氮		✓	
	臭氧		✓	✓
	一氧化碳		✓	
	光气		✓	
	氢氯化物		✓	
	甲醛			✓

（一）焊接过程产生的有害物质的危害

1. 颗粒状有害物质的危害

1) 焊工尘肺　焊接区周围空气中除了大量氧化铁和铝等粉尘之外,同时存在许多种具有刺激性和促使肺组织纤维化的有毒因素,如硅、硅酸盐、锰、铬、氟化物及其他金属氧化物,还有臭氧、氮氧化物等混合烟尘和有毒气体。由于长期吸入超过允许浓度的上述混合烟尘和有毒气体,在肺组织中长期作用就形成焊工尘肺。因而焊工尘肺不同于铁质沉着症和硅肺病,焊工尘肺的发病一般比较缓慢,有的病例是在不良条件下接触焊接烟尘长达 15～20 年才发病的,表现为呼吸系统的症状,如气短、咳嗽、胸闷和胸痛,有的患者呈无力、食欲不振、体重减轻及神经衰弱等症状。

2) 有毒物质的危害

(1) 锰中毒。焊工长期使用高锰焊条以及焊接高锰钢,如果防护不良,则锰蒸气氧化而成的氧化锰及四氧化三锰等氧化物烟尘,就会大量被吸入呼吸系统和消化系统,侵入机体。排不出体外的余量锰及其化合物则在血液循环中与蛋白质相结合,以难溶盐类形式积蓄在脑、肝、肾、骨、淋巴结和毛发等处,并影响末梢神经系统和中枢神经系统,引起器质性的改变,造成锰中毒。

(2) 焊工金属热。焊接金属烟尘中的氧化铁、氧化锰微粒和氟化物等物质容易通过上呼吸道进入末梢细支气管和肺泡,再进入体内,引起焊工金属热反应。手工电弧焊时,碱性焊条比酸性焊条容易产生金属热反应。其主要症状是工作后寒战,继之发烧、倦怠、口内金属味、恶心、喉痒、呼吸困难、胸痛、食欲不振等。据调查,在密闭罐内、船舱内使用碱性焊条焊接的焊工,当通风措施和个人防护不利时,容易出现此症状。

(3) 其他有色金属焊接烟尘。铅焊时的铅在 400～500 ℃时,向空气中散放大量蒸气或铅化合物粉尘,人体吸收铅和锑(铅中加入锑可增加强度和硬度)后,就会造成血液、神经、消化系统等器官出现不同程度的中毒症状。特别是中毒者如果发烧、精神受刺激或服用某种药物和饮用过量的酒,会引起中毒的急性发作。黄铜焊对人体的危害主要是粉尘,人体过量吸入铜会产生溶血性贫血或"黄铜热"。焊接产生的氧化锌烟尘会导致严重支气管炎,还可并发肺炎。

3) 致癌物质的危害

(1) 六价铬化物。属六价铬化物的有铬酸盐和氧化铬。这些物质对黏膜有刺激和腐蚀作用,并对人体特别是对呼吸器官有致癌作用。

(2) 镍的氧化物。镍的氧化物对呼吸道有致癌作用。

4) 放射性物质的危害　ThO_2 是放射性物质。吸入含有 ThO_2 的烟雾和灰尘,会导致体内辐射;钍沉积在骨骼内会产生对支气管和肺的辐射,从而造成危害。

2. 气态有害物质的危害

在电气焊接区的周围空间会形成多种有毒气体。特别是电弧焊接中,在焊接电弧的高温和强烈紫外线作用下,形成有毒气体的程度尤为厉害。所形成的有毒气体中主要有臭氧、氮氧化物、一氧化碳和光气等。

(1) 臭氧主要对人体的呼吸道及肺有强烈刺激作用,其浓度超过一定限度,特别是在密闭容器内焊接而通风不良时,可引起支气管炎、咳嗽、胸闷等症状。

（2）氮氧化物对肺有强烈刺激作用,急性氮氧化物中毒是以呼吸系统急性损害为主的全身疾病。

（3）一氧化碳对血的载氧能力有阻碍作用。经呼吸道吸入的一氧化碳,使氧在体内的输送或组织吸收氧的功能发生障碍,使人体组织因缺氧而坏死。

（4）光气对呼吸道有强烈刺激作用。当存在氯化氢时,由于加热或氯化的碳氢化合物的去油污剂受到紫外线辐射,就会形成光气,这是一种带有霉烂味的极毒气体。吸入较高浓度的光气,严重刺激眼、鼻和呼吸道黏膜,最后导致肺水肿。

颗粒状有害物质与气态有害物质存在一定的内在联系。电弧辐射越弱,则颗粒状有害物质越多,气态有害物质浓度越低;反之,电弧辐射越强,气态有害物质浓度就越高。

（二）焊接过程产生的有害物质的防护措施

焊接过程中只要采取完善的防护措施,就能把焊接过程产生的有害物质危害减至最低程度,从而避免发生焊接烟尘和有毒气体中毒现象。具体防护措施如下:

（1）选用高质量的焊条,焊接前清除焊件上的油污,有条件的要尽量采用自动焊接工艺,使焊工远离电弧,避免焊接烟尘和有害气体对焊工的伤害。

（2）加强焊工个人防护,工作时戴防护口罩。定期进行身体检查,以预防职业病。

（3）利用有效的通风设施,排除有害气体。车间内应有机械通风设施进行通风换气。在容器内部进行焊接时,必须对焊工工作部位送新鲜空气,以降低有害气体的浓度。

（4）加强作业场所的通风除尘工作。消除尘毒对人体健康的危害,最为有效的防护措施是加强作业场所的通风除尘工作,包括全面通风、局部通风等。利用通风设施把新鲜空气送到作业地点,并及时将有害物质和被污染的空气排出,使作业场所的空气质量符合《工业企业设计卫生标准》的要求。

焊接通风技术措施设计的要求如下:

① 车间内施焊时,必须保证焊接过程中产生的有害物质能及时排出,保证车间作业地带的条件良好、卫生。

② 有害物质抽排至室外大气之前,原则上应该净化处理,否则将对大气造成污染。

③ 采用通风措施后必须保证冬季室温在规定范围内,满足采暖需要。

④ 应根据作业现场及工艺等具体条件设计,不得影响施焊和破坏焊接过程的保护性。

⑤ 应便于拆卸和安装,适合定期清理和修配的需要。

⑥ 焊接工作场所局部通风。

局部通风一般有送风与抽风两种方式。局部送风是把新鲜空气或经过净化的空气,送入焊接工作地带,它用于送风面罩、口罩等有良好的效果。

局部机械排气是将所产生的有害物质用机械的力量由室内（焊接区域）排出,或将经过滤净化后的空气再送入室内。此种方法使用效果良好,操作灵活方便,设备费用低廉,应用较为普遍。其常见的类型如下:

① 固定式排烟罩,如图 7-1 所示。这类排气装置有上抽、侧抽和下抽三种,适合于焊接操作地点固定、焊件较小的情况。其中下抽的排气装置操作方便,排气效果也较好。

② 可移动式排烟罩,如图 7-2 所示。这类通风装置可以根据焊接地点和操作位置的需要随意移动。焊接时将排烟罩置于电弧附近,开动风机能自动有效地把烟尘和有毒气体吸走。

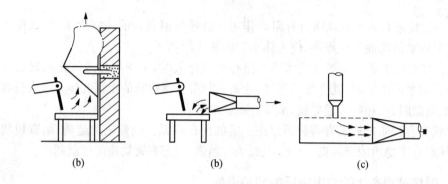

图 7-1　固定式排烟罩

（a）上抽；（b）侧抽；（c）下抽

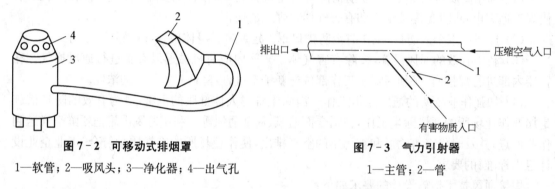

图 7-2　可移动式排烟罩

1—软管；2—吸风头；3—净化器；4—出气孔

图 7-3　气力引射器

1—主管；2—管

③ 气力引射器，如图 7-3 所示。其排烟原理是利用压缩空气从主管 1 中高速喷出时，在管 2 形成负压后，从而将电焊烟尘和有毒气体吸出。

④ 多吸头排烟罩，如图 7-4 所示。这类排烟罩适用于焊接大而长的焊件时排除电焊烟尘和有毒气体。

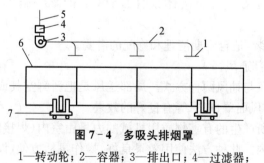

图 7-4　多吸头排烟罩

1—转动轮；2—容器；3—排出口；4—过滤器；
5—风机；6—排烟管路；7—排烟罩

⑤ 隐弧排烟罩，如图 7-5 所示。这类排烟罩对焊接区实行密闭，能最大限度地减少臭氧等有毒气体的弥散。同时，把光辐射、金属氧化物烟尘等控制在一定的范围内。

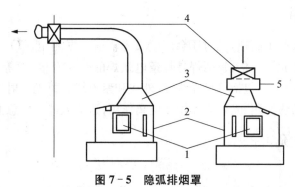

图 7-5　隐弧排烟罩

1—观察窗；2—罩体；3—导风管；4—风机；5—净化器

（5）个人防护措施。当作业环境良好时，如果忽视个人防护，人体仍有受害危险，尤其在密闭容器内作业时可能受到的危害更大。因此，加强个人的防护措施至关重要。一般个人防护措施除穿戴好工作服、鞋、帽、手套、眼镜、口罩、面罩等防护用品外，必要时可采用送风头盔式面罩及防护口罩等。

送风头盔式面罩可分为顶送风式、下送风式以及风机内藏式，必须注意，风源应是经过净化的新鲜空气，不许用氧气来代替，以免发生燃烧爆炸事故，如图 7-6 所示。

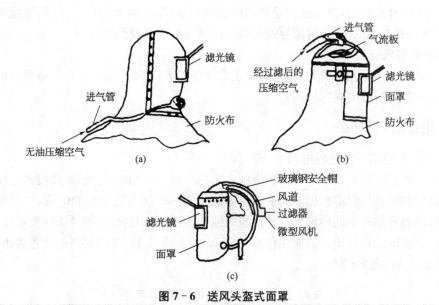

图 7-6　送风头盔式面罩

（a）头箍式头盔（顶送风）；（b）肩托式头盔（下送风）；（c）风机内藏式头盔

（6）合理选择焊接工艺和焊接材料。

① 在保证产品技术要求的前提下，合理地设计容器结构，减少以至于完全不在容器内部焊接，尽可能采用单面焊双面成形的先进工艺。

② 工业机械手是实现焊接自动化的重要途径，它在焊接操作中的广泛应用，可以从根本上消除尘毒对焊工的直接危害。

③ 采用无毒或毒性小的焊接材料代替毒性大的焊接材料，在满足产品要求的前提下，用发尘量较少的钛钙型焊条代替发尘量较多的低氢型焊条。

三、电弧辐射

电弧放电时,不仅产生高热,同时还会产生弧光辐射。据测定,CO_2 气体保护焊的弧光辐射强度是焊条电弧焊的 2～3 倍,氩弧焊是焊条电弧焊的 5～10 倍,而等离子弧焊割比氩弧焊更强烈。焊接弧光辐射主要包括可见光线、红外线和紫外线。弧光辐射作用到人体上,被体内组织吸收,引起组织的热作用、光化学作用或电离作用,造成人体组织急性或慢性的损伤。

(一) 电弧辐射的危害

1. 紫外线的危害

当物体温度达到 1 200 ℃时,辐射光谱中即可能出现紫外线,温度越高,所产生的紫外线波长越短,对人的机体作用越强。紫外线对人体的伤害是光化学作用造成皮肤和眼睛的损伤。紫外线被皮肤吸收可引起皮炎,出现弥漫性红斑,有时出现小水泡、渗出液和水肿,有烧灼感,发痒。紫外线过度照射可引起眼睛急性角膜炎(电光眼炎)、畏光、流泪、异物感、刺痛、眼睑红肿痉挛,并伴有头痛、疲劳和视物模糊等。

2. 红外线的危害

红外线对人体的危害主要是引起皮肤热作用。波长较长的红外线可被皮肤表面吸收,使人产生热的感觉。波长较短的红外线可被组织吸收,使血液和深部组织灼伤。在焊接过程中,眼部受到强烈红外线辐射,立即感到强烈的灼伤和灼痛,发生闪光幻觉,长时间接触可能造成红外线白内障,视力减退,严重时能导致失明。此外还可造成视网膜灼伤。

3. 可见光的危害

焊接电弧产生可见光线的光度,比肉眼正常承受的光度大 1 万倍左右。被照射后引起眼睛疼痛,看不清物像(称电焊"晃眼")。

(二) 电弧辐射的防护

1. 在焊接作业区严禁直视电弧

操作者与辅助工都要有一定的防护措施,应戴有专用滤色玻璃的面罩或眼镜。面罩上的滤色玻璃(电焊护目玻璃)应根据不同的焊接方法及同一焊接方法不同的电流,以及母材种类厚薄等条件的差异选择不同的编号。护目镜的编号,就是按护目玻璃颜色深浅程度而定,由淡到深排列。目前电焊炉目镜片的深浅色差共分 7、8、9、10、11、12 号数种,淡色为小号,深色为大号,见表 7 - 2、表 7 - 3。

表 7 - 2   常用电弧焊面罩的规格及用途

名称	最大外形尺寸 (长×宽×高) ($mm \times mm \times mm$)	有效防护 (长×宽×高) ($mm \times mm \times mm$)	材料及用途
头戴面罩	$300 \times 300 \times 200$	$300 \times 230 \times 130$	用 1.5 mm 厚的钢板纸制作,质量在 800 g 以下,通用于各类电焊作业
手持面罩	$420 \times 230 \times 130$	$300 \times 230 \times 130$	用 1.5 mm 厚的钢板纸制作,手持把柄采用绝缘材料,适用于各类电焊作业,尤其适用于狭窄空间内任何位置上的焊接

（续表）

名称	最大外形尺寸 （长×宽×高） （mm×mm×mm）	有效防护 （长×宽×高） （mm×mm×mm）	材料及用途
送风式 面罩			采用微型电动风扇或气泵,将外部新鲜空气由头部吹到脸部,有驱逐烟尘侵袭的作用,适用于特种焊接
有机玻璃 面罩	280×230×200		厚度为 2~3 mm,适用于装备清渣

表 7-3　电焊护目玻璃的编号及用途

护目玻璃编号	颜色深浅	用　　途
11、12	较深	供电流大于 350 A 的焊接用
9、10	中等	供电流 100~350 A 的焊接用
7、8	较浅	供电流小于 100 A 的焊接用

面罩与滤色玻璃之间漏光,可在中间垫一层橡皮,同时在滤色玻璃外面可镶一块普通透明玻璃,避免金属飞溅而损坏滤色镜片。

焊接时间较长,使用参数较大,应注意中间休息。如果已经出现电光性眼炎,应到医务部门接受治疗。

2. 焊接作业过程中的防护

（1）要穿着焊工专用的工作服和鞋,工作服应是白色的,防止光线直接照射到皮肤及防止飞溅物落到身上。

焊接工作服的要求如下：

① 焊接工作服由上衣及裤子两部分组成,一般分为特大、大、中、小四号,根据自己的身材选用,质量越轻越好。

② 工作服应取右门襟扣住左门襟的式样,以预防电焊火花自门襟缝中钻入衣内。

③ 上衣要有领子和领扣,以保护脖子不受弧光辐射;最好不要设置口袋,免得火花溅入口袋起火;即使设置口袋也要有盖,且最多不能超过两个。

④ 工作服要有一定的长度,一般宜过腰。

⑤ 工作裤不能过短,必须盖住脚面、齐于鞋跟,且不得将裤脚塞入鞋筒里,以防火花掉入烧伤脚跟。

（2）电焊工在施焊过程中更换焊条时,严禁乱扔焊条头,以免灼伤他人和引起火灾事故。

（3）为防止操作开关和闸刀时发生电弧灼伤,合闸时应将焊钳挂起来或放在绝缘板上;拉闸时必须先停止焊接工作。

（4）在焊接预热焊件时,预热好的部分应用石棉板盖住,只露出焊接部分进行操作。

（5）仰焊时飞溅严重,应加强防护,以免发生被飞溅物灼伤事故。

3. 工作场地

（1）工作场地应用围屏或挡板与周围隔离开。为保护焊接工地其他人员的眼睛，一般在小件焊接的固定场所，主要的防护措施是装置围屏或挡板。围屏或挡板的材料最好用耐火材料，如石棉板、玻璃纤维布、铁板等，并涂以深色，高度约 1.8 m，屏底距地面 250～300 mm，以供流通空气，如图 7-7 所示。

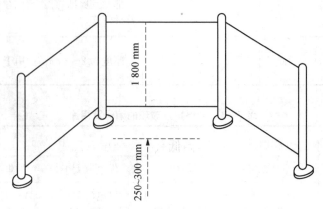

图 7-7　电焊防护屏示意图

（2）电焊场所必须有充分的照明，以便于焊接作业。

（3）合理组织劳动和作业布局，以免作业区过于拥挤。

（三）高温热辐射的防护

1. 电弧是高温强辐射热源

焊接电弧可产生 3 000 ℃以上的高温。手工焊接时电弧总热量的 20% 左右散发在周围空间。电弧产生的强光和红外线还造成对焊工的强烈热辐射。红外线虽不能直接加热空气，但被物体吸收后，辐射能转变为热能，使物体成为二次辐射热源。因此，焊接电弧是高温强辐射的热源。

2. 通风降温措施

焊接工作场所加强通风（机械通风或自然通风）是防暑降温的重要技术措施，尤其是在锅炉等容器或狭小的舱间进行焊割时，应向容器或舱间送风和排气，加强通风。

四、焊接噪声与振动

（一）焊接噪声

1. 焊接噪声危害

噪声对听觉有刺激作用。无防护情况下，强烈的噪声可以引起听觉障碍、噪声性外伤、耳聋等症状。长期接触噪声，还会引起中枢神经系统和血管系统失调，出现厌倦、烦躁、血压升高、心跳过速等症状。此外，噪声还可影响内分泌系统，有些敏感的女工可发生月经失调、流产和其他内分泌腺功能紊乱现象。噪声卫生标准见表 7-4。

在等离子弧喷枪内，由于气流间压力的起伏、振动和摩擦，并从喷枪口高速喷射出来，就产生了噪声。噪声的强度与成流气体的种类、流动速度、喷枪的设计以及工艺性能有密切关系。等离子弧喷涂和切割因工艺要求有一定的冲击力，因而噪声强度高。

表 7 - 4　噪声卫生标准

每个工作日接触噪声时间(h)	新建、扩建、改建企业允许噪声[dB(A)]	现有企业暂时允许噪声[dB(A)]
8	85	90
4	88	93
2	91	96
1	94	99

注：最高不超过 115 dB(A)。

等离子弧喷涂时声压级可达 123 dB(A)，常用功率(30 kW)等离子弧切割为 111.3 dB(A)，大功率(150 kW)等离子弧切割时则达 118.3 dB(A)。切割厚度增加，所需功率应提高，因此噪声强度亦有所提高。成流气体种类对噪声的影响，以应用双原子气体者较高。而且双原子气体噪声的特点是以高频噪声为主，高低频噪声强度较悬殊。而单原子气体则低频噪声较强，高低频噪声强度较接近。

2. 噪声防护

长时间处于噪声环境下工作的人员应戴上护耳器，以减轻噪声对人的危害程度。护耳器有隔音耳罩或隔音耳塞等。耳罩虽然隔音效能优于耳塞，但体积较大，戴用稍有不便。耳塞种类很多，常用的有耳研 5 型橡胶耳塞，具有携带方便、经济耐用、隔音较好等优点。该耳塞的隔音效能低频为 10~15 dB，中频为 20~30 dB，高频为 30~40 dB。

在等离子弧焊接与切割时必须对噪声采取防护措施，主要措施如下：

(1) 选用小型消音器。

(2) 佩戴隔音耳罩或隔音耳塞。

(3) 等离子弧焊接工艺产生的噪声强度与工作气体的种类、流量等有关，因此在满足质量要求的前提下，尽量选择小规范、小气量。

(4) 尽量采用自动化操作，使操作者在隔音良好的控制室工作。

(5) 等离子弧切割时，可以采取水中切割方法，利用水来吸收噪声。

(二) 振动

振动对人体的危害以局部振动为主，局部振动对人体神经系统、心血管系统、肌肉和骨关节及听觉器官都会有损害，可能引起血压、心率和脑血管血流图异常，容易造成疲劳、注意力分散、骨节变形、骨质增生或骨质疏松、听力下降及神经衰弱等症状；长期受强烈振动影响，还可以引起肢端血管痉挛、上肢周围神经末梢感觉障碍等；全身振动一方面可以出现局部振动病症状，另一方面还可能出现头晕、呕吐、恶心、耳聋、胃下垂、焦虑等症状。

五、机械性伤害

(一) 机械性伤害的类型

机械性伤害主要包括以下几种：卷绕和绞缠的伤害；挤压、剪切和冲击的伤害；引入或卷入碾轧的伤害；飞出物打击的伤害；物体坠落打击的伤害；切割和擦伤的伤害；碰撞和剐蹭的伤害；跌倒、坠落的伤害。

机械危险大量表现为人员与可运动件的接触伤害。各种形式的机械危险或者机械危险与其他非机械危险往往交织在一起,在进行危险识别时,应该从机械系统的整体出发,综合考虑机械的不同状态、同一危险的不同表现形式、不同危险因素之间的联系和作用,以及显现或潜在危险的不同形态等。

(二) 机械性伤害的防护

(1) 焊件必须放置平稳,特殊形状焊件应用支架或电焊胎夹具保持稳固。

(2) 焊接圆形工件的环形焊缝,不准用起重机吊转工件施焊,也不能站在转动的工件上操作,防止跌落摔伤。

(3) 焊接转胎的机械传动部分,应设防护罩。

(4) 清铲焊接时,应带护目镜。

六、电磁场

在非熔化极氩弧焊和等离子弧焊割时,常用高频振荡器来激发引弧,有的交流氩弧焊机还用高频振荡器来稳定电弧。人体在高频电磁场作用下,能吸收一定的辐射能量,产生生物学效应,主要是热作用。高频电磁场强度受许多因素影响,如距离振荡器和振荡回路越近场强越高,反之则越低。此外,与高频部分的屏蔽程度等有关。

据测定,手工钨极氩弧焊时,焊工各部位受到高频电磁辐射强度均超过标准,其中以手部强度最大,超过卫生标准 5 倍多。高频电磁场的参考卫生标准规定为 20 V/m。

人体在高频电磁场作用下会产生生物学效应,焊工长期接触高频电磁场能引起自主神经功能紊乱和神经衰弱,表现为全身不适、头昏头痛、疲乏、食欲不振、失眠及血压偏低等症状。如果仅是引弧时使用高频振荡器,因时间较短,影响较小,但长期接触是有害的,所以,必须对高频电磁场采取有效的防护措施。高频电会使焊工产生一定的麻电现象,这在高处作业时是很危险的,所以高处作业不准使用高频振荡器进行焊接。

七、放射性物质

某些物质的原子核能发生衰变,放出肉眼看不见也感觉不到,只能用专门仪器才能探测到的射线,物质的这种性质称为放射性。放射性物质是那些能自然地向外辐射能量,发出射线的物质。一般都是原子质量很高的金属,如钛、铀等。放射性物质放出的射线有三种,分别是 α 射线、β 射线和 γ 射线。

放射性物质能损伤正常细胞,使细胞核发生病变。人体受放射性物质危害,轻者头晕、疲乏、脱发、红斑、白细胞减少或增多、血小板减少;而大剂量照射,还会引起白血病及骨、肺、甲状腺癌变甚至死亡,放射性物质还能引起基因突变和染色体畸变。

在大剂量的照射下,放射性物质对人体和动物存在某种损害作用。如在 4 Gy 的照射下,受照射的人有 5% 死亡;若照射剂量 6.5 Gy,则人 100% 死亡。照射剂量在 1.5 Gy 以下,死亡率为零,但并非无损害作用,往往需经 20 年以后,一些症状才会表现出来。放射性物质也能损伤遗传物质,主要在于引起基因突变和染色体畸变,使一代甚至几代受害。

放射性物质的安全管理如下:

(1) 放射源储存库应为独立的建筑,四周建有 2 m 高围墙,除设源库值班室、警卫室和放射性监测室外,不能有其他建筑。

　　(2) 源库内应设有明示牌,明示牌应标明每个储源坑内放射源的编号、核素、活度等情况。

　　(3) 源库内应有良好的照明及通风条件;应设有防盗报警装置或监视装置,应设警卫昼夜值班,并保持通信设施畅通。

　　(4) 源库应设双锁,钥匙分别保管。每年对源库进行一次安全防护性能检查,检查的内容主要包括：源库内外放射性剂量当量的测定、储源罐防护、放射源泄漏情况等,并记录备案,要建立放射源资料台账,定期进行核查,并记入台账;应制定放射源防护管理的应急计划。

习题七

一、判断题(A 表示正确;B 表示错误)

1. 焊割作业前的准备工作是弄清情况,保持联系;观察环境,加强防范。

2. 一般在动火前应采用一嗅、二看、三测爆的检查方法。

3. 凡属一、二、三级动火范围的作业,未经审批,经领导同意后可以进行焊割。

4. 作业部位与外单位相接触,在未弄清对外单位是否有影响,或明知危险而未采取有效的安全措施,不能焊割。

5. 焊工在高度基准面 2 m 以上(包括 2 m)有坠落可能的高处进行焊接与切割作业的称为高处(或称登高)焊接与热切割作业。

6. 电源切断后,应在电闸上挂"有人工作,严禁合闸"的警告牌。

7. 登高作业时,梯脚需包橡皮防滑,与地面夹角不应大于 65°,上下端均应放置牢靠。

8. 登高作业时,使用人字梯时应将单梯用限跨铁钩挂住,使其夹角以 40°±5° 为宜。

9. 脚手板单人道宽度不得小于 0.6 m,双人道宽度不得小于 1 m,上下坡度不得大于 1：3,板面要钉防滑条和装扶手。

10. 登高焊割时,焊工应将焊钳及焊接电缆线或切割用的割炬及橡皮管等扎紧在固定地方,严禁缠绕在身上或搭在背上操作。

11. 进入设备内部前,先要弄清设备内部的情况。

12. 设备内部可以使用氧气作为通风气源。

13. 对盛装过易燃物的容器应做彻底的置换和清洗。

14. 设备焊补后,进料或进气应在完全冷却前进行。

15. 在进行化工燃料容器和管道的焊割作业时,必须采取可靠的防爆、防火、防毒等技术措施。

16. 化工及燃料容器和管道的焊补,目前主要有置换动火和带压不置换动火两种方法。

17. 作业区周围要划定界限,悬挂防火安全标志。

18. 以水为置换介质时,将设备管道灌满即可。

19. 容器及管道不彻底清洗,由于温度和压力变化的影响,可燃物会逐渐释放出来,使本来合格的动火条件变成不合格,从而导致火灾、爆炸事故。

20. 在置换作业过程中和动火作业前,应不断从容器及管道内外的不同部位取气体样品进行分析,检查易燃易爆气体及有毒有害气体的含量。

21. 操作者需进入内部进行焊补的设备及管道,氧气含量应为 18%～28%。

22. 承担焊补工作的焊工应经专门培训,不必取得相应的资格证书。

23. 工作场所应有足够的照明,手提行灯应采用 36 V 安全电压,并有完好的保护罩。

24. 水下焊接有干法、局部干法和湿法三种。

25. 水下湿法焊接与干法和局部干法焊接相比,应用最多,安全性较高。

26. 从事水下焊接与热切割工作,必须由经过专门培训并持有此类工作许可证的人员进行。

27. 水下焊接与热切割电源须用直流电,禁用交流电。

28. 焊接过程产生的有害物质指有害于健康的气态和颗粒状态的物质。

29. 焊工尘肺的发病一般比较缓慢,有的病例是在不良条件下接触焊接烟尘长达 15～20 年才发病。

30. 有害物质进入人体的途径有呼吸道、消化道、皮肤黏膜三方面,而最主要的途径是呼吸道。

31. 手工电弧焊时,酸性焊条比碱性焊条容易产生金属热反应。

32. 吸入较高浓度的光气,严重刺激眼、鼻和呼吸道黏膜,最后导致肺水肿。

33. 电弧辐射越弱,则颗粒状有害物质越少,气态有害物质浓度越高。

34. 通风的方式可以是全面性的或局部性的,全面性的通风效果比较显著。

35. 在满足产品要求的前提下用发尘量较少的钛钙型焊条代替发尘量较多的低氢型焊条。

36. CO_2 气体保护焊的弧光辐射强度是焊条电弧焊的 2～3 倍,氩弧焊是焊条电弧焊的 5～10 倍,而等离子弧焊割比氩弧焊更强烈。

37. 电弧辐射主要有紫外线、红外线和可见光三种射线,不会产生对人体危害较大的 X 射线等。

38. 紫外线过度照射会造成眼睛电光性眼炎。

39. 电焊护目玻璃的深浅色差,共分 7、8、9、10、11、12 号数种。7、8 号为最深,适合供电流大于 350 A 的焊接时使用。

40. 放射性物质放出的射线有三种,分别是 α 射线、β 射线和 γ 射线。

二、单选题

1. 设备焊补后进料或进气的时间应是( )。
   A. 焊补后立即进行　　　　B. 必须待完全冷却后进行　　C. 等三天后进行

2. 在对密闭容器中的空气施加压力时,空气的体积被压缩,内部压强( )。
   A. 增大　　　　　　　　　B. 减小　　　　　　　　　　C. 不变

3. 焊割时产生的有害物质进入人体的最主要途径是( )。
   A. 呼吸道　　　　　　　　B. 消化道　　　　　　　　　C. 皮肤黏膜

4. 人体吸入( )使氧在体内的输送或组织吸收氧的功能发生障碍,使人体组织因缺氧而坏死。
   A. 氮氧化物　　　　　　　B. 一氧化碳　　　　　　　　C. 臭氧

5. 焊接作业场所防暑降温的重要技术措施是( )。
   A. 含盐清凉饮料　　　　　B. 加强通风设施　　　　　　C. 喷淋

6. 为去除焊接过程中产生的有害物质,通风往往是唯一可行的措施。通风效果比较显著的是( )。
   A. 全面性通风　　　　　　B. 局部性通风　　　　　　　C. 自然通风

7. 长期接触电弧辐射,从而引起白内障的射线是( )。
   A. 紫外线　　　　　　　　B. 红外线　　　　　　　　　C. 可见光

8. 紫外线对人体的危害主要是造成皮肤和眼睛的伤害,其引起的原因是紫外线的( )。
   A. 热作用　　　　　　　　B. 光化学作用　　　　　　　C. 电离作用

9. 电弧辐射对皮肤和眼睛造成伤害的射线是（　　）。

    A. 紫外线　　　　　　　　B. 红外线　　　　　　　　C. 可见光

10. 红外线是热辐射线，长期受到照射，会使眼睛晶体变化，严重的会导致（　　）。

    A. 电光性眼炎　　　　　　B. 白内障　　　　　　　　C. 近视眼

11. 为防止光线直接照射到皮肤及防止飞溅物落到身上，要穿着焊工专用的工作服和鞋，工作服应是（　　）。

    A. 蓝色的　　　　　　　　B. 白色的　　　　　　　　C. 灰色的

12. 当焊接电流大于 350 A 时，焊工选用护目玻璃的色号为（　　）。

    A. 12　　　　　　　　　　B. 10　　　　　　　　　　C. 9

13. 焊接时对人体产生的（　　），一方面可以出现局部振动病症状，另一方面还可能出现头晕、呕吐、恶心、耳聋、胃下垂、焦虑等症状。

    A. 全身振动　　　　　　　B. 局部振动　　　　　　　C. 强烈振动

14. 下列选项中属于机械伤害的是（　　）。

    A. 污染　　　　　　　　　B. 压伤　　　　　　　　　C. 触电

15. 下列不属于易出现机械性伤害的是（　　）。

    A. 碰撞和剐蹭的伤害

    B. 物体坠落打击的伤害

    C. 电动机械设备不按规定接地接零

16. 不属于预防机械性伤害事故的措施是（　　）。

    A. 对机械设备要定期保养、维修，保持良好运行状态

    B. 操作人员要按规定操作，严禁违章作业

    C. 经常开展电气安全检查工作

17. 焊工在低频电磁场的作用下，器官组织及其功能（　　）受到损伤。

    A. 会　　　　　　　　　　B. 不会　　　　　　　　　C. 不清楚

18. 电磁场对人体的伤害作用（　　）逐渐积累。

    A. 会　　　　　　　　　　B. 不会　　　　　　　　　C. 不一定会

19. 水下焊接方法不包括（　　）。

    A. 干法焊接　　　　　　　B. 湿法焊接　　　　　　　C. 局部湿法焊接

20. 水下焊接与热切割安全作业技术不包括（　　）。

    A. 防火防爆安全技术　　　B. 防触电安全技术　　　　C. 防蒸发

参考答案

一、判断题

1～5：AABAA　　6～10：ABABA　　11～15：ABABA

16～20：AAAAA　　21～25：BBBAB　　26～30：AAAAA

31～35：BABBA　　36～40：AAABA

二、单选题

1～5：BAABB　　6～10：BBBAB　　11～15：BAABC

16～20：CBACC

附录　金属焊接与热切割特种作业人员安全技术培训教学大纲

一、课程任务和说明

通过培训,使培训对象掌握金属焊接与热切割作业人员安全技术的基础理论和操作技能。经培训后,培训对象能独立完成金属焊接与热切割的安全操作,并符合国家关于《特种作业人员安全技术培训考核管理规定》中所规定的特种作业人员必须经专门的安全技术培训并考核合格,取得"中华人民共和国特种作业操作证"(以下简称特种作业操作证)后,方可上岗作业。

二、课时分配表

序号	课　程　名　称		课时数
1	第一章　安全生产法律法规		2
2	第二章　金属焊接与热切割概述		6
3	第三章　常用金属焊接方法及安全操作技术	第一节　焊条电弧焊	8
		第二节　氩弧焊	6
		第三节　熔化极气体保护焊	6
		第四节　埋弧焊	4
		第五节　等离子弧焊接与切割	4
		第六节　激光焊与电子束焊	2
		第七节　堆焊	2
		第八节　其他焊接	4
4	第四章　气焊与热切割方法及安全操作技术		16
5	第五章　金属焊接与热切割安全用电		8
6	第六章　金属焊接与热切割防火技术		8
7	第七章　金属焊接与热切割现场安全作业劳动卫生与防护		12
8	机动		8
9	合计		96

三、 课程要求与内容

(一) 安全生产法律法规

1. 教学要求

(1) 理解安全生产的重要性。

(2) 掌握安全生产工作方针。

(3) 理解安全生产法律法规体系。

(4) 了解《中华人民共和国安全生产法》。

(5) 了解《中华人民共和国职业病防治法》。

(6) 熟悉职业健康检查内容。

(7) 了解《安全生产许可证条例》。

(8) 了解《上海市安全生产条例》。

(9) 掌握金属焊接与热切割从业人员的责任、权利和义务。

2. 教学内容

(1) 安全生产的重要性。

(2) 安全生产工作方针。

(3) 安全生产法律法规体系。

(4)《中华人民共和国安全生产法》。

(5)《中华人民共和国职业病防治法》。

(6) 职业健康检查内容。

(7)《安全生产许可证条例》。

(8)《上海市安全生产条例》。

(9) 金属焊接与热切割从业人员的责任。

(10) 金属焊接与热切割从业人员的权利。

(11) 金属焊接与热切割从业人员的义务。

(二) 金属焊接与热切割概述

1. 教学要求

(1) 了解金属的组织及性能。

(2) 熟悉钢的热处理常识。

(3) 熟悉金属的分类、性能。

(4) 了解金属焊接与热切割的基本原理、分类及应用。

(5) 熟悉金属焊接的特点。

(6) 熟悉焊接工艺基础知识。

(7) 熟悉金属焊接与热切割安全生产的重要性。

2. 教学内容

(1) 钢的组织和结构。

(2) 钢的热处理。

(3) 常用金属材料。

(4) 有色金属的分类及焊接特点。

(5) 焊接工艺基础知识。

(三) 常用金属焊接方法及安全操作技术

1. 教学要求

(1) 了解焊条电弧焊的工作原理及特点。

(2) 熟悉焊条电弧焊设备的安全使用及常见故障排除方法。

(3) 熟悉焊条电弧焊常用焊条及焊接参数。

(4) 熟悉焊条电弧焊工具及安全使用。

(5) 掌握焊条电弧焊的安全操作技术。

(6) 了解钨极氩弧焊的工作原理及特点。

(7) 熟悉钨极氩弧焊设备及工具。

(8) 熟悉钨极氩弧焊常用焊接材料及焊接参数。

(9) 掌握钨极氩弧焊的安全操作技术。

(10) 了解熔化极气体保护焊的工作原理及特点。

(11) 熟悉 CO_2 气体保护焊设备及工具。

(12) 掌握 CO_2 气体保护焊常用焊接材料。

(13) 了解混合气体保护焊的常识。

(14) 掌握熔化极气体保护焊的安全操作技术。

(15) 了解埋弧焊的工作原理及特点。

(16) 熟悉埋弧焊设备及工具。

(17) 掌握埋弧焊常用焊接材料及焊接参数。

(18) 掌握埋弧焊的安全操作技术。

(19) 了解等离子弧焊接与切割的工作原理。

(20) 了解等离子弧焊接与切割的常识。

(21) 熟悉等离子弧焊接与切割设备及工具。

(22) 掌握等离子弧焊接与切割的安全操作技术。

(23) 了解电子束焊的常识。

(24) 掌握电子束焊的安全操作技术。

(25) 了解激光焊的常识。

(26) 掌握激光焊的安全操作技术。

(27) 了解堆焊的工作原理及特点。

(28) 熟悉堆焊的安全操作技术。

(29) 了解电阻焊、电渣焊、铝热焊、钎焊、原子氢焊及水蒸气保护焊、热喷涂的常识。

(30) 熟悉电阻焊、电渣焊、铝热焊、钎焊、原子氢焊及水蒸气保护焊、热喷涂的安全操作技术。

2. 教学内容

(1) 焊条电弧焊的概述。

(2) 焊条电弧焊设备及工具。

(3) 焊条电弧焊常用焊条。

(4) 常用焊条电弧焊焊接参数。

(5) 焊条电弧焊的安全操作技术。

(6) 钨极氩弧焊的工作原理及特点。

(7) 钨极氩弧焊设备及工具。

(8) 钨极氩弧焊常用焊接材料及焊接参数。

(9) 钨极氩弧焊的安全操作技术。

(10) 熔化极气体保护焊的工作原理及特点。

(11) CO_2 气体保护焊设备及工具。

(12) CO_2 气体保护焊常用焊接材料及焊接参数。

(13) 混合气体保护焊的常识。

(14) 熔化极气体保护焊的安全操作技术。

(15) 埋弧焊的工作原理及特点。

(16) 埋弧焊设备及工具。

(17) 埋弧焊常用焊接材料及焊接参数。

(18) 埋弧焊的安全操作技术。

(19) 等离子弧焊接与切割的工作原理。

(20) 等离子弧焊接与切割的常识。

(21) 等离子弧焊接与切割设备及工具。

(22) 等离子弧焊接与切割的安全操作技术。

(23) 电子束焊的常识。

(24) 电子束焊的安全操作技术。

(25) 激光焊的常识。

(26) 激光焊的安全操作技术。

(27) 堆焊的工作原理及特点。

(28) 堆焊的安全操作技术。

(29) 电阻焊的工作原理及安全操作技术的常识。

(30) 电渣焊的工作原理及安全操作技术的常识。

(31) 铝热焊的工作原理及安全操作技术的常识。

(32) 钎焊的工作原理及安全操作技术的常识。

(33) 原子氢焊及水蒸气保护焊的工作原理及安全操作技术的常识。

(34) 热喷涂的工作原理及安全操作技术的常识。

(四) 气焊与热切割方法及安全操作技术

1. 教学要求

(1) 了解气焊与气割的工作原理。

(2) 熟悉气焊与气割用的气体。

(3) 了解常用气瓶的结构。

(4) 掌握常用气瓶的安全管理。

(5) 了解乙炔发生器工作原理。

(6) 熟悉气焊与气割的工具。

(7) 了解输气管道。

(8) 掌握气焊与气割的安全操作技术。

(9) 熟悉碳弧气刨工作原理。

(10) 掌握碳弧气刨的安全操作技术。

（11）了解氧熔剂切割。

2. 教学内容

（1）气焊与气割的工作原理。

（2）气焊与气割用的气体。

（3）常用气瓶的结构。

（4）常用气瓶的安全管理。

（5）乙炔发生器工作原理。

（6）气焊与气割的工具。

（7）输气管道。

（8）气焊与气割的安全操作技术。

（9）碳弧气刨工作原理及安全操作技术。

（10）氧熔剂切割工作原理及安全操作技术。

（五）金属焊接与热切割安全用电

1. 教学要求

（1）了解电流对人体的伤害,触电时影响电流对人体伤害程度的因素。

（2）了解金属焊接与热切割作业的安全用电要求。

（3）熟悉金属焊接与热切割产生触电事故的原因。

（4）掌握金属焊接与热切割作业中防止发生触电事故的安全措施。

（5）掌握现场触电迅速解脱电源的方法,学会触电的现场急救。

2. 教学内容

（1）电流对人体的伤害。

（2）人体触电的方式。

（3）触电时影响电流对人体伤害程度的因素。

（4）金属焊接与热切割设备电源的安全要求。

（5）金属焊接与热切割设备的保护接地(或接零)。

（6）金属焊接与热切割设备保护接零和保护接地的安全要求。

（7）金属焊接与热切割设备作业中产生触电事故的原因。

（8）防止金属焊接与热切割作业中触电事故发生的安全措施。

（9）迅速解脱电源的方法。

（10）现场触电的心肺复苏术。

（六）金属焊接与热切割防火技术

1. 教学要求

（1）掌握燃烧和爆炸的种类。

（2）熟悉防火的基本原理和基本措施。

（3）掌握化学品的安全使用、运输、存储。

（4）掌握金属焊接与热切割作业中的一般灭火措施,懂得常用灭火器的种类、适用范围及使用方法。

（5）了解灭火的基本方法。

（6）掌握禁火区的动火管理,掌握三级审批制。

2. 教学内容

(1) 燃烧和爆炸的种类。

(2) 防火的基本原理和基本措施。

(3) 化学品的安全使用、运输、存储。

(4) 焊接与热切割作业中的一般灭火措施，懂得常用灭火器的种类、适用范围及使用方法。

(5) 灭火的基本方法。

(6) 禁火区的动火管理，三级审批制。

(七) 金属焊接与热切割现场安全作业劳动卫生与防护

1. 教学要求

(1) 了解金属焊接与热切割现场安全作业的基本知识。

(2) 掌握金属焊接与热切割作业前的安全准备工作及焊割作业后的安全检查。

(3) 了解化工燃料容器、管道的焊补安全技术。

(4) 掌握动火前的安全措施与焊割"十不烧"。

(5) 了解金属焊接与热切割作业过程中产生的危害。

(6) 掌握金属焊接与热切割作业过程中个人应采取的防护措施。

(7) 了解特殊焊接与热切割作业的安全技术。

2. 教学内容

(1) 焊割作业前的准备工作。

(2) 焊割作业前的检查方法和采取的安全措施。

(3) 焊割时的安全作业。

(4) 焊割作业后的安全检查。

(5) 化工燃料容器、管道的焊补安全技术。

(6) 压缩气体和液化气体的危害及防护。

(7) 焊接烟尘与有毒气体的危害及防护。

(8) 弧光辐射的危害及防护。

(9) 焊接噪声与振动的危害及防护。

(10) 机械性伤害的危害及防护。

(11) 电磁场的危害及防护。

(12) 放射性物质的危害及防护。

(13) 登高焊接与热切割的安全技术。

(14) 水下焊接与热切割的安全技术。

此外，教学学习过程中请参考以下标准：

《焊接与切割安全》(GB 9448—1999)

《焊缝符号表示法》(GB/T 324—2008)

《焊接及相关工艺方法代号》(GB/T 5185—2005)

《气焊、焊条电弧焊、气体保护焊和高能束焊的推荐坡口》(GB/T 985.1—2008)

《埋弧焊的推荐坡口》(GB/T 985.2—2008)

编　　后

随着科学技术的进步和社会经济的发展,安全技术也不断发展和提高,特种作业人员安全技术培训一定要适应社会市场经济的需要和科学技术的进步。希望从事特种作业人员安全培训的单位尽快组织学习这本新教材,总结和推广先进教学方法,通过教学实践,不断提出修改意见,使本教材更加完善,符合实际需求。

编写人员:林家平、陈海军、赵玉柱、朱君忆、谢广超、楼瑾

审稿人员:洪松涛、许家勇、王晓川、余春新、李斌、唐玉荣

本教材由上海市安全生产监督管理局和上海市安全生产科学研究所组织编写。在编写过程中得到了有关领导和专家的大力支持,在此表示衷心感谢。

本教材在编写中,由于时间仓促,难免有所疏漏和错误,恳请培训单位和读者批评指正。我们将以精益求精的务实精神及时对有问题的地方进行修订、完善,不断提高教材的质量。

编　者

2017 年 4 月